物理文化与科学精神

冯　霞◎编著

安徽师范大学出版社

·芜湖·

责任编辑：吴毛顺　　责任校对：李　玲
装帧设计：丁奕奕　　责任印制：郭行洲

图书在版编目（CIP）数据

物理文化与科学精神/冯霞编著 . —芜湖：安徽师范大学出版社，2014. 11（2025.1 重印）
ISBN 978 – 7 – 5676 – 1631 – 8

Ⅰ . ①物… 　Ⅱ . ①冯… 　Ⅲ . ①物理学—研究 　Ⅳ . ①O4

中国版本图书馆 CIP 数据核字（2014）第 259169 号

物理文化与科学精神

冯　霞　编著

出版发行：安徽师范大学出版社
　　　　　芜湖市九华南路 189 号安徽师范大学花津校区　　邮政编码：241002
网　　址：http：//www. ahnupress. com/
发 行 部：0553 – 3883578 5910327 5910310（传真）E – mail：asdcbsfxb@ 126. com
印　　刷：阳谷毕升印务有限公司
版　　次：2014 年 11 月第 1 版
印　　次：2025 年 1 月第 3 次印刷
规　　格：710×1000　1/16
印　　张：16. 50
字　　数：296 千
书　　号：ISBN 978 – 7 – 5676 – 1631 – 8
定　　价：66.00 元

前　言

物理学是研究自然界物质存在的基本形式、性质、运动、相互作用、相互转化以及内部结构的基本规律，探讨物质结构和运动基本规律的基础科学。物理学不是对客观存在的物质运动进行简单的记录和描述，而是研究物质运动普遍的、基本的规律，是科学技术的基础。同时，物理学也是人类文明的源泉，它既是一门科学，也是一种文化。

物理学研究对象的普遍性、研究的规律的基本性、研究方法的独创性决定了它与人文科学之间易于沟通和渗透。我们通常说一门学科具有基础性，或者说物理学是一门基础学科，主要从以下几方面来认识：第一，该学科的研究对象是基础性的理论与实验的结合；第二，该学科的知识体系是完整的，具有严格的、定量的逻辑体系；第三，该学科的研究思想和方法具有普遍性和启发性；第四，该学科的研究成果（原则、规律、法则、方法论）是其他学科的基础；第五，该学科是发展的。随着人类社会的发展，人文、社会、管理、经济、艺术等领域的问题往往借用物理学的概念、思想、方法来处理，因而要求从事或将要从事人文、社会科学研究的高等学校学生必须具备一定的自然科学的基础知识和较高的科学素养。在西方，如果一个人未读过莎士比亚的著作，会被认为没有素养；如果一个人不知道牛顿、爱因斯坦的理论，同样也会被认为没有素养。

本书是安徽师范大学课程改革和学科建设的成果之一，它将物理学的概念和研究思想及其历史发展作为在校学生科学素养的入门教育，注重突出物理学最主要和最基本的概念与规律的学习，注重结合物理学的历史发展，突出物理学研究的思想和方法，注重教材内容的科学性、趣味性、实用性与科学价值观的有机结合，以提高学生科学素养，培养学生科学思想、科学方法、科学精神为目的。

本书是在安徽省高等学校"十一五"省级规划教材《物理科学概论》的基础上修订的，全书分为九章，每章均从学生熟悉的物理现象入手，通过描述物理现象及其变化和发展的物理概念和规律的研究，构建经典物理与近代物理的体系和结构，探讨物理科学、人文精神与科技进步、社会发展的关系。

本书最突出的特点，在于它把重点放在科学中的发现、推理及概念形成的本质上，这也意味着从历史和哲学的角度来进行阐释。但是，作者无意使本书成为一本"轻松"的读物；我们也不妄自宣称，不需要数学或逻辑推理就能够理解物理学。

本书第一、二、三、六章由冯霞编写；第四章由崔光磊编写；第五、七、八、九章由程小健编写。由于作者水平有限，书中肯定存在不足之处，敬请广大读者批评、指正。

冯 霞

2014 年 9 月

目　录

第一章 运动和力

我们周围的世界最主要的特点可能就是运动，它也是最容易引起我们注意的现象。人们研究自然时，总是要想方设法解释他所看到的许许多多的事物和现象，而且要把所经历的东西理出个头绪。如何理出头绪，那就要看一个人的理解力和他对周围世界的认识了。本章将研究自然界最基本的概念——运动和力，这部分主要涉及物理学中研究最早的力学知识。研究这些概念所用的方法，有些是我们所熟悉的，有些又是陌生的。

§1.1 力学的研究对象

1.1.1 力学的研究对象

力学是研究物体机械运动规律的一门学科。所谓机械运动指的是物体位置随时间的变化。例如，天体的运动，大气和河水的流动，各种交通工具的行驶，各种机器的运转等。

机械运动是物质运动最简单、最基本的初级运动形态，各种复杂的、高级的运动形态都包含有这种最基本的运动形态。要研究各种复杂的、高级的运动形态，当然应该从最简单的运动形态开始。因此，力学是学习和了解物理学其他内容和知识的入门向导，也是近代工程技术的理论基础。

通常把力学分为运动学、动力学、静力学。运动学只研究物体在运动过程中位置和时间的关系，不涉及引起运动和改变运动的原因；动力学则研究物体的运动与物体间相互作用的内在联系；静力学研究物体在相互作用下的平衡问题，也可以把它看作是动力学的一部分。

1.1.2 空间与时间

在处理运动问题时，我们需要用哪些最基本的概念即物理学的术语来描述运动现象呢？研究物体位置随时间的变化，当然离不开长度和时间的量度及其公认的单位和标准。这就是说，我们需要空间和时间的概念，以及对其度量的参考坐标。我们每个人都具有空间与时间的常识，但是这些概念实在太基本，以至于我们很难用其他更简单的概念来定义。

1. 长　度

在定义长度或空间间隔的概念时，我们只需叙述一把米尺使用的步骤，以及如何复制另一把良好的标准米尺，以便每个人所量得数据都是相同的。因此，在物理学上物体长度的概念只是以一标准米尺用特定的方法比较或度量出来的有一定单位的数字。

空间中两点间的距离为长度，任何长度的计量都是通过与某一长度基准比较而进行的。长度的米制标准是 18 世纪后半叶在法国确定的，最初米的长度定义为通过巴黎的一条子午线从北极到赤道的一千万分之一。但在这个基准确定之后，所做的许多精确测量都表明，该基准和它所要表达的值略有差异（约 0.023%）。以后，国际上对长度基准米的定义做过 3 次正式规定。

1889 年第 1 届国际计量大会通过：将保存在法国国际计量局中铂铱合金棒在 0℃时两条刻线间的距离定义为 1 米，这是长度计量的实物基准。

长度的实物基准很难保证不随时间改变，也很难防止被意外灾害所毁坏，物理学家早就想到用长度的自然基准代替实物基准。1960 年第 11 届国际计量大会决定用氪 86 原子的橙黄色光波来定义米，规定米为这种光在真空中的波长的 1650763.73 倍，从而实现了长度的自然基准，其精度为 4×10^{-9}。

由于真空中的光速都是相同的，1983 年 10 月第 17 届国际计量大会上通过：米是光在真空中 1/299792458 秒的时间间隔内运行路程的长度，即首先规定真空中的光速值 $c = 299792458 \text{m/s}$，利用平面电磁波在真空中经过时间间隔 Δt 所传播的距离 $L = c \cdot \Delta t$ 的关系，从计量时间 Δt 得出长度 L。

2. 时　间

物理学及其他自然科学都是建立在实验的基础上。物理学家定义一个概念是基于数量的度量，以及度量的方法，而不只是根据字典上的定义。我们说时间间隔几分钟或几秒钟就牵涉到如何做一个标准钟，以及如何用这一标准钟去度量时间，所以时间只是依照特定的方法用标准钟量出来的具有单位的数字，时间的国际单位是秒（s）。

通常采用能够重复的周期现象来计量时间。在自然界发生的许多重复的现象中，人们一向采用地球绕自身轴线的转动（自转）作为时间的计量基准。19 世纪定义 1 秒为平均太阳日的 1/86400。通常所说一个地方的太阳日就是太阳相继两次经过该处子午面的时间间隔，即从第一天正午到第二天正午的时间间隔。由于地球公转的轨道是一椭圆，公转的速率常在变化，所以一年之中太阳日有长有短，平均太阳日就是全年太阳日的平均值。逻辑上比较满意的秒的定义可以根据恒星日来确定，测量同一恒星连续两次通过观察处子午面所经过的时间，叫做恒星日。如果地球自转真是均匀的，每一恒星日的长短自然一样。

许多精确的观测表明，地球自转的速率在改变，主要的趋势是渐渐变慢，这就说明了为什么历史上记载的历次日食有差异这一事实。现在我们知道，地球自转变慢的长期原因是潮汐摩擦，而季节性有规律的变化则要用信风来说明，其他变化的原因还不知道，可能与两极冰山的融化或地球上其他很大的质量迁移有关。这一切都说明，地球的自转不是一个理想的时钟。人们发现，太阳年每世纪增加约 1/2 秒，因此，1956 年重新把秒定义为 1900 回归年（太阳年）的 1/31556925.9747。1 回归年的定义是太阳相继两次通过春分点的时间间隔。这样，实现秒的准确度便由原来的 10^{-8} 提高到 10^{-9}。

现在，时间的长短是利用铯原子的原子钟来定义的。铯原子钟的测量表明，地球的自转确实在逐渐变慢。从开始用原子钟计时的 1958 年算起，到现在地球自转一周的时间已经慢了 33 秒。因此，对于这种时间差异如果不做处理，那么，年复一年地积累起来就会造成很大的麻烦。比如说，将来总会有一天钟表显示的时间已是正午，而太阳还没有升起。真是那样，人们日常生活就非乱套不可。因此，必须对时间进行修正，这就是"闰秒"[①] 的由来。

任何物质运动都是在时间和空间中进行的，运动不能脱离空间，也不能脱离时间，时间本身具有单向性的特点。"光阴一去不复返"这句话，正是说明了时间的单向性。

无论是物理学的研究，还是日常生活中，我们经常用到时刻这个概念。如果观测一个物体（如火车）的运动，我们会发现，与物体所在某一位置相对应的为某一时刻，物体所走某一段路程相对应的为某一段时间。

火车从北京开出的瞬间，表示某一时刻；火车从北京开到上海，需经历一段时间（如列车时刻表）。钟表上指针所指的某一位置表示时刻，两个不同位置表示两个不同的时刻，而两个时刻的间隔就表示一段时间。当然，我们可以用一维坐标来表示，如图 1-1-1。t_1、t_2 分别为某时刻，$t = t_2 - t_1$ 表示时间间隔。有人认为 O 点处为宇宙形成之时，即从此开始计时，你认为呢？

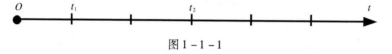

图 1-1-1

---

① 详见本章阅读材料。

表 1 - 1 - 1　物质世界的空间尺度

空间尺度（m）	实　　物
10^{26}	宇宙大小
10^{23}	星系团大小
10^{21}	地球到最近的河外星系的距离
10^{20}	地球到银河系中心的距离
10^{16}	地球到最近的恒星的距离
10^{12}	冥王星的轨道半径
10^{11}	地球到太阳的距离
10^{9}	太阳的半径
10^{8}	地球到月球的距离
10^{6}	地球半径
10^{3}	地球上的高山
10^{0}（1）	人的身高
10^{-3}	一颗细砂粒
10^{-5}	细菌
10^{-8}	大分子
10^{-10}	原子半径
10^{-15}	原子核、质子和中子
10^{-18}	电子和夸克

表 1 - 1 - 2　物质世界的时间尺度

时间尺度（s）	实物运动的周期、寿命或半衰期
10^{18}	宇宙寿命
10^{17}	太阳和地球的年龄，^{218}U 的半衰期
10^{16}	太阳绕银河中心运动的周期
10^{11}	^{226}Ra 的半衰期
10^{9}	哈雷彗星绕太阳运动的周期
10^{7}	地球公转周期
10^{4}	地球自转周期
10^{3}	中子寿命
10^{0}（1）	脉冲星周期
10^{-3}	声振动周期
10^{-8}	π^{+}，π^{-} 介子寿命
10^{-12}	分子转动周期
10^{-14}	原子振动周期
10^{-15}	可见光
10^{-25}	中间玻色子 Z^{0}

从表 1-1-1、表 1-1-2 我们发现，物理世界在时空尺度上跨越范围很大，描述自然界物质运动的规律和特点必须考虑物质的结构和层次。通常，凡速度 v 接近光速（$c \approx 3 \times 10^8 \text{m/s}$）的物理现象称为高速现象，$v \ll c$ 的称为低速现象。物理学上把原子尺度的客体叫做微观系统，大小在人体尺度之上几个数量级范围之内的客体叫做宏观系统。物理现象按空间尺度来划分可分为三个区域：量子力学、经典物理学和宇宙物理学；物理现象按速率大小来划分可分为相对论物理学和非相对论物理学。人类对物理世界的认识，首先从研究低速宏观现象的经典物理学开始，到 20 世纪初才深入扩展到研究宇观世界和微观领域的相对论和量子力学。

1.1.3 参照系

1. 参照系

要描述一个物体的机械运动情况总得选择另一个物体作为参照，这种作为参照的物体叫做参照系。例如，研究物体在地面上的运动，常用地面或地面上静止的物体作为参照系；观察轮船的航行，常用河岸或河岸上静止的物体（如房屋）作为参照系。

同一物体的运动，参照系不同，对它的运动的描述就会不同，这叫做运动描述的相对性。例如，在做匀速直线运动的车厢中，有一个自由下落的物体，以车厢为参照系，物体做直线运动；以地面为参照系，物体做抛物线运动。我国古代敦煌曲子词《浣溪沙》中这样写道："满眼风波多闪灼，看山恰似走来迎。仔细看山山不动，是船行。"这首词精妙地刻画了船与山林的运动关系，既揭示了船上观察者观察到的河岸、山林相对于观察者的运动，也逼真地表现了山林之间的相对静止关系。

参照系可分为惯性参照系和非惯性参照系两类。惯性参照系可以这样理解，即在此类参照系中惯性定律成立。一切惯性参照系都是等价的。

2. 坐标系

选定参照系后，为了定量地描述物体在空间所处的位置和位置随时间的变化，必须在参照系上选择一个固定的坐标系。一般在参照系上选定一点作为坐标系的原点，取通过原点并标有长度的线作为坐标轴。因此，对于描述物体的位置变化来说，坐标系起着刻度标尺的作用。

由于我们经验上的空间是三维的，我们一般需要标出三个独立的量来唯一地确定空间一点的位置。常用的坐标系是直角坐标系，它的三个坐标轴（x 轴、y 轴、z 轴）互相垂直，如图 1-1-2 所示。空间某一点 P 的位置可由此坐标系唯一确定，表示为 $P(x, y, z)$，又称为笛卡儿（René Descartes,

1596—1649) 坐标。

　　根据需要，我们也可以选用其他的坐标系，如极坐标系、球面坐标系或圆柱面坐标系等来研究物体的运动。

　　参照系确定之后，坐标系的类型、坐标原点的位置、坐标轴方向都可以根据需要选择，但参照系一经确定，所描述的某个物体运动的快慢、轨道的形状等就是确定的，不会因坐标系的选择不同而有所不同。

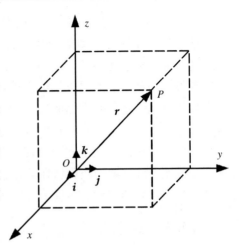

图 1 - 1 - 2

3. 质　点

　　任何物体都有一定的大小和形状。但是，如果在所研究的运动中，物体的大小和形状不起作用或作用很小，就可以近似地把该物体看作是一个具有质量、没有大小和形状的理想物体，称为质点。例如，研究地球公转时，由于地球的平均半径（约为 $6.4 \times 10^3 \text{km}$）比地球与太阳间的距离（约为 $1.50 \times 10^8 \text{km}$）小得多，地球上各点相对于太阳的运动可视为相同。这时，就可以忽略地球的大小和形状，把地球当作一个质点。又如一个整体移动的物体（如一列火车），它上面各点的移动情况完全相同，整个物体的运动完全可以用物体上任一点的情况来说明，对于做这样运动（称为平动）的物体，无论它的大小、形状如何，在研究它的整体运动时，都可以用一个质点来代表它。在坐标系中，用一个几何点（如 P 点）来表示。

　　质点是实际物体一种理想模型，它是实际物体在一定条件下的抽象。一个物体能否看作质点，要看所研究的是什么问题而定。同样是地球，当研究它的自转时，就不能当作质点处理了。

1.1.4　如何描述物体（质点）的运动

1. 位置矢量

　　如图 1 - 1 - 2 所示，质点 P 的位置，在直角坐标系中表示为 $P(x, y, z)$，或者用从原点 O 到 P 点的有向线段 r 表示。矢量 r 称为位置矢量，简称为位矢，或矢径。

　　r 沿三个坐标轴的分量分别是 x、y 和 z，以 i、j、k 分别表示沿 x、y、z 轴正方向的单位矢量，即 $|i| = |j| = |k| = 1$，则 r 可表示为

$$r = xi + yj + zk \qquad (1-1-1)$$

质点运动时，P 点的坐标 x、y、z 和位置矢量 r 都是随时间改变的。表示运动过程的函数式可以写作

$$\begin{cases} x = x\ (t) \\ y = y\ (t) \\ z = z\ (t) \end{cases} \quad\quad (1-1-2)$$

或 $r = x\ (t)\ \boldsymbol{i} + y\ (t)\ \boldsymbol{j} + z\ (t)\ \boldsymbol{k}$ $\quad\quad (1-1-3)$

式（1-1-2）中各函数表示质点位置的各坐标值随时间的变化情况，可以看作是质点沿各坐标轴的分运动表示式。式（1-1-3）表示质点的实际运动是各分运动的矢量合成，这个关系叫运动的叠加（或合成）原理。

2. 位 移

质点在一段时间内位置的改变称作它在这段时间内的位移。设质点在 t 和 $t+\Delta t$ 时刻分别通过 P_1 和 P_2 点，如图 1-1-3。质点的位置矢量分别是 r (t) 和 $r\ (t+\Delta t)$，则由 P_1 到 P_2 的矢量表示增量 Δr，即

$\Delta r = r\ (t+\Delta t)\ -r\ (t)$

式中 Δr 是质点在 t 和 $t+\Delta t$ 这段时间内的位移。

Δr 是矢量，既有大小又有方向，其大小（即它的模）用矢量 Δr 的长度

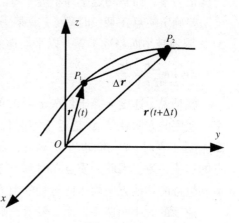

图 1-1-3

表示，记作 $|\Delta r|$。曲线 P_1P_2 的长度为质点运动的路程，是一标量，记作 Δs。一般地说，$\Delta s \neq |\Delta r|$，只有在时间 Δt 趋近于零时，Δs 与 $|\Delta r|$ 方可视为相等。即使在直线运动中，位移和路程也是截然不同的两个概念。例如，一质点沿直线从 A 点运动到 B 点又折回 A 点，显然路程等于 A、B 之间的距离的两倍，而位移为零。

在物理量中，有的仅给出数值大小就可以确定，有的不仅要求给出大小而且还要给出方向才能确定。对于那些仅给出数值就可以确定的量，我们称之为标量，例如时间、质量、密度等；那些不仅有数值，还有方向并且其相加遵从平行四边形法则的量叫做矢量，例如位移、速度、力等。

3. 速 度

质点的位移 Δr 和发生这段位移所经历的时间 Δt 的比值，称为质点在这段时间内的平均速度，即

$$\Delta \bar{\boldsymbol{v}} = \frac{\Delta \boldsymbol{r}}{\Delta t} \qquad (1-1-4)$$

这就是说，平均速度是在相应的时间 Δt 内位移对时间的比值，平均速度的方向与位移 $\Delta \boldsymbol{r}$ 的方向相同。

我们已学过，在描述一个物体（质点）运动时，常用"速率"这个物理量。我们把路程 Δs 与时间 Δt 的比值 $\Delta s / \Delta t$ 称为质点在时间 Δt 内的平均速率。这就是说，平均速率是一标量，等于质点在单位时间内所通过的路程，而不考虑运动的方向。因此，不能把平均速率与平均速度等同起来。例如，在某一段时间内，质点沿一个闭合路径一周，显然质点的位移等于零，所以平均速度也为零，而平均速率却不等于零。

要确定质点在某一时刻 t（或某一位置）的瞬时速度（简称速度），应使 Δt 无限地减小而趋近于零，以平均速度的极限来表示，即

$$\boldsymbol{v} = \lim_{\Delta t \to 0} \frac{\Delta \boldsymbol{r}}{\Delta t} = \frac{\mathrm{d} \boldsymbol{r}}{\mathrm{d} t} \qquad (1-1-5)$$

就是说，速度 $\boldsymbol{v}$ 等于位矢 $\boldsymbol{r}$ 对时间 t 的一阶导数，即位矢对时间的变化率。速度的方向就是 Δt 趋近于零时位移 $\Delta \boldsymbol{r}$ 的方向，如图 $1-1-3$ 所示。当 Δt 趋近于零时，P_2 点向 P_1 点靠近，而 $\Delta \boldsymbol{r}$ 的方向最后将与质点运动轨迹在 P_1 点的切线一致。因此，质点在时刻 t 的速度的方向就是沿着该时刻质点所在处运动轨迹的切线方向而指向运动的前方。

速度的大小叫速率，用 v 表示，则有

$$v = |\boldsymbol{v}| = \left| \frac{\mathrm{d} \boldsymbol{r}}{\mathrm{d} t} \right| = \lim_{\Delta t \to 0} \frac{|\Delta \boldsymbol{r}|}{\Delta t} \qquad (1-1-6)$$

用 Δs 表示在 Δt 时间内质点沿轨迹所经过的路程。当 Δt 趋近于零时，$|\Delta \boldsymbol{r}|$ 和 Δs 趋于相同，因此可以得到

$$v = \lim_{\Delta t \to 0} \frac{|\Delta \boldsymbol{r}|}{\Delta t} = \lim_{\Delta t \to 0} \frac{\Delta s}{\Delta t} = \frac{\mathrm{d} s}{\mathrm{d} t} \qquad (1-1-7)$$

即速率的大小为质点所走的路程对时间的变化率。

由 $\boldsymbol{r} = x\boldsymbol{i} + y\boldsymbol{j} + z\boldsymbol{k}$ 可得

$$\boldsymbol{v} = \frac{\mathrm{d} \boldsymbol{r}}{\mathrm{d} t} = \frac{\mathrm{d} x}{\mathrm{d} t}\boldsymbol{i} + \frac{\mathrm{d} y}{\mathrm{d} t}\boldsymbol{j} + \frac{\mathrm{d} z}{\mathrm{d} t}\boldsymbol{k} = v_x\boldsymbol{i} + v_y\boldsymbol{j} + v_z\boldsymbol{k} \qquad (1-1-8)$$

v_x，v_y，v_z 分别为速度沿三个坐标轴的分量，可正可负。上式表明：质点的速度 $\boldsymbol{v}$ 是各分速度的矢量和，这一关系叫速度的叠加（或合成）。由于各分速度方向相互垂直，所以速率

$$v = \sqrt{v_x^2 + v_y^2 + v_z^2} \qquad (1-1-9)$$

国际单位制中，长度的单位是米（m），时间的单位是秒（s），速度的单

位是米/秒（m/s）。

4. 加速度

质点在运动轨迹上不同的位置，通常有不同的速度。如图 1-1-4 所示，一质点在时刻 t，位于 P_1 点的速度为 $\boldsymbol{v}(t)$，在时刻 $t+\Delta t$，位于 P_2 点的速度为 $\boldsymbol{v}(t+\Delta t)$。

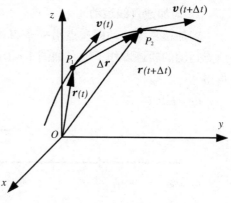

在时间 Δt 内，质点的速度增量为

$$\Delta \boldsymbol{v} = \boldsymbol{v}(t+\Delta t) - \boldsymbol{v}(t)$$

通常在曲线运动中，$\Delta \boldsymbol{v}$ 的方向和 $\boldsymbol{v}(t)$ 的方向并不一致。$\Delta \boldsymbol{v}$ 所描述的是速度变化，包括速度大小的变化和速度方向的变化。

图 1-1-4

与平均速度的定义相类似，质点的平均加速度定义为

$$\boldsymbol{a} = \frac{\Delta \boldsymbol{v}}{\Delta t} \tag{1-1-10}$$

当 Δt 趋于零时，此平均加速度的极限，即速度对时间的变化率，叫质点在时刻 t 的瞬时加速度，简称加速度，即

$$\boldsymbol{a} = \lim_{\Delta t \to 0} \frac{\Delta \boldsymbol{v}}{\Delta t} = \frac{\mathrm{d}\boldsymbol{v}}{\mathrm{d}t} \tag{1-1-11}$$

应该明确的是，加速度也是矢量。由于它是速度对时间的变化率，所以不管是速度的大小发生变化，还是速度的方向发生变化，都有加速度。由式（1-1-8）代入上式，可得加速度的分量表示式为

$$\boldsymbol{a} = \frac{\mathrm{d}v_x}{\mathrm{d}t}\boldsymbol{i} + \frac{\mathrm{d}v_y}{\mathrm{d}t}\boldsymbol{j} + \frac{\mathrm{d}v_z}{\mathrm{d}t}\boldsymbol{k} = a_x\boldsymbol{i} + a_y\boldsymbol{j} + a_z\boldsymbol{k} \tag{1-1-12}$$

而加速度的量值为

$$a = \sqrt{a_x^2 + a_y^2 + a_z^2} \tag{1-1-13}$$

加速度的方向就是 Δt 趋于零时，速度增量 $\Delta \boldsymbol{v}$ 的极限方向，而 $\Delta \boldsymbol{v}$ 的极限方向一般不同于速度 $\boldsymbol{v}$ 的方向，因此加速度的方向一般与该时刻的速度方向不一致。例如，质点做直线运动时，如果速率是增大的，则 $\boldsymbol{a}$ 与 $\boldsymbol{v}$ 同向；如果速率是减小的，则 $\boldsymbol{a}$ 与 $\boldsymbol{v}$ 反向。质点做曲线运动时，加速度的方向总是指向轨迹曲线凹的一边。加速度的单位是米/秒² （m/s²）。

1.1.5 运动规律的研究

1. 匀加速直线运动

匀加速直线运动即质点沿一条直线以恒定的加速度所做的运动。如果将质点运动的轨迹取作 x 轴（如图 $1-1-5$），由加速度分量定义式 $a_x = \mathrm{d}v_x/\mathrm{d}t$ 可得

$$\mathrm{d}v = a\mathrm{d}t \tag{1-1-14}$$

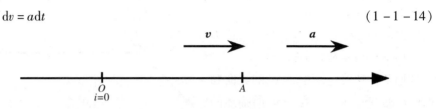

图 $1-1-5$　匀加速直线运动

设从坐标原点 O 处开始计时，此时速度为 v_0，当质点运动到 A 点处，经历的时间为 t，此时的速度为 v，则由上式对等号两边积分，即可得速度随时间变化的关系：

$$\int_{v_0}^{v} \mathrm{d}v = \int_{0}^{t} a\mathrm{d}t$$

利用 a 为常量的条件，可得

$$v = v_0 + at \tag{1-1-15}$$

这就是匀加速直线运动的速度公式。

由于 $v = \mathrm{d}x/\mathrm{d}t$，所以有 $\mathrm{d}x = v\mathrm{d}t$。将式（$1-1-15$）代入上式，可得

$$\mathrm{d}x = (v_0 + at)\,\mathrm{d}t$$

若 $t = 0$ 时，$x = 0$，对上式两边积分，得

$$\int_{0}^{x} \mathrm{d}x = \int_{0}^{t} (v_0 + at)\mathrm{d}t$$

由此得到在任一时刻 t 质点的位置为

$$x = v_0 t + \frac{1}{2}at^2 \tag{1-1-16}$$

由（$1-1-15$）和（$1-1-16$）两式，消去 t 可以得到速度随位置变化的关系

$$v^2 - v_0^2 = 2ax \tag{1-1-17}$$

14 世纪，巴黎大学学者奥雷斯姆（Nicolas Oresme，约 1320—1382）用图解法借助平均速率定理对上述公式进行了推导。平均速率定理：物体做匀加速运动所走过的距离同物体在相同的时间间隔 t 内以平均速率（等于 v_0 和 v 平均的恒定速率）运动所走过的距离相等。

他是这样证明的：对于一个初速率为 v_0，末速率为 v，所用时间间隔为 t 的匀加速运动，$v_0 t$ 及 vt 可用图 $1-1-6$ 中的矩形 $OABC$ 和梯形 $OADC$ 的面积表示。当速度 v_0 均匀地改变为 v 时，所走过的实际距离必定等于图中的阴影部分，即矩形 $OABC$ 加上三角形 BDC 的面积。

如果作 $EF /\!/ OA$，且 $DE = EB$，则 $\triangle DEG$ 全等于 $\triangle FCG$，从而面积相等，就相等于质点以 v_0 和 v 之和的一半的恒定速率走过的距离。

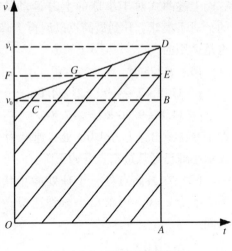

图 $1-1-6$　平均速率图解法

在中学所学的运动学知识中，便是这样将速度—时间关系或位移—时间关系与图示法联系起来的。对于式 $(1-1-17)$，感兴趣的同学可以用高等数学的知识解释（提示：$a = \dfrac{\mathrm{d}v}{\mathrm{d}t} = \dfrac{\mathrm{d}v}{\mathrm{d}x}\dfrac{\mathrm{d}x}{\mathrm{d}t} \Rightarrow v\mathrm{d}v = a\mathrm{d}x$，再由积分可得）。

例题 $1-1$　一人在离地 $36.0\mathrm{m}$ 的高处，以初速 $v_0 = 11.8\mathrm{m/s}$ 竖直向上抛出一小球，忽略空气阻力，试计算：

（1）在抛出后 $2\mathrm{s}$ 末小球的位置和速度；

（2）小球所能到达的最高点的位置和所经历的时间；

（3）小球落地时的速度和所经历的时间。

解：求解此类问题，通常把小球的运动分成上升和下降两个阶段分别处理。事实上，坐标系一经选定后，小球的运动方程和速度公式对于小球运动的全过程都是适用的，所以把运动两阶段完全分开处理是不必要的。例如，如果我们选抛出点作为坐标系的原点，把 y 轴的正方向选定为竖直向上，如图 $1-1-7$ 所示。那么，小球的运动方程和速度可写成

$$y = v_0 t - \frac{1}{2}gt^2$$

$$v = v_0 - gt$$

这里，小球运动的加速度就是竖直向下的重力加速度 $g = 9.8\mathrm{m/s^2}$，方向与所选定的 y 轴方向相反，所以 $a = -g$。代入速度的具体数据后，则有

$$y = 11.8t - 4.90t^2$$

$$v = 11.8 - 9.80t$$

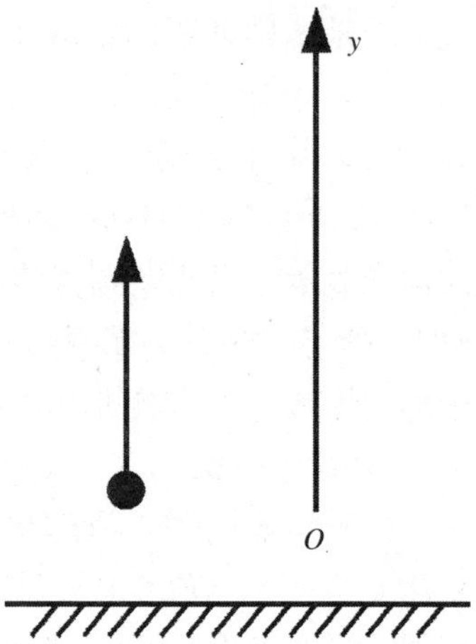

上述两式对于小球的上升运动阶段是适用的，对于小球上升到最高点以后再下降的全过程也是适用的。

（1）$t = 2s$ 时，

$y = 11.8 \times 2 - 4.90 \times 2^2 = 4.0m$

$v = 11.8 - 9.80 \times 2 = -7.8m/s$

即小球在抛出点上方 4.0m 处，速度为 -7.8m/s，表示小球已经从最高点开始下降。

（2）在最高点处，小球处静止状态，速度为零。令 $v = 0$，可求出小球到达最高点所需的时间

$$t = \frac{v_0}{g} = \frac{11.8}{9.8} = 1.20s$$

图 1-1-7　竖直上抛运动

$y = 11.8 \times 1.20 - 4.90 \times (1.20)^2 = 7.1m$

这表明最高点是在抛出点上方 7.1m 处。

（3）因为落地点在抛出点下方 36.0m 处，上式中 $y = -36.0m$，即有

$-36.0 = 11.8t - 4.90t^2$

解上式得 $t = 4.16s$（另一解为负值，不合题意舍去），这就是从抛出到落地所经历的时间。所以有

$v = 11.8 - 9.80 \times 4.16 = -28.9m/s$

如果取地面上一点为坐标原点，y 轴的正方向竖直向上，这时小球的运动方程和速度公式有何不同？读者可以自行演算一下，进行比较。

2. 伽利略对加速运动的研究

1638 年，意大利物理学家伽利略（Galileo Galilei, 1564—1642）在他写的《关于力学和局部运动的两门新科学的对话和数学证明》（*Discourses and Mathematical Demonstrations Concerning Two New Sciences Pertaining to Mechanics and Local Motion*，通常简称为《两门新科学》）一书中，设想了一个"落体佯谬"的理想实验来反驳亚里士多德关于落体的学说。

他写道："我十分怀疑亚里士多德确实曾经用实验验证过下面这个论断：如果让两块石块（其中之一的重量十倍于另一块的重量）同时从比如说 100 腕尺（1 腕尺 = 20 英寸 = 50.8 厘米）高处落下，那么这两块石头下落的速率便会不同，那较重的石块落到地上时，另一块石头只不过下落了 10 腕尺。"接着，他设想了一个"落体佯谬"的理想实验，通过对这个想象的实验中可能发生的情况的分析，并从亚里士多德的"重物下落比轻物为快"的原理导

出了"重物下落比轻物为慢"的悖论，从而否定了亚里士多德的理论。他写道："如果我们取天然速率不同的两个物体，显而易见，如果把那两个物体连接在一起，速率较大的那个物体将因受到速率较小的物体的影响其速率要减慢一些……"又写道："……但是两个连在一起的物体当然比原来的重物还要重。可见较重的物体反而比较轻的物体运动得慢……这就从较重物体比较轻物体运动得快的假设推出了较重物体运动较慢的结论来。"

伽利略

伽利略注意到在实际的下落实验中，轻物体确实落后于重物体，但这是由于空气的阻力造成的。他是怎样确信在真空中所有物体下落得同样快呢？他设想了一个实验，用铅、金、木做三个小球。他在脑海里让这三个球分别在水银、水和空气中下落。在水银里，只有金球往下落。在水里金球和铅球往下落，而金球下落得比铅球更快。在空气里所有的三个球都下落，这时金球与铅球下落速度没有差别，只有木球下落得稍微慢一些。

接着，他做了如下巧妙的论证：如果我们事实上发现重量不同的物体在媒质中下落时，它们的速度的差别随媒质的密度减小而减小，而且媒质非常稀薄导致这一差别非常小而不能被觉察，于是就得出了物体在真空里下落情况的重要结论。他在《两门新科学》中写道："鉴于这一点，我认为如果人们完全排除空气的阻力，那么所有物体将下落得同样快。"

人们称他的这种推论方法为"外推法"。伽利略运用了理想实验中的推理法，看到了事物的本质，忽略掉次要因素，突出了主要问题。当然，推论的结论应由实验来证明，但当时的技术水平还不能得到真空。今天，我们在"抽空"了的玻璃管中作铅片和鸡毛同时下落的演示，来证明在真空中不同物体自由下落的速度都一样，就是利用了伽利略的这种论证方法。

在确立了落体定律后，伽利略开始研究自由落体运动的规律。他首先假定，落体运动是匀加速运动，因为自然界"总是习惯于运用最简单和最容易的手段"行动。如何找出一个最符合自然现象的匀加速运动的定义呢？伽利略一度曾以为在下落过程中物体所得到的速度与下落的距离成正比。这个定义似乎是合理的，但他很快发觉这个定义会导致谬误。他说，如果物体在落下第一段距离后已得到某一速度，那么在落下的距离加倍时，其速度也将加倍。果真这样，物体通过这两倍距离所用的时间将和通过原来那段距离所用的时间一样，但这与客观事实不符。于是他转向了第二个假设，在下落过程中物体所得到的速度与下落的时间成正比。

匀加速运动的这一定义是否符合自由落体运动的实际情况应该通过实验来检验。然而使用伽利略时代的仪器不可能直接测量下落物体速度的增量与下落的时间间隔是否成正比，即 $\Delta v/\Delta t$ 在整个下落过程中是否为恒量，因为这需要直接测量瞬时速度。当时只能测量距离和时间，正是由于这个缘故，他首先讨论了距离和时间的关系。他运用平均速率图解法说明，一个从静止开始做匀加速运动的物体在一段时间 t 内所通过的距离 s 有如下的关系：$s/t^2 =$ 恒量。

当然，今天我们可以用频闪照相技术拍摄物体自由下落的整个过程，记录物体下落时的相应位置，画出距离与时间的曲线，由 $s-t$ 图求出各时间的瞬时速度，画出 $v-t$ 图，从而检验整个过程中 $\Delta v/\Delta t$ 恒为常数这个假说。

由于不可能对迅速的自由下落进行实验，伽利略以独特的方式转向他假设的一个更容易检验的结果。他做了这样的考虑：根据某一假设所得到的推论如果严格符合实验结果，该假设的真实性便得到了确证。首先他经过分析而确信，一个沿光滑斜面滚下的球与自由落体遵从相同的法则。也就是说，这是"冲淡了的"或"减缓了的"自由落体运动，它将自由落体的时间放大了；反过来说，自由落体又是斜面倾角为90°时的斜面运动的一个特例。如果发现球是以匀加速运动，那么一个自由落体的运动也必定如此，尽管加速度的大小不同。

1604年，伽利略做了著名的斜面实验。他使硬的、光滑的、极圆的铜球在铺上尽可能光滑的羊皮纸的斜槽中运动，观察到沿向下倾斜的斜槽运动时小球越来越快，向上倾斜的斜槽运动时小球越来越慢，不倾斜时即小球在水平运动时，减速很慢，其原因在于板面对球的摩擦，如图1-1-8。伽利略将摩擦减小，则小球运动的速度变化变慢，运动时间变长，运动距离变大。他进一步利用理想实验，将条件推向极限，引入了一个绝对光滑的水平面，这

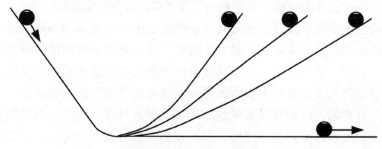

图1-1-8　理想斜面实验

时引起小球变快变慢的倾斜因素没有了，摩擦也没有了，小球运动的速度只能不变，一直运动下去……这样，伽利略发现了惯性定律。说明物体的水平速度保持不变的原因在于物体具有惯性。物体做惯性运动不需外力维持，力与速度是不相联系的，力与加速度相联系。

伽利略通过斜面运动得到了以下结论：第一，当斜面一定时，下落的距离 s 与所用的时间 t 的平方之比为一常数。第二，当斜面的倾角改变时，s/t^2 之值也随之改变，但规律的形式不变。

为了找出斜面上的运动和自由下落运动之间的关系，以便把从斜面上得到的匀加速运动的结论推广到竖直情况下的自由落体运动，伽利略提出了等末速度假设，即认为沿不同倾斜度的斜面从同一高度下落，它们到达末端时具有相同的速度，物体下降时所得到的速度只决定于下降的竖直高度，而与下降时实际经过的路程的形状无关。

根据已被证实的"等末速度假设"，自然就可以得出沿斜面高度下落的时间与沿斜面长度下落的时间之比等于高度与长度之比，因而沿高度（自由下落）的加速度与沿长度（斜面上的下滑）的加速度之比等于长度与高度之比，如图 1-1-9 所示。设斜面的高度为 h，长度为 l，物体自顶端分别用 t_1 和 t_2 时间沿这两个距离下落，得到同样的末速度 v。于是

$$h = \frac{v}{2}t_1, \quad l = \frac{v}{2}t_2$$

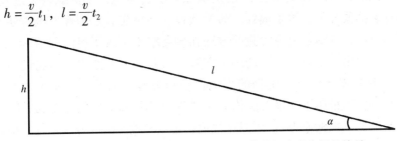

图 1-1-9 沿斜面的加速度与自由下落的加速度之间的关系

得到 $\dfrac{t_1}{t_2} = \dfrac{h}{l}$。

如果分别以 a_1 和 a_2 表示沿着高度和长度运动的物体的加速度，则

$$v = a_1 t_1 = a_2 t_2, \quad \text{所以} \frac{a_2}{a_1} = \frac{t_1}{t_2} = \frac{h}{l} = \sin\alpha$$

由这个结果，我们就可以从斜面上的加速度 a_2 求出自由下落的加速度 a_1（$a_1 = g$）。不过，伽利略没有给出自由落体加速度的任何观测数据。比较精确的自由落体加速度的数值，即 $g = 9.8\,\text{m/s}^2$，是在 1673 年惠更斯对摆的研究中得到的。但是，伽利略明确得出了自由落体是匀加速直线运动的结论。

3. 伽利略的科学思想方法

伽利略对运动的研究，创造了一套对近代科学的发展很有效、很具体的程序。这个程序由下列环节构成：

对现象的一般观察→提出假设→运用数学和逻辑的手段得出结论→通过物理的或思想的实验对推论进行检验→对假设进行修正和推广。

例如，在自由落体运动的研究中，开始时提出速度增量正比于通过距离的假设，经过简单的推理就否定了这一假设。然后又提出速度增量正比于时间间隔的假设，因为无法用实验直接检验这一假设，因此他由这一假设推导出距离与时间的关系，再用实验来验证这个关系，最后把由斜面实验证实了的这一结论推广到自由下落的情形。伽利略实质上使用了把实验和理论结合起来的方法，从而有力地推进了人类科学认识活动的发展。伽利略充分认识到这个研究方法的价值，他在《两门新科学》中写道："我们可以说，大门已经向新方法打开，这种将带来大量奇妙成果的新方法，在未来的年代里会博得许多人的重视。"

值得注意的是，在一些物理教科书和科普读物中广为流传着这样一种观点：伽利略靠在比萨塔上所做的落体实验奠定了运动学的基础，甚至有的书籍中还有他在比萨塔上用铁球和木球做实验的图示。这些不仅违反了历史事实，而且是对伽利略研究方法的错误认识。事实表明，在整个研究过程中，逻辑推理、抽象分析、数学演绎、科学假设、理想实验等理性思维方法起了决定性的作用，特别是理想实验的方法在伽利略手中成了科学创造的一个奇妙的工具。他用"落体佯谬"的理想实验，从亚里士多德的"重物的下落比轻物快"的原理导出了"重物的下落比轻物为慢"的悖论。他用"对接斜面"的理想实验推翻了亚里士多德关于"外力是物体维持其运动的原因"的教条，提出了"惯性原理"。可以这样说，这些理性思维的方法是他从对运动现象的观察通向发现运动规律的途径。

爱因斯坦在为伽利略的 *The Dialogue on the Two Chief Systems of the World* 英译本写的序言中特别指出：伽利略之所以成为近代科学之父，是由于他以经验的、实验的方法来代替思辨的、演绎的方法。但他认为，这种理解是经不起严格审查的，任何一种经验方法都有其思辨概念和思辨体系；而且任何一种思辨思维，它的概念经过比较仔细的考察之后，都会显露出它们所赖以产生的经验材料。把经验的态度同演绎的态度截然对立起来，那是错误的，而且也不代表伽利略的思想……况且，伽利略所掌握的实验方法是很不完备的，只有最大胆的思辨才有可能把经验材料之间的空隙弥补起来。总之，伽利略的方法是理论和实验相结合的方法。

　　从《两门新科学》中我们可以清楚地看到，对自然事件天真的、初始的一瞥，绝不足以作为一种物理理论的基础，虽然在空气中不同的自由落体实际上不在同一时刻落地，但是进一步的考虑说明，这远不如它们几乎同时落地的事实有意义。在真空中，两个物体下落相等的距离所需的时间是相等的，这是具有启发和富有成果的。因而物体穿过空气未能同时落地不过是一个较小的差异，可以用实验环境中空气阻力来解释。

　　一定程度上说，要发展科学，学会忽略几乎比严密考虑更有益。我们在这里又遇到了科学中经常出现的论题：用透彻的目光看待可观测的事件，以便透过乍看混乱的表面现象找出隐匿的简洁性和数学规律性。这里运用理想实验中的推理法，比用永远不会完全令人信服的大量的实验能够更容易地推翻一个相反的假设，即亚里士多德关于下落速率取决于重量的假设。为了达到正确的结论，依靠当时可用的观测方法是没有用的；一切都要依靠能够想到"去掉"空气和它对自由下落的影响。

　　开始发现正确描述自由落体这种运动的细节并使这种运动成为更普遍的力学系统的组成部分，这些工作还是应当归功于伽利略。他在《两门新科学》一书中承担的任务是要创立概念、计算和测量方法等，以利用严格的数学公式来描述物体的运动。他说，若一个物体从静止状态出发并在相等的时间间隔内获得相等的速度增量，则称该物体的运动为匀加速运动。

　　我们看到，伽利略在运动学和动力学上所做的工作，无论在历史、科学上还是方法论方面都获得了伟大的成就。他在《两门新科学》中谦逊地说："我认为更重要的是一门博大精深的科学已经出现，我的工作仅是一个开端，头脑比我敏锐的人们将开辟更多的途径和方法，以探知它深邃的奥秘。"对于伽利略所作出的奠基性的贡献，霍布斯评价他是第一个给我们打开通向整个物理领域的门的人。爱因斯坦和英费尔德在《物理学的进化》中评价伽利略的发现以及他所应用的科学的推理方法是人类思想史上最伟大的成就之一，而且标志着物理学的真正开端。

1.1.6　曲线运动

1. 抛体运动

　　从地上某点向空中抛出一个物体，它在空中的运动就叫抛体运动。物体被抛出后，若忽略空气阻力和风的影响，它的运动轨迹将被限制在初速度 v 和重力加速度 g 所确定的平面内，所以抛体运动是一个二维匀加速运动。描述抛体运动时，选择平面直角坐标最为方便，它可以看成水平方向的匀速运动和竖直方向的匀加速运动的合成。

伽利略在《两门新科学》中讨论平抛运动时，明确提出了两个相互独立的运动的合成原理。这是现在力学中分析复杂运动时要利用的一条基本原理。他指出，用一个水平速度抛出的物体，其运动是由两个互不干涉的运动合成的：一个是水平方向的匀速直线运动，另一个是竖直方向的落体运动，其合成的轨迹是一条抛物线的半边（如图 1-1-10）。

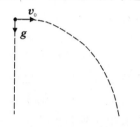 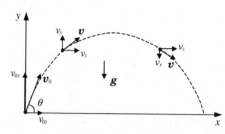

图 1-1-10 平抛运动的轨迹　　图 1-1-11 抛体运动

伽利略不但求出了两个运动的合运动的轨迹，而且指出了求合运动的速度的规则：一个抛射体在抛物线上任何一点的速度的平方等于两个分运动在该点的速度的平方之和。

将上述规则用现代的数学语言来描述时，我们选抛出点为坐标原点，而沿水平方向和竖直向上的方向分别为 x 轴和 y 轴，如图 1-1-11 所示。从抛出时刻开始计时，则 $t=0$ 时，物体的初始位置在原点，以 v_0 表示物体的初速度的大小，以 θ 表示抛出角，即初速度与 x 轴的夹角，则 v_0 沿 x 轴和 y 轴上的分量分别为

$$v_{0x} = v_0 \cos\theta , \ v_{0y} = v_0 \sin\theta$$

物体在空中的加速度为

$$a_x = 0 , \ a_y = -g （负号表示加速度的方向与 y 轴的方向相反）$$

利用这些条件，可以得到物体在空中任意时刻的速度为

$$\begin{cases} v_x = v_0 \cos\theta \\ v_y = v_0 \sin\theta - gt \end{cases} \qquad (1-1-18)$$

那么物体在空中任意时刻的位置为

$$\begin{cases} x = (v_0 \cos\theta) \, t \\ y = (v_0 \sin\theta) \, t - \dfrac{1}{2} gt^2 \end{cases} \qquad (1-1-19)$$

上述两式中消去 t，可得抛体的轨迹方程

$$y = x\tan\theta - \frac{1}{2} \frac{gx^2}{v_0^2 \cos^2\theta}$$

对于一定的 v_0 和 θ，上述函数表示一条通过原点的二次曲线，数学上称

为抛物线。应该指出，上述关系的讨论是以忽略空气阻力为前提的。

2. 圆周运动

（1）匀速圆周运动

质点（或物体）沿圆周运动时，其速率称为线速度，图 1 - 1 - 12 中 s 表示从圆周上某点 A 开始的弧长，θ 表示半径 R 从 OA 位置开始转过的角度，则线速度 v 可以根据式（1 - 1 - 7）表示为

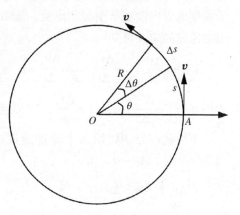

$$v = \frac{\mathrm{d}s}{\mathrm{d}t}$$

而 $s = R \cdot \theta$，代入上式，可得

$$v = R \frac{\mathrm{d}\theta}{\mathrm{d}t}$$

图 1 - 1 - 12 线速度与角速度

式中 $\mathrm{d}\theta / \mathrm{d}t$ 叫做质点运动的角速度 ω，即

$$\omega = \frac{\mathrm{d}\theta}{\mathrm{d}t} \qquad\qquad (1 - 1 - 20)$$

所以

$$v = R \cdot \omega \qquad\qquad (1 - 1 - 21)$$

其中 ω 的单位是弧度/秒（rad/s）。

质点做圆周运动时，它的线速度大小可以随时间改变，也可以不变，但是由于它的速度矢量的方向总是在改变，所以总是有加速度。

（2）变速圆周运动

如图 1 - 1 - 13 所示，质点在圆周上 A、B 两点处的速度分别为 v_A 和 v_B，

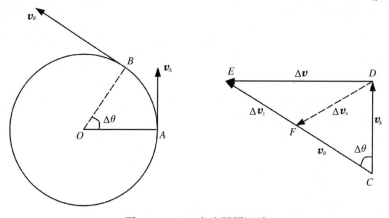

图 1 - 1 - 13 变速圆周运动

设 CD 为 v_A 向量，CF 为 v_B 向量，则速度增量 $\Delta v = v_B - v_A$，从 D 作 DF，取 $CF = CD$，Δv 便分解为两个分矢量 Δv_n 和 Δv_τ（DF 和 FE），其中增量 Δv_n 表示速度的方向改变所引起的增量，而 Δv_τ 表示速度的大小改变所引起的增量。由加速度的定义可知

$$a = \lim_{\Delta t \to 0} \frac{\Delta v}{\Delta t} = \lim_{\Delta t \to 0} \frac{\Delta v_n}{\Delta t} + \lim_{\Delta t \to 0} \frac{\Delta v_\tau}{\Delta t} = a_n + a_\tau \qquad (1-1-22)$$

式中 $a_n = \lim_{\Delta t \to 0} \frac{\Delta v_n}{\Delta t}$，$a_\tau = \lim_{\Delta t \to 0} \frac{\Delta v_\tau}{\Delta t}$，即加速度 a 可以看成是两个分加速度的合成。

下面我们分别讨论两个分加速度的大小和方向。先求 a_n，从图中可知，当 $\Delta t \to 0$ 时，$\Delta \theta \to 0$，所以

$$|\Delta v_n| = v \cdot \Delta \theta = v \cdot \frac{\Delta s}{R}$$

a_n 的大小为：$a_n = \lim_{\Delta t \to 0} \frac{|\Delta v_n|}{\Delta t} = \lim_{\Delta t \to 0} \frac{v \cdot \Delta s}{R \cdot \Delta t} = \frac{v}{R} \lim_{\Delta t \to 0} \frac{\Delta s}{\Delta t}$

$$a_n = \frac{v^2}{R} \qquad (1-1-23)$$

由式（1-1-21）可得

$$a_n = \omega^2 R \qquad (1-1-24)$$

从图 1-1-13 可知，当 $\Delta \theta \to 0$ 时，Δv_n 的方向垂直于速度 v 的方向而指向圆心。因此，a_n 的方向在任何时刻都垂直于圆的切线方向且沿着半径指向圆心，称之为向心加速度或法向加速度。它表示由于速度方向的改变而引起的速度的变化率。在圆周运动中，总有向心加速度。

下面再讨论 a_τ。Δv_τ 的数值为速率的增量，即 $|\Delta v_\tau| = \Delta v$，于是的 a_τ 数值为

$$a_\tau = \lim_{\Delta t \to 0} \frac{\Delta v}{\Delta t} = \frac{dv}{dt} \qquad (1-1-25)$$

即等于速率的变化率。由于 $\Delta t \to 0$ 时，Δv_τ 的方向和 v 在同一直线上，因此 a_τ 的方向也沿着轨迹的切线方向，称之为切向加速度。注意 a_τ 可正可负，$a_\tau > 0$ 则表示速率随时间的增加而增大，此时 a_τ 的方向与 v 的方向相同；$a_\tau < 0$ 则表示速率随时间的增加而减小，此时 a_τ 与 v 反向。切向加速度的计算方法与匀变速直线运动的计算方法相同。

由于 $v = R\omega$，

$$a_\tau = \frac{dv}{dt} = \frac{d(R\omega)}{dt} = R \frac{d^2\theta}{dt^2}$$

其中 $\beta = \frac{d\omega}{dt} = \frac{d^2\theta}{dt^2}$，$\beta$ 称为角加速度，单位是弧度/秒^2（rad/s^2）。所以

$$a_\tau = R \cdot \beta \qquad\qquad (1-1-26)$$

由于 $\boldsymbol{a}_n$ 和 $\boldsymbol{a}_\tau$ 总是垂直，所以圆周运动的总加速度的大小为

$$a = \sqrt{a_n^2 + a_\tau^2} \qquad\qquad (1-1-27)$$

若 θ 表示加速度方向与速度方向之间的夹角，则

$$\theta = \mathrm{arctg}\,\frac{a_n}{a_\tau} \qquad\qquad (1-1-28)$$

（3）一般曲线运动

当质点在平面内做任意的曲线运动（图 1-1-14），即其运动轨迹不再是圆形时，除了各点处的运动速度不同外，曲线上各点所对应的半径也不同。但对于曲线而言，曲线上任意点 A 所对应的线元 $\mathrm{d}s$ 可近似地看成某圆周上的一段圆弧，则与这段圆弧对应着的圆半径为 ρ（图 1-1-14 虚线表示），称为曲率半径，则点 A 处的法向加速度 $\boldsymbol{a}_n$ 和切向加速度 $\boldsymbol{a}_\tau$ 大小为

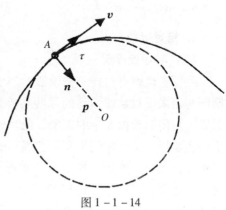

图 1-1-14

$$a_n = \frac{v^2}{\rho}, \quad a_\tau = \frac{\mathrm{d}v}{\mathrm{d}t} \qquad\qquad (1-1-29)$$

$\boldsymbol{a}_n$ 方向指向曲率中心，$\boldsymbol{a}_\tau$ 的方向与速度方向一致。

讨论：

①$\rho \to \infty$ 时，曲率半径为无穷的曲线，即直线运动；则法向加速度为零，只有切向加速度；

②当 ρ 为常数时，即圆周运动。

例题 1-2 列车出站时，由静止开始速率均匀增大，其轨道半径为 $R = 800\mathrm{m}$ 的圆弧。已知离开车站后 $t = 3\mathrm{min}$ 时，列车速率 $v = 20\mathrm{m/s}$，求在离开车站 $t_1 = 2\mathrm{min}$ 时，列车的切向加速度、法向加速度和总加速度。

解： 在这个问题中，列车不能看成质点，但可以用车厢上任一点的运动表示列车的运动。因为速率均匀增大，所以任何时刻的切向加速度的大小都相等。则有

$$a_\tau = \frac{\mathrm{d}v}{\mathrm{d}t} = \frac{v-0}{t-0} = \frac{20}{3 \times 60} = 0.111 \quad (\mathrm{m/s^2})$$

欲求 t_1 时刻的法向加速度，需要先求出这一时刻的速率 v_1。因为初速度为 0，所以，$v_1 = a_\tau t_1$，法向加速度为

$$a_n = \frac{v_1^2}{R} = \frac{(a_\tau t_1)^2}{R} = \frac{(0.111 \times 120)^2}{800} = 0.222 \quad (\text{m/s}^2)$$

t 时刻的总加速度的大小为

$$a = \sqrt{a_n^2 + a_\tau^2} = \sqrt{0.222^2 + 0.111^2} = 0.248 \quad (\text{m/s}^2)$$

总加速度 $\boldsymbol{a}$ 和 t_1 时刻速度 $\boldsymbol{v}_1$ 间的夹角为

$$\theta = \text{arctg}\,\frac{a_n}{a_\tau} = 63.4°$$

3. 相对运动

（1）相对性原理

我国古代曾有这样一种说法："闭舟而行不觉舟之运也"。伽利略以"表明所有用来反对地球运动的那些实验是全然无效的一个实验"为题，详细地叙述了封闭船舱内发生的现象。他写道："把你和一些朋友关在一条大船甲板下的主舱里，再让你们带几只苍蝇、蝴蝶和其他小飞虫，舱内放一只大水碗，其中放几条鱼，然后，挂上一个水瓶，让水一滴一滴地滴到下面的一个宽口罐里。船停着不动时，你留神观察：小虫都以等速向舱内各方向飞行；鱼向各个方向随便游动；水滴滴进下面的罐中；你把任何东西扔给你的朋友时，只要距离相等，向这一方向不必比另一方向用更多的力；你双脚齐跳，无论向那个方向跳过的距离都相等。当你仔细地观察这些事情后（虽然当船停止时，事情无疑一定是这样发生的），再使船以任何速度前进，只要运动是匀速的，也不忽左忽右地摆动，你将发现，所有上述现象丝毫没有变化，你也无法从其中任何一个现象来确定，船是在运动还是停着不动……"由此，伽利略总结出力学的相对性原理，或称为伽利略相对性原理：在一个封闭的系统中，不论进行怎样的力学实验，都不能判断一个惯性系是处于静止状态或做等速直线运动。

伽利略相对性原理是最早被引入物理学中的基本原理之一，它是牛顿宇宙观的基础，其正确性被大量的物理事实所证明。用现代语言概括，可表述为：一个对于惯性系做匀速直线运动的其他参照系，其内部发生的一切力学过程都不受系统作为整体的匀速直线运动的影响。或者说，不可能在惯性系内部进行任何力学实验来确定该系统做匀速直线运动的。由此得到，对于力学规律来说，一切惯性系都是等价的，相对于一惯性系做匀速直线运动的一切参照系都是惯性系。

（2）伽利略变换

设想两个相对做匀速直线运动的参照系 S 和 S'，它们的坐标轴分别相互平行，而且 x 轴和 x' 轴重合在一起，S' 系相对于 S 系沿 x 轴方向以速度 v 做匀速直线运动,如图 1-1-15 所示,并以两坐标原点重合时作为计时的零点。

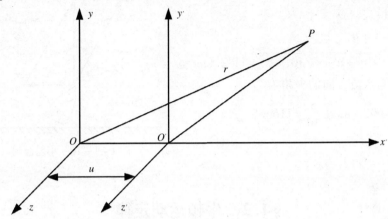

图 1-1-15 伽利略坐标变换

由于时间和空间被认为是相互独立的,质点 P 在 S' 系中出现的时刻 t' 和在 S 系中出现的时刻 t 相等,即 $t' = t$,所以,质点 P 在 S' 系中的空间坐标为 (x', y', z'),时间坐标 t 的关系为

$$\begin{cases} x' = x - vt \\ y' = y \\ z' = z \\ t' = t \end{cases} \tag{1-1-30}$$

这组关系式叫做伽利略坐标变换公式。

P 点的运动速度为

$$\begin{cases} u_x' = u_x - v \\ u_y' = u_y \\ u_z' = u_z \end{cases}$$

$$\boldsymbol{u'} = \boldsymbol{u} - \boldsymbol{v} \tag{1-1-31}$$

即伽利略速度变换公式。

在牛顿力学中,质点的质量与运动速度无关,因而也与参照系无关。于是,牛顿运动定律在所有相互做匀速直线运动的惯性系中都有相同的形式。

由式 (1-1-31),可得 $\boldsymbol{a'} = \boldsymbol{a}$,则

$$\boldsymbol{F} = m\boldsymbol{a}, \quad \boldsymbol{F'} = m\boldsymbol{a'}$$

例题 1-3 在河水流速为 5m/s 的地方有小船渡河,如果希望船以 10m/s 的速率垂直于河岸横渡,问船相对于河水的速度的大小和方向应如何?

解:此题中讨论的船的速度的参照系有两个,一个是岸,一是流水。如

图 1 - 1 - 16 所示，设船对岸的速度为 v，船对水的速度为 v'，水对岸的速度为 u。由速度变换式，有

$$v' = v + u$$

$$v' = \sqrt{v^2 + u^2} = \sqrt{10^2 + 5^2} = 11.2 \ (\text{m/s})$$

它与水流方向的夹角为

$$\theta = 90° + \text{arctg} \frac{5}{10} = 116.6°$$

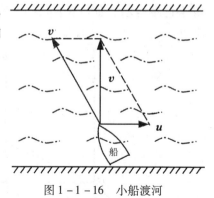

图 1 - 1 - 16　小船渡河

§1.2　牛顿运动定律

牛顿运动定律是经典力学的基本定律。在前人的研究基础上，牛顿创立了经典力学。他在 1687 年出版的《自然哲学的数学原理》（*Philosophiae Naturalis Principia Mathematica*，英文为 *Mathematical Principles of Natural Philosophy*，简称《原理》）中提出了具有严谨逻辑结构的力学体系，使力学成为一门研究物体机械运动基本规律的学科。在这部著作中，牛顿定义了时间、空间、质量和力等基本概念，同时揭示了物体运动的基本规律。牛顿以这些基本概念和规律为基础，通过形式逻辑和数学分析方法建立了力学的公理体系。这些公理体系的基础是牛顿三大定律。

1.2.1　牛顿第一定律

牛顿第一定律表示任何物体都保持静止或匀速直线运动状态，直到其他物体的作用迫使它改变这种状态为止。这里的物体是指质点，或指做平动的物体，而不考虑它的转动。由这一定律得知，只有其他物体作用于一物体时，才能改变这一物体的运动状态。物体保持它的原有运动状态不变的性质称为物体的惯性，所以牛顿第一定律又称为惯性定律。

惯性定律是由伽利略发现的，所以牛顿第一定律又称为伽利略惯性定律。牛顿在第一定律中没有说明静止或运动状态是相对于什么参照系说的，按牛顿的本意，这里所指的运动是在绝对时间过程中相对于绝对空间的某一绝对运动。牛顿第一定律成立的参照系称为惯性参照系。

惯性定律不能直接用实验证明，其原因是，除非我们先有这个定律，否则我们实在无法回答什么是自由质点或自由系统，也就是说，我们无法知道

该质点或系统是否受其他物体的作用。

1.2.2 牛顿第二定律

牛顿第二定律表示物体的动量对时间的变化率同该物体所受的力成正比，并和力的方向相同，这里的物体指的是质点。物体运动的动量 p 定义为物体的质量 m 同它的线速度 v 的乘积，即 $p = mv$。若作用于物体上的力为 F，选择质量、速度和力的适当单位，使比例系数为 1，则牛顿第二定律可写成

$$F = \frac{\mathrm{d}p}{\mathrm{d}t} \tag{1-2-1}$$

在经典力学中，质量 m 是常数，是物体惯性大小的量度。令加速度为 a，则第二定律便是我们所熟悉的形式

$$F = ma \tag{1-2-2}$$

它表示物体运动的加速度 a 与作用于该物体上的力 F 成正比，而与物体的质量 m 成反比，力和加速度的方向相同。力是改变物体运动状态的原因。

力的概念在经典力学中占有最重要的位置，式（1-2-1）是牛顿 1664 年提出的力的定义，式（1-2-2）是物体在惯性系中以宏观低速方式运动的表达形式。

1.2.3 牛顿第三定律

牛顿第三定律表示一物体对另一物体作用的同时引起另一物体对该物体大小相等、方向相反的反作用，而且这两个作用在一条直线上，即两个物体间的一对相同作用，永远等值反向，且在同一直线上。这个定律又称为作用和反作用定律。

由牛顿第三定律可知，当两个物体不受外力作用而只有相互作用时，它们的总动量的变化是零。这个结论对于由任意多个物体组成的封闭系统也成立，即构成一封闭系统的各物体的动量的矢量和在整个运动期间保持不变。这就是动量守恒定律，是物理学的基础定律之一。

几个物体组成的物体系统（或质点系）彼此间的相互作用力称为内力。由于内力满足牛顿第三定律，因此，在内力作用下，任一系统的总动量不变，内力只能改变系统内某一部分的动量。

1.2.4 牛顿的科学思想方法

牛顿（Isaac Newton，1642—1727）出生在英国林肯郡一个名叫 Woolsthorpe 的小村庄。少时性情温和，喜欢摆弄机械零件。1661 年，在剑桥大学三一

学院学习，是一位求知心切的优秀学生。1666 年，他 24 岁时已经在数学（二项定理、微分学）、光学和力学方面作出了巨大的贡献。1687 年出版《自然哲学的数学原理》，并在热学和光学方面完成了以前的研究。1705 年被封为爵士。从 1703 年到他去世为止，担任英国皇家学会会长。

牛顿

牛顿定律及其公理体系的建立，是人类认识客观世界过程的一次飞跃，库恩把它称为科学革命。如果说日心说是第一次科学革命，牛顿力学就是第二次科学革命。

牛顿在《原理》中提出了力学的三大定律和万有引力定律，把地面上物体的运动和太阳系内行星的运动统一在相同的物理规律之中，从而完成了人类文明史上第一次自然科学的大综合。它不仅标志着 16、17 世纪科学革命的顶点，也是人类文明进步的划时代标志。它不仅总结和发展了牛顿之前物理学的几乎全部重要成果，而且也是后来所有科学著作和科学方法的楷模。牛顿的科学思想和科学方法对他以后 300 年自然科学的发展产生了极其深远的影响。

牛顿的科学观是因果决定论的科学观。在牛顿力学中只要知道质点在初始时刻的位移和速度，就可以根据牛顿定律预言其后时刻的运动情况，这是典型的因果描写。而在牛顿以前，往往不是用因果关系来解释自然现象，不是用力的原因作解释，只是按照某种目的或结果来解释运动现象。牛顿采用因果性的解释在物理学的发展中是重要的一步，他所建立的物理因果性的完整体系，揭示了物理世界的深刻特征。在决定论科学观的基础上，牛顿确立了他的物理框架。所谓物理框架就是对物理现象解释的一种标准。牛顿物理框架的核心是力和力所决定的因果性，认为找到了力的规律就是找到了对运动现象的解释。

牛顿在科学研究中坚持以经验为基础，他认为在没有从观察和实验中发现引力之原因前，绝不能杜撰假说。他所关心的不是引力"为什么"会起作用，而是"如何"在起作用。他的目的是寻求引力所遵从的规律，提出准确的数学描述，证明行星系统如何依赖于引力定律。

牛顿的认识路线也不同于受经验主义影响很深的胡克的认识路线。胡克强调从实验上去探求引力定律，忽略数学推理的必要性。他的表述停留在定性认识上，缺乏定量的成分，因而没有认识到当时更需要的是数学推理而不是实验，因为所有有关行星运动的实验资料都已总结在开普勒定律之中。而对实验和观测的事实，胡克迟迟不能提出物理模型，进行数学推导，从而确立力的定律，这是他在方法论上不如牛顿的地方。

牛顿所遵循的认识途径是从实验观察到的运动现象去探讨力的规律，然后用这些规律去解释自然现象，这对以后物理学的发展产生了深刻的影响。19世纪20年代，安培等人在研究电流之间的作用时，便是以电流元之间的作用力来进行研究的。

牛顿研究方法的一大特点是对错综复杂的自然现象敢于简化、善于简化，从而建立起理想的物理模型。善于运用形象思维的方法，进行创造性的思维活动则是牛顿研究方法的另一特色。

牛顿的科学思想和科学方法不仅使他少走弯路，而且深刻地影响着以后物理学家的思想、研究和实践的方向，这说明科学思维方法的重要性。从物理学的重大发现中吸取科学思想、科学方法的营养，对提高我们提出问题、分析问题和解决问题的能力是大有裨益的。

牛顿对人类的贡献是巨大的，然而他却能清醒地评价自己的一生。他对自己之所以能在科学上有突出的成就以及这些成就的历史地位有清醒的认识。他曾说："如果说我比别人看得远一些，那是因为我站在巨人们的肩上。"在临终时，他还留下了这样的遗言："我不知道世人将如何看我，但是，就我自己看来，我好像不过是一个在海滨玩耍的小孩，不时地为找到一个比平常更光滑的卵石或更好看的贝壳而感到高兴，但是有待探索的真理的海洋正展现在我的面前。"

1.2.5　单位制和量纲

1. 单位制

物理学是一门实验科学，常常需要对各种物理量进行测量，一个物理量的测量结果一般表示为所得的数值和单位。通常把某些互相独立的物理量（如长度、质量、时间等）作为基本量，并为每个基本量规定一个基本单位。其他物理量的单位则可按照它们与基本量之间的关系（定义或定律）导出来，这些物理量称为导出量。导出量的单位都是基本单位的组合，称为导出单位。

目前国际上通用的单位制是国际单位制（System of International Units，简称 SI 制）。在 SI 制中，长度的单位为米（m），时间的单位为秒（s），质量的单位为千克（kg）。

有了基本单位，就可以通过有关的定义或定律得到导出单位。如根据速度的定义 $v = \mathrm{d}s/\mathrm{d}t$，可导出它的 SI 单位是米/秒（m/s）；根据牛顿第二定律

$F = ma$，可导出力的 SI 单位是牛顿（N）（$1N = 1kg \cdot m/s^2$）。

2. 量　纲

一个导出量和各基本量的关系，一般可以表示为导出量与基本量的一定幂次成比例。例如，在 SI 中以 L、M、T 分别表示长度、质量和时间三个基本量的量纲，一个力学量 Q 的量纲可以表示为量纲积

$$[Q] = L^p M^q T^r$$

上式称为力学量 Q 在 SI 制中的量纲式，式中 p、q、r 称为量纲指数。以速度 v、加速度 a、力 F 为例，它们的量纲可以分别表示为

$$[v] = LT^{-1}, \quad [a] = LT^{-2}, \quad [F] = MLT^{-2}$$

量纲的概念在物理学中很重要。由于只有具有相同量纲的项才能进行相加、相减和用等号相联系，所以它的一个简单而重要的应用是检验公式的正确性。

1.2.6　牛顿定律的应用

1. 重　力

地球表面附近的物体都受到地球的吸引作用，这种由于地球吸引而使物体受到的力叫做重力。在重力作用下，任何物体产生的加速度都是重力加速度，记为 g。若一个物体的质量为 m，物体的重力为 F，则由牛顿第二定律就有

$$F = mg$$

重力的方向和重力加速度的方向相同，即竖直向下。

2. 弹　力

发生形变的物体，由于要恢复原状，对与它接触的物体会产生力的作用，这种力叫做弹力。比较典型的是弹簧的弹力，当弹簧被拉伸或压缩时，它就会对连接体有弹力作用。弹力遵守胡克定律：在弹性限度内，弹力 F 与弹簧的形变 x（伸长量或缩短量）成正比，即

$$F = -kx$$

式中 k 叫做弹簧的劲度系数，它与弹簧的材料和形状有关。负号表示弹簧的弹力总是指向要恢复它原长的方向。

3. 摩擦力

两个物体有一接触面，而且沿着这接触面的方向有相对滑动时，每个物体在接触面上受到对方作用的一个阻止相对滑动的力，这种力叫做滑动摩擦力。它的方向总是与相对滑动的方向相反，它的大小和压力 N 成正比，即

$$f = \mu N$$

μ 为滑动摩擦系数，它与接触面的材料和表面的状态有关。

如果这两个物体没有相对滑动而只有相对滑动的趋势，它们之间也有摩擦力作用，这种摩擦力叫做静摩擦力。这里相对滑动的趋势即一个物体相对于另一个物体可能的运动趋势，它的方向即可能的运动方向，是指如果没有摩擦力存在时它将要运动的方向。静摩擦力的大小和方向随物体的受力和运动状态的改变而改变。当然，静摩擦力的大小有个限度，这个限度叫做最大静摩擦力。实验证明，最大静摩擦力与两个物体之间的压力 N 成正比，即

$$f_{\max} = \mu_0 N$$

式中 μ_0 为静摩擦系数，它取决于接触面的材料与表面的状态。通常情况下，μ_0 略大于 μ。

4. 应用举例

应用牛顿定律解题时，关键是针对具体问题根据规律具体分析。

首先，要认定物体，即通常所说的确定研究对象。物体的选择要由问题本身决定，该物体应能简化为质点来处理。

其次，要对物体的运动状态进行分析。在选定的参照系中，分析该物体是静止、匀速还是加速运动？做什么曲线运动？加速度的方向、数值是否知道？再运用运动学的方法确定其相互联系。复杂情况下，有时需要对整个运动过程分段研究。

第三，分析物体（研究对象）的受力情况。通常用隔离法，即将所选物体分离出来，然后进行受力分析。此时，不仅要注意分析受到的是什么性质的力，方向如何，还要注意不能多一个，也不能少一个。

最后，选定适当的坐标系。因为在研究物体的运动情况时，所涉及的物理量如力、速度、加速度等都是矢量，矢量的运算通常要在一定的坐标系中先转换为分量即标量的形式，然后再讨论物理量的方向问题。

例题 $1-4$ 一质量为 m 千克的物体，挂在置于升降机内的一架有标度的弹簧秤上，如图 $1-2-1$ 所示。它和升降机组成的系统以已知的加速度 a 米/秒^2 向上运动。试问弹簧秤上的读数是多少？

解：若升降机静止不动或以恒定速度运动，则弹簧秤的读数等于物体的重力的大小。现在升降机以 a 米/秒^2 的加速度向上运动，我们便要这

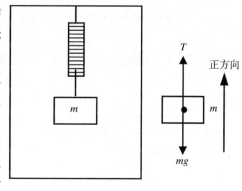

图 $1-2-1$ 升降机

样处理问题：

选择物体 m 为研究对象，m 随升降机向上做加速运动，分析 m 的受力情况：重力 mg，方向向下；弹簧秤对 m 的拉力 T，方向向上。选定竖直向上为正方向。则由牛顿第二定律可知

$T - mg = ma$

$T = m(a + g)$

对于弹簧秤而言，物体 m 对它的拉力作用（即弹簧秤的示数 T'）与弹簧秤对 m 的拉力 T 是一对作用力和反作用力的关系，由牛顿第三定律可知，T' 与 T 的大小相等。所以，在数值上弹簧秤的示数为

$T' = m(a + g)$

讨论：

①若 $a > 0$，即升降机向上做加速运动，弹簧秤的示数比 mg 大；

②若 $a < 0$，升降机向下做加速运动，弹簧秤的示数比 mg 小；

③若 $a = -g$，升降机做自由落体运动，弹簧秤的示数为 0。

例题 1-5 有一楔形物体 M，以加速度 a 在水平面上向右运动，如图 1-2-2 所示。若一质量为 m 的物体放在楔形物体 M 的光滑斜面上，恰能与斜面保持相对静止。求此时 m 对 M 的压力及 m 所受的合力。

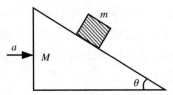

图 1-2-2

解：注意选取研究对象，条件中给出的是楔形物体 M 做加速运动，但由于质量为 m 的物体与斜面保持相对静止，则可等效为质量为 m 的物体具有一个水平向右的加速度 a，因此可选取质量为 m 的物体为研究对象（受力分析如图）。

m 所受的合力大小为

$F = ma$

该合力的方向与加速度方向一致，即沿水平面上向右。

根据牛顿第三定律，m 对 M 的压力 N' 大小等于 M 对 m 的支持力 N，方向相反，即

$N' = N = m\sqrt{a^2 + g^2}$

方向垂直斜面向下。

§1.3　刚体的定轴转动

前面我们所研究的物体运动规律都是简单地将物体视为质点。一般情况下，物体在外力作用下，其运动规律与物体的形状和大小有关，如地球的自转、圆盘的转动、杆的摆动等，有些情况下物体的形状和大小还要发生变化。无论在多大的外力作用下，物体的形状、大小都保持不变，也就是说，物体内任何两质点之间的距离保持不变，这样的理想物体称为刚体。刚体也是常用的力学模型。刚体是一个质点系统，将这些质点维持在一起的牛顿力使任意两质点间的距离保持不变。对每一个单独质点运用运动定律，便可以得出关于刚体在外力作用下的运动规律。

1.3.1　刚体的运动

刚体最简单的运动形式是平动和定轴转动。

1. 刚体的平动

刚体运动时，刚体内任意两点之间的连线在运动过程中始终保持其方向不变（或平行），这种运动称为刚体的平动（如图 1 – 3 – 1a 所示）。例如，电梯的运动、汽缸中活塞的运动、火车的运动等都是平动。显然，刚体平动时，在任意相等时间间隔内，刚体中所有质点的位移都是相等的，并且在任意时刻，各质点的速度、加速度也都相同，即刚体内任何一点的运动规律都相同，因此可用任何一点来代表整个刚体的运动，即简化为质点。因此，刚体的平动问题可简化为前面讨论过的质点运动的问题处理。

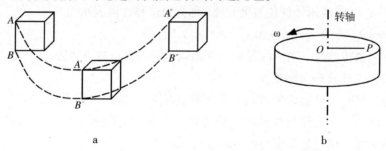

a   b

图 1 – 3 – 1

2. 刚体的定轴转动

刚体运动时，如果刚体的各个质点在运动中绕同一直线做圆周运动，这种运动称为刚体的转动（如图 1 – 3 – 1b 所示），这一直线称为转轴。当转轴固定不动时，称这种转动为定轴转动，如门、定滑轮的运动。若转轴也运动，则为一般转动，如车轮、陀螺的运动。在这里，我们主要讨论刚体的定轴转动。刚体的一般转动问题较为复杂，但可以证明，刚体的一般转动可看作是平动和转动的叠加。例如，车轮的滚动可以分解为车轮随着轴承的平动和整个车轮绕轴承的转动，这里就不作研究。

（1）角位置及角位移

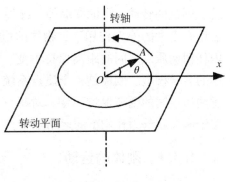

图 1 - 3 - 2

通过实际观察不难发现，刚体做定轴转动时，是作为一个整体在转动，其上每点的半径在同一时间内都转过同样的角度，这也是刚体定轴转动的基本特征。为方便起见，通常取任一垂直于定轴的平面作为转动平面（如图 1 - 3 - 2 所示），O 为转轴与转动平面的交点，A 为刚体上的任一质点，x 轴为刚体做定轴转动的参考方向，θ 为任一时刻 A 质点转过的角度。由于在同一时间内，刚体内的任意质点所转过的角度都相同，因此我们用任一质点在任一时刻与参考方向的夹角 θ 值定义角位置（或角坐标），单位为弧度。当 θ 一定时，刚体内每个质点的位置确定不变，而当刚体转动时，θ 随时间改变，可见角坐标是时间的函数，它反映了刚体内的所有质点在运动过程中的相对位置，即

$$\theta = \theta\,(t) \tag{1-3-1}$$

表示定轴转动刚体的运动方程。

若 θ_1 表示 t_1 时刻的角位置，θ_2 表示 t_2（$t_1 + \Delta t$）时刻的角位置，则在 $\Delta t = t_2 - t_1$ 时间内刚体的位置变化 $\Delta\theta$ 称为角位移，可表示为

$$\Delta\theta = \theta_2 - \theta_1 = \theta_2\,(t_1 + \Delta t)\,-\theta_1\,(t_1)$$

在定轴转动时，刚体内各质点在相同时间内转过的角相等。

（2）角速度和角加速度

仿照研究直线运动的方法，为了描述刚体转动的快慢程度，引入一个物理量，定义为角位移与所经时间的比值，即单位时间所发生的角位移，称为平均角速度，单位是弧度/秒（rad/s），即

$$\omega = \frac{\Delta\theta}{\Delta t}$$

对匀速转动，这个比值就能准确地反映转动的快慢。如机器的运转，其操作过程基本是匀速转动，但在启动或制动过程时，却是一种变速转动，用平均角速度不能反映任一时刻的转动情况。设 t 时刻的角位置为 $\theta\,(t)$，$t + \Delta t$

时刻的角位置为 $\theta\ (t+\Delta t)$，则 Δt 时间内的角位移为

$$\Delta\theta = \theta\ (t+\Delta t)\ -\theta\ (t)$$

$\Delta t \to 0$ 时，平均角速度的极限值反映任一时刻的角速度，即瞬时角速度，简称角速度，用 ω 表示

$$\omega = \lim_{\Delta t \to 0}\frac{\Delta\theta}{\Delta t} = \frac{\mathrm{d}\theta}{\mathrm{d}t} \qquad (1-3-2)$$

表示任一时刻的角速度是角位置对时间的一阶导数。对于变速转动，角速度不是恒量，而是时间的函数。

与直线运动的描述相似，刚体绕定轴转动时，若在任意相等时间内角速度的变化相等，称为匀变速转动；反之，若在任意相等时间内角速度的变化也是任意的，则称为变速转动。为了描述角速度变化快慢程度，引入角加速度的概念。

设 t 时刻的角速度为 $\omega\ (t)$，$t+\Delta t$ 时刻的角速度为 $\omega\ (t+\Delta t)$，则 Δt 时间内的角速度的变化为

$$\Delta\omega = \omega\ (t+\Delta t)\ -\omega\ (t)$$

则平均角加速度为

$$\boldsymbol{\beta} = \frac{\Delta\omega}{\Delta t}$$

$\Delta t \to 0$ 时，平均角加速度的极限值反映任一时刻的角加速度，称为 t 时刻的瞬时角加速度，简称角加速度，用 β 表示，单位是弧度/秒^2（$\mathrm{rad/s^2}$）。

$$\beta = \lim_{\Delta t \to 0}\frac{\Delta\omega}{\Delta t} = \frac{\mathrm{d}\omega}{\mathrm{d}t} = \frac{\mathrm{d}^2\theta}{\mathrm{d}t^2} \qquad (1-3-3)$$

表示任一时刻的角加速度是角速度的一阶导数，是角位置的二阶导数。

当角加速度为常数时，刚体做匀加速转动。设在 $t=0$ 时，刚体转动的角速度为 ω_0（初角速度），那么 t 时刻的瞬时角速度为 ω，为

$$\omega = \omega_0 + \beta t \qquad (1-3-4)$$

若在 $t=0$ 时，刚体转动的角位置为 θ_0（初位置），则 t 时刻刚体的角位置（即运动方程）为

$$\theta = \theta_0 + \omega_0 t + \frac{1}{2}\beta t^2 \qquad (1-3-5)$$

消去 t 可得

$$\omega^2 = \omega_0^2 + 2\beta\ (\theta - \theta_0) \qquad (1-3-6)$$

（3）**转动刚体上任一点的速度和加速度**

为了充分反映刚体转动的情况，常用矢量来表示角速度。角速度矢量的定义是：在转轴上画一有向线段，其长度按一定比例表示角速度的大小，方

向与刚体转动方向满足右手螺旋定则，即
右手螺旋转动的方向与刚体转动方向一
致，大拇指方向表示角速度的方向（如图
1-3-3 所示）。

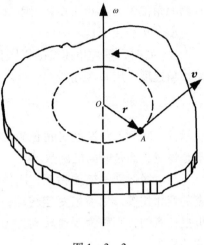

在刚体上任一质点 A（距转轴的距离
OA 为 r，对应的矢径为 $r = \overrightarrow{OA}$）的速度
（称为线速度）v 与角速度 $\boldsymbol{\omega}$ 之间的关系
式为

$$v = \boldsymbol{\omega} \times r \qquad (1-3-7)$$

图 1-3-3

在定轴转动时，$\boldsymbol{\omega} \perp r$，$v$ 沿着转动圆
的切向，因此通常直接表示为标量的形
式，即

$$v = r\omega$$

角加速度矢量为

$$\boldsymbol{\beta} = \frac{\mathrm{d}\boldsymbol{\omega}}{\mathrm{d}t} \qquad\qquad (1-3-8)$$

可见，当刚体转动加快时，$\boldsymbol{\beta}$ 与 $\boldsymbol{\omega}$ 的方向一致，而刚体转动减慢时，$\boldsymbol{\beta}$
与 $\boldsymbol{\omega}$ 的方向相反。

根据加速度的定义，加速度为

$$a = \frac{\mathrm{d}v}{\mathrm{d}t} = \frac{\mathrm{d}}{\mathrm{d}t} (\boldsymbol{\omega} \times r) = \frac{\mathrm{d}\boldsymbol{\omega}}{\mathrm{d}t} \times r + \boldsymbol{\omega} \times \frac{\mathrm{d}r}{\mathrm{d}t}$$

$$= \boldsymbol{\beta} \times r + \boldsymbol{\omega} \times v = \boldsymbol{\beta} \times r + \boldsymbol{\omega} \times (\boldsymbol{\omega} \times r) = a_\tau + a_n$$

其法向加速度与切向加速度的大小为

$$\begin{cases} a_\tau = r\beta = r\dfrac{\mathrm{d}\omega}{\mathrm{d}t} = \dfrac{\mathrm{d}v}{\mathrm{d}t} \\[3mm] a_n = r\omega^2 = \dfrac{v^2}{r} \end{cases} \qquad (1-3-9)$$

上式反映了转动物体角量与线量之间的一般关系。

1.3.2 力 矩

我们刚接触力的概念时都知道力有三要素，即大小、方向及作用点。而
在讨论质点运动过程中，只强调了力的前两个要素，这是因为物体已被简化
为一个点来处理，当力作用在物体上的任何位置都等效为同一个点，因此作
用点的要素被省略了。生活经验告诉我们，要使静止的物体绕定轴转动或使

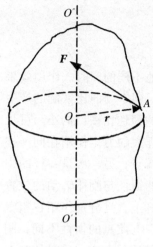

图 1 - 3 - 4

其加速转动，如门、窗的开关，若给物体一个作用力的方向通过转轴或虽不通过转轴但和转轴平行，或作用点在转轴上，那么不管这个力有多大，也不能改变物体的转动状态。可见在转动问题中，物体受力的三要素决定了力的作用效果。为了描述这种作用，引入一个物理量，称为力矩。如图 1 - 3 - 4 所示，任一刚体在力 F 的作用下可绕 $O'O''$ 轴转动，作垂直于转轴的截面，使力 F 在平面内，如图 1 - 3 - 5 所示。将力 F 分解成两个相互垂直的分量，其中一个垂直于矢径 r 方向，另一个沿着矢径 r 方向（即在该方向的直线上），在矢径方向的分量不能使刚体的转动状态发生改变，而只有垂直于矢径 r 方向的分量，大小为 $F\sin\theta$（θ 表示力 F 与矢径 r 正向夹角）的力能使刚体产生角加速度。实践证明，当 r 一定时，$F\sin\theta$ 越大，所产生的角加速度越大，而当 $F\sin\theta$ 一定时，增加 r 也会增加角加速度的值，因此我们用这两者的乘积 $rF\sin\theta$ 来度量力矩。由于 $d = r\sin\theta$，表示由转轴到力的作用线的垂直距离，通常称为力臂，则定义力 F 对转轴 $O'O''$ 的力矩的大小为力的大小与力臂 d 的乘积，用符号 M 表示，数学形式为

$$M = Fd = Fr\sin\theta$$

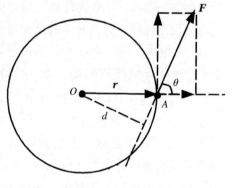

图 1 - 3 - 5

力矩作用在静止的刚体上，能使刚体绕转轴顺时针方向转动，也能使刚体绕转轴逆时针方向转动，可见力矩是有正负的，力矩是一个矢量。由于刚体做定轴转动时，只有这两种转动方向，与前面讨论的直线运动相似。通常用正负反映力矩的方向及其他矢量的方向，若取逆时针方向为正，那么顺时针方向就为负。力矩的方向取决于物体的受力方向及作用点的矢径方向，它的方向在转轴方向上，数学表达式为

$$M = r \times F \qquad\qquad (1 - 3 - 10)$$

即力矩的方向与矢径 r 和力 F 满足右手螺旋定则。

如果刚体受多个力矩的作用，则合力矩应为各个力矩的矢量和。在定轴转动时，应该把各个力矩的正负弄清楚，以求代数和的形式计算合力矩。

力矩的单位在国际单位制（SI）中为牛顿·米（N·m）。

1.3.3 转动定理

1. 刚体的惯性

实践表明，用同样的力矩推两扇形状相同但质地不同的门时，作用效果是不同的，如木制的容易推动，而铁制的不易推动，即木制的比铁制的产生的角加速度大。这说明它们的惯性大小不同，木门的惯性比铁门的小。可见转动惯性与转动物体的质量有关。另外，如果用同样大的力矩作用在同一根粗细均匀的杆上，但所绕的转轴位置不同，一次是端点，另一次是在杆的中点，结果发现两次转动的角加速度不同，说明转动的惯性与刚体转动的位置也有关。若再用同样的力矩作用在两端粗细不均的杆上，且分别作用在粗细两端，发现两次转动的角加速度也不同。综上可知，与质点的惯性不同，刚体的惯性不仅仅由质量确定，刚体转动的惯性应由其质量大小、质量的分布及转轴位置共同决定。

2. 转动定理

如图 1 - 3 - 6 所示为刚体作定轴转动时的某一截面，O 点为转轴与截面的交点。设刚体任一时刻转动的角加速度为 β，在刚体上任一质点 A_i，其质量为 Δm_i，绕 O 点做圆周运动，由 A_i 到转轴的垂直距离为 $\overrightarrow{OA} = r_i$，$F_i$ 为该质点所受的合外力在该截面上的分力（另一个分力平行于转轴，力矩为零），f_i 为该质点所受的合内力在该截面上的分

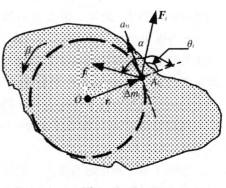

图 1 - 3 - 6

力（另一个分力平行于转轴，力矩为零），方向如图所示，切向加速度的大小为 $a_{\tau i} = r_i \beta$。由牛顿第二定律可得在切向上的投影为

$$F_i \sin\theta_i + f_i \sin\alpha_i = \Delta m_i r_i \beta$$

将等式两边同乘 r_i 可得

$$F_i r_i \sin\theta_i + f_i r_i \sin\alpha_i = \Delta m_i r_i^2 \beta$$

A_i 为刚体上的任一质点，因此对构成刚体的每个质点都存在这一方程，将所有质点的方程进行叠加可得

$$\sum F_i r_i \sin\theta_i + \sum f_i r_i \sin\alpha_i = \sum \Delta m_i r_i^2 \beta$$

其中：角加速度 β 为公因子，$\sum f_i r_i \sin\alpha_i$ 为内力对转轴的力矩的代数和，而内力总是成对出现，且大小相等、方向相反、力臂相同，因此代数和必为零，

则有

$$\sum F_i r_i \sin\theta_i = \left(\sum \Delta m_i r_i^2 \right) \beta$$

式中：$\sum F_i r_i \sin\theta_i$ 表示刚体所有质点所受的外力对转轴的力矩的代数和，称为合外力矩，用 M 表示；$\sum \Delta m_i r_i^2$ 对确定的刚体和转轴为一恒量，称为刚体对该转轴的转动惯量，用 I 表示，则上式可表示为

$$M = I\beta \tag{1-3-11}$$

表明刚体绕定轴转动时，刚体角加速度和它所受的合外力矩成正比，与它的转动惯量成反比，我们将这个关系称为刚体绕定轴转动的转动定理。

3. 转动惯量

刚体的转动惯量是描述物体转动中惯性的物理量，它的表达式为

$$I = \sum \Delta m_i r_i^2 = \Delta m_i r_1^2 + \Delta m_2 r_2^2 + \Delta m_3 r_3^2 + \cdots \tag{1-3-12}$$

即若刚体可分成若干个质点，其转动惯量等于各质点的质量与质点到转轴的垂直距离的平方的乘积的总和。

若物体的质量连续分布，可令 $\Delta m \to 0$，则式（1-3-11）应为

$$I = \int r^2 dm \tag{1-3-13}$$

转动惯量的单位为千克·米^2（$\mathrm{kg \cdot m^2}$）。

表 1-3-1　几种常见的质量均匀分布刚体的转动惯量

刚　体	转轴位置	转动惯量
长为 l、质量为 m 的细杆	杆的端点	$\dfrac{1}{3}ml^2$
长为 l、质量为 m 的细杆	过杆中心垂直于杆长	$\dfrac{1}{12}ml^2$
质量为 m、半径为 R 的圆环（或薄壁圆筒）	过中心垂直于环面（或圆筒的轴）	mR^2
质量为 m、内外半径为 R_1、R_2 的圆环	过中心垂直环面	$\dfrac{1}{2}m(R_1^2 + R_2^2)$
质量为 m、半径为 R 的圆盘（或圆柱）	过中心垂直于盘面（或圆柱的轴）	$\dfrac{1}{2}mR^2$
质量为 m、半径为 R 的球	任一直径	$\dfrac{2}{5}mR^2$

可见，同一刚体绕不同转轴的转动惯量不同。因此，当表示一个刚体的转动惯量时，必须指出其转轴的位置。

例题 1-6　如图 1-3-7 所示，质量为 m_1、m_2 的两物体 A、B 用长度恒定的柔软轻绳相连，定滑轮 C 可视为匀质圆盘（或匀质的薄圆柱），质量为

m，忽略轴处摩擦且轻绳与滑轮间无相对滑动，水平面光滑。求物体 A、B 的加速度及绳中的张力。

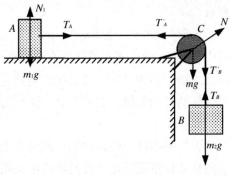

图 1-3-7

解： 这种问题在牛顿运动定律的应用中似乎解决过，但那时我们认为滑轮的质量可忽略不计，事实上任何一种滑轮都有质量且一般不会小到可以忽略。那么我们该如何分析呢？一般情况下，将物体进行隔离，对于平动问题运用牛顿第二定律，对于刚体转动问题运用转动定理。

分别对 A、B、C 三个物体进行受力分析，如图 1-3-7 所示。

A、B 两物体为平动，且加速度相同，运用牛顿第二定律可得

$$\begin{cases} T_A = m_1 a \\ N_1 - m_1 g = 0 \end{cases} \tag{1}$$

$$m_2 g - T_B = m_2 a \tag{2}$$

C 物体为定轴转动，由于支持力 N 及重力 mg 通过转轴中心，所产生的力矩为零，因此一般对转动物体受力分析时只需分析除转轴中心以外的力。运用转动定理可得

$$R \cdot T'_B - R \cdot T'_A = I\beta \tag{3}$$

根据牛顿第三定律可知 $T_A = T'_A$，$T_B = T'_B$。

由于绳与滑轮相切，A、B 两物体的加速度与滑轮角加速度的关系为

$$a = R\beta$$

滑轮的转动惯量为 $I = \dfrac{1}{2} m R^2$。将上述辅助方程代入 (1)(2)(3) 式可解得

$$a = \frac{m_2}{m_1 + m_2 + \dfrac{1}{2} m} g$$

$$T_A = m_1 a = \frac{m_1 m_2}{m_1 + m_2 + \dfrac{1}{2} m} g$$

$$T_B = \frac{m_2 \left(m_1 + \dfrac{1}{2} m \right)}{m_1 + m_2 + \dfrac{1}{2} m} g$$

讨论：

当滑轮质量可以忽略，即 $m=0$ 时，则有

$$a = \frac{m_2}{m_1 + m_2}g, \quad T_A = T_B = \frac{m_1 m_2}{m_1 + m_2}g$$

这正是我们在牛顿运动定律应用中所讨论的结果。

思考题

1-1 从力学的起源说明科学与生产的关系。

1-2 回答下列问题：

（1）位移和路程有何区别？

（2）速率和速度有何区别？

（3）瞬时速度和平均速度的区别和联系是什么？

（4）物体能否有一不变的速率而有一变化的速度？

（5）速度为零时，加速度是否一定为零？加速度为零时，速度是否一定为零？

1-3 伽利略是怎样论证落体定律的？

1-4 有人说："伽利略之所以成为近代科学之父，是由于他以经验的、实验的方法来代替思辨的、演绎的方法。"你认为这种理解对吗？

1-5 回答下列问题：

（1）物体受到几个力的作用时，是否一定产生加速度？

（2）若物体的速度很大，是否意味着其他物体对它作用的合外力也一定很大？

（3）物体运动的方向和合外力的方向总是相同的，此结论是否正确？

（4）物体运动时，如果它的速率不改变，它所受到的合外力是否为零？

1-6 在做匀速直线运动的公共汽车车厢中有一位乘客，当发生下列现象时，说明公共汽车的运动各发生了怎样的变化？

（1）人向后仰；

（2）人向前倾；

（3）人向车厢左侧（或右侧）倾倒。

1-7 有人说："人推动了车是因为推车的力大于车反推人的力。"这话对吗？为什么？

1-8 伽利略曾做过一个实验：在天平的一边放两个容器 A 和 B，B 是空的，A 盛满水，A 的底部有一个可以开启的小孔。开始时天平另一边放上适当的砝码以保持天平平衡，然后开启小孔让水漏到 B 中，如下图所示。试问在

实验中天平往哪边倾斜？

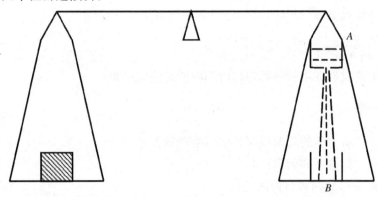

1-8 题图

1-9 绳的一端系着一个金属小球，以手握其另一端使其做圆周运动，当每秒的转数相同时，长的绳子容易断还是短的绳子容易断？为什么？

1-10 小力作用在一个静止的物体上，只能使它产生小的速度吗？大力作用在一个静止的物体上，一定能使它产生大的速度吗？

1-11 评述牛顿的科学思想和科学方法在科学史上的意义和作用。

1-12 谈谈你所知道的牛顿。

1-13 计算一个刚体对某转轴的转动惯量时，一般能不能把它的质量集中于质心，然后算这个质点对该轴的转动惯量？举例说明。

1-14 将一个生鸡蛋和一个熟鸡蛋放在桌上使它旋转，如何判定哪个是生的？哪个是熟的？请说明理由？

1-15 有一圆柱体和一圆筒从斜面顶端滚下，问哪个先滚到底端？

阅读材料：闰秒是怎么回事

描述自然现象的那些数，几乎都不可能被整数除尽。地球围绕太阳运行的周期，用天数来表示，是 365 天再加上 0.2422 天。而且，地球公转的这个周期也不是永远如此。地球公转的轨道在变化，地球本身自转周期的单位是 1 天，但也并不总是等于 24 小时。

在没有精密时钟的时代，人们认为地球的自转现象始终不变，就把它当作非常精确的时钟来使用。然而，在把原子的振动周期当作计时标准的原子钟出现以后，检测地球自转的变化便成为可能。这样，我们才知道了地球的自转原来并非不变，而是在无规律地变得越来越慢。

现在，时间的长短根据是利用铯原子的原子钟来定义的。铯原子钟的测量表明，地球的自转确实在逐渐变慢。从开始用原子钟计时的 1958 年算起，到现在，地球自转一周的时间已经慢了 33 秒。现在我们所使用的计时标准已经不是地球的自转，而是原子钟。因此，对于这种时间差异如果不作处理，那么，年复一年地积累起来就会造成很大的麻烦。比如说，在将来总会有一天钟表显示的时间已是正午，而太阳还没有升起。真是那样，人们日常生活就非乱套不可。

当然不能容许出现这样的事情。为此，就必须将原子钟计时与地球自转协调起来。办法是在适当的时候为原子钟计时系统加上 1 秒，也就是所谓的"闰秒"。通过插入闰秒的方法，使得用原子钟的秒为标准的计时系统（协调世界时）与日常生活中所使用的世界时（平均太阳时）之差始终不超过正负0.9 秒。

世界时 2005 年 12 月 31 日的最后一秒，即北京时间 2006 年 1 月 1 日上午 8 时前 1 秒，其实就是为弥补 1999 年以来 7 年时间积累起来的时间差所插入的闰秒。本来，上午 7 时 59 分 59 秒之后过一秒，就应该是 8 时 0 分 0 秒。然而 2006 年元旦那一天，作为闰秒，添加了一个"上午 7 时 59 分 60 秒"，要在那一时刻过一秒钟，时间才会是上午 8 时 0 分 0 秒。不是使用无线电信号时钟的人，如果要使时间精确至秒的话，则需要留心这个闰秒。

第二章　守恒定律和能量

§2.1　动量守恒定律

惠更斯、笛卡儿等人通过对碰撞过程的研究，逐渐形成了动量和动量守恒概念。这部分将在牛顿定律的基础上，讨论力对时间的累积作用，质点受力作用一段时间后，动量将发生怎样的变化，以及质点组动量变化的规律。

2.1.1　动量与动量定律

在物理上，把质点的质量 m 和速度 v 的乘积称为质点的动量，用 p 表示：

$$p = mv \tag{2-1-1}$$

动量是一个矢量，其方向与速度方向相同。国际单位制中，动量的单位是千克·米/秒（kg·m/s）。

牛顿第二定律给出了一个物体的动量的时间变化率与物体所受的力的瞬间关系，从研究运动的动量角度来看，可写为

$$F = \frac{\mathrm{d}\,(mv)}{\mathrm{d}t} = \frac{\mathrm{d}p}{\mathrm{d}t}$$

改写为

$$F\mathrm{d}t = \mathrm{d}p \tag{2-1-2}$$

若在 t_0 时刻，质点的动量为 $p_0 = mv_0$，在合外力 F 的作用下，经过一段时间到 t 时刻，质点的动量为 $p = mv$，则式（2-1-2）为

$$\int_{t_0}^{t} F\mathrm{d}t = \int_{p_0}^{p} \mathrm{d}p = p - p_0 \tag{2-1-3}$$

上式的左边表示在 t_0 到 t 这段时间力 F 的冲量，用 I 表示，即

$$I = \int_{t_0}^{t} F\mathrm{d}t \tag{2-1-4}$$

式（2-1-3）可写成 $I = p - p_0$，上式和式（2-1-3）是动量定理的积分形式，它表明在运动过程中质点所受的合外力的冲量等于质点动量的增量。

2.1.2　动量守恒定律

对于一个由多个质点组成的质点系，将动量定理应用于每个质点，并利用牛顿第三定律，可以得到

$$\sum F_i = \frac{\mathrm{d}}{\mathrm{d}t} \sum p_i \qquad\qquad (2-1-5)$$

其中：$\sum\limits_{i} F_i$ 为系统受的合外力，$\sum\limits_{i} p_i$ 为系统的总动量。上式表明，系统的总动量随时间的变化率等于该系统所受的合外力。由上式可得

$$\int_{t_0}^{t} \left(\sum_i F_i \right) \mathrm{d}t = \sum_i p_i - \sum_i p_{i_0} \qquad\qquad (2-1-6)$$

即系统的总动量的增量等于系统所受的合外力的冲量，这就是质点系的动量定理。它表明，一个系统的总动量的变化仅仅决定于系统所受的外力，而与系统的内力无关。

当系统所受的合外力为零时，即 $\sum\limits_{i} F_i = 0$ 时，有

$$\sum_i p_i = \sum_i p_{i_0} = 常量 \qquad\qquad (2-1-7)$$

即系统的总动量保持不变。

动量守恒定律是物理学中一个重要的基本规律。应用动量守恒定律解决问题时，如果质点系内部的相互作用力远大于它们所受的外力，外力对质点系的总动量变化影响很小，也可以近似地应用该定律。爆炸、碰撞等过程可以这样处理。

如果系统所受的合外力在某一方向的投影为零，那么总动量在该方向上的分量也守恒，即当 $\sum\limits_{i} F_{ix} = 0$ 时，

$$\sum_i p_{ix} = \sum_i p_{ix_0} = 常量 \qquad\qquad (2-1-8)$$

由于动量守恒定律给出一个实际过程的始、末状态动量的关系，所以只要满足守恒条件，我们可以不必过问过程的细节而由动量守恒定律解决问题。这正是应用守恒定律求解问题比用牛顿定律方便之处。

火箭飞行的基本原理就是利用动量守恒定律。火箭飞行时，燃料和氧化剂在燃烧室燃烧后，喷出大量速度很大的气体，使火箭获得很大的动量，从而获得巨大的前进速度。在目前的技术条件下，一般火箭的喷气速度达到 2500m/s 左右，要使火箭具有 7900m/s 的速度（第一宇宙速度），就需要几个火箭首尾相连组成一个多级火箭，这样在飞行时，当第一级火箭燃料用完后，壳体自行脱落，第二级火箭的发动机随即开始工作，如此逐级燃烧，逐级脱

落，直到最后一级，就可以达到很高的速度。

§2.2 角动量守恒定律

2.2.1 质点的角动量

在研究物体运动时，常常遇到质点或质点系绕某一确定点或轴线运动的情况，如太阳系中行星绕太阳的运动。我们定义：质点在某一时刻对于某一定点的矢径 r 和质点在该时刻的动量 mv 的矢积叫做质点在此时对于这个点的角动量（也称为动量矩），以符号 L 表示，则

$$L = r \times mv = r \times p \qquad (2-2-1)$$

角动量是一个矢量，大小为

$$L = rp\sin\theta = rmv\sin\theta$$

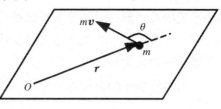

方向则垂直于 r 和 mv 所决定的平面，如图 $2-2-1$ 所示。

图 $2-2-1$

应当注意的是，当谈到角动量时，必须明确是对哪个点或转轴而言的，否则没有意义。

当质点做圆周运动时，由于质点运动速度处处与轨道半径垂直，质点对轨道的圆心的角动量的大小等于质点动量与轨道半径的乘积，即

$$L = r \cdot mv$$

角动量的单位是米·千克·米/秒（m·kg·m/s）。

2.2.2 刚体的角动量及角动量定理

1. 刚体的角动量

根据质点做圆周运动时角动量的定义，将刚体视为无穷多个小质点的组合，则每个质点的角动量为

$$L_i = r_i \cdot \Delta m_i v_i$$

质点做定轴转动时，每个质点转动的角速度 ω 相同，且与线速度的关系为 $v_i = r_i \omega$，刚体的总角动量为

$$L = \sum L_i = \sum r_i \cdot \Delta m_i v_i = \sum r_i \cdot \Delta m_i r_i \omega = \left(\sum \Delta m_i r_i^2 \right) \omega$$

即 $L = I\omega$ \qquad (2-2-2)

2. 角动量定理

与动量定理相似，在刚体的定轴转动问题中，存在类似的定理称为角动量定理，由转动定理知

$$M = I\boldsymbol{\beta} = I\frac{\mathrm{d}\boldsymbol{\omega}}{\mathrm{d}t} = \frac{\mathrm{d}I\boldsymbol{\omega}}{\mathrm{d}t} = \frac{\mathrm{d}\boldsymbol{L}}{\mathrm{d}t}$$

设在 $t = 0$ 时，刚体的角动量为 $\boldsymbol{L}_0$，任一时刻 t 的角动量为 $\boldsymbol{L}$，则有

$$\int_0^t \boldsymbol{M}\mathrm{d}t = \int_{\boldsymbol{L}_0}^{\boldsymbol{L}}\mathrm{d}\boldsymbol{L} = \boldsymbol{L} - \boldsymbol{L}_0 \tag{2-2-3}$$

或 $\int_0^t (\sum \boldsymbol{r}_i \times \boldsymbol{F}_i)\mathrm{d}t = \int_0^t \sum \boldsymbol{r}_i \times \boldsymbol{F}_i\mathrm{d}t = \sum \boldsymbol{r}_i \times \int_0^t \boldsymbol{F}_i\mathrm{d}t = \boldsymbol{L} - \boldsymbol{L}_0$（由于位置矢量与时间无关）。

此式表示刚体所受的合外力矩对时间的积累（即冲量矩）等于它的角动量的增量，这个结论称为角动量定理。对于定轴转动刚体，力矩、角动量可用正负号表示方向，改用标量的形式计算即可；对于质点，则可表示为冲量矩，也可用合外力矩来计算，其便利之处在于不需考虑通过转轴的作用力的影响。

2.2.3 角动量守恒定律

由角动量定理知，如果对于某一固定点或轴，物体所受的合外力矩为零，即 $M = 0$，则

$$\frac{\mathrm{d}\boldsymbol{L}}{\mathrm{d}t} = 0，即 \boldsymbol{L} = 常矢量 \tag{2-2-4}$$

这就是角动量守恒定律。

当刚体作定轴转动时，角动量守恒定律也可表示为

$$I_1\omega_1 = I_2\omega_2$$

其中角速度的方向可用正负号（先规定一个正方向）表示。

角动量守恒定律也是物理学的基本规律之一，和动量守恒定律一样，它不仅适用于宏观物体的运动，而且对于牛顿第二定律不能适用的微观粒子的运动也适用，如粒子的散射问题等。

如果质点所受的力的作用线始终通过某个固定的中心，我们把这个中心称为力心，这样的力称为有心力。由于力对这个力心的力矩为零，质点对该力心的角动量就一定守恒（应当注意，在这种情况下，由于质点受力不为零，它的动量并不守恒）。

例题 $2-1$ 某人造卫星绕地球沿椭圆轨道运动，地球的中心为该椭圆的一个焦点。已知地球平均半径 R 为 6378km，卫星近地点 $r_1 = 439$km，速率为 8.10km/s，则卫星在远地点 $r_2 = 2389$km 处的速率多大？

解：因为人造卫星所受的引力的作用线通过地球中心，所以卫星对地球中心的角动量守恒，即有

$$mv_1 \left(R + r_1 \right) = mv_2 \left(R + r_2 \right)$$

$$v_2 = \frac{R + r_1}{R + r_2} v_1 = \frac{6378 + 439 \times 8.10}{6378 + 2389} = 6.31 \ (\text{km/s})$$

§2.3 能 量

这部分主要介绍功、动能和势能的基本概念，并从牛顿定律出发，讨论质点（质点系）在运动过程中，力做的功与质点及质点系机械运动能量改变的关系，由此推导出动能定理、功能原理和机械能守恒定律。

2.3.1 功

我们先讨论质点在恒力 F 作用下沿直线运动的情况，如图 2 - 3 - 1 所示，质点的位移为 s，F 和 s 之间的夹角为 θ，恒力 F 做的功 W 的定义是：力在位移方向上的分量与该位移大小的乘积，即

$$W = Fs\cos\theta \tag{2-3-1}$$

图 2 - 3 - 1　恒力的功

写成矢量式为

$$W = \boldsymbol{F} \cdot \boldsymbol{s} \tag{2-3-2}$$

力对质点所做的功 W 是一个标量，它的正负由 θ 角决定。当 $\theta < \pi/2$ 时，$W > 0$，力对质点做正功；当 $\theta > \pi/2$ 时，$W < 0$，力对质点做负功；当 $\theta = \pi/2$ 时，$W = 0$，力不做功。

如果质点在变力 F 的作用下沿一曲线运动（从 a 点到达 b 点），如图 2 - 3 - 2，我们可以把整个路程分成许多小段，作用在任一小段位移 ds 上的力可视为恒力。在这段位移上力对质点所做的元功为

$$dW = \boldsymbol{F} \cdot d\boldsymbol{s} \tag{2-3-3}$$

然后把沿整个路径的所有元功加

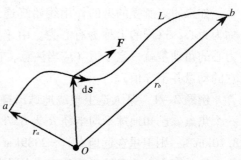

图 2 - 3 - 2　变力的功

起来，就得到沿整个路径力对质点所做的功。当 ds 趋于零时，对元功的求和就变成了积分。因此，质点沿路径 L 从 a 到 b，力 **F** 对它所做的功 W_{ab} 为

$$W_{ab} = \int_a^b dW = \int_a^b \boldsymbol{F} \cdot d\boldsymbol{s} \qquad (2-3-4)$$

若质点同时受到几个力 $\boldsymbol{F}_1$、$\boldsymbol{F}_2$、$\boldsymbol{F}_3 \cdots \boldsymbol{F}_n$ 的作用而沿路径 L 由 a 到 b，合力 **F** 对质点做的功为

$$W_{ab} = \int_a^b \boldsymbol{F} \cdot d\boldsymbol{s} = \int_a^b (\boldsymbol{F}_1 + \boldsymbol{F}_2 + \cdots + \boldsymbol{F}_n) \cdot d\boldsymbol{s}$$

$$= \int_a^b \boldsymbol{F}_1 \cdot d\boldsymbol{s} + \int_a^b \boldsymbol{F}_2 \cdot d\boldsymbol{s} + \cdots + \int_a^b \boldsymbol{F}_n \cdot d\boldsymbol{s}$$

$$= W_1 + W_2 + \cdots + W_n \qquad (2-3-5)$$

这说明合力的功等于各分力沿同一路径所做的功的代数和。功的单位是焦耳（J），$1J = 1N \cdot m$。

2.3.2 动能 动能定理

1. 质点的动能

如图 2-3-2 所示，若质点的质量为 m，在 a 处质点的运动速度为 v_a，在合外力 F 的作用下，沿 L 运动到 b 点时速度为 v_b，则合外力的功为

$$W_{ab} = \int_a^b \boldsymbol{F} \cdot d\boldsymbol{s} = \int_a^b F_\tau \cdot | d\boldsymbol{s} | = m \int_a^b a_\tau | d\boldsymbol{s} |$$

由于

$$a_\tau = \frac{dv}{dt}, \quad | d\boldsymbol{s} | = vdt$$

所以

$$W_{ab} = m \int_a^b \frac{dv}{dt} v \cdot dt = m \int_{v_a}^{v_b} vdv = \frac{1}{2}mv_b^2 - \frac{1}{2}mv_a^2 \qquad (2-3-6)$$

式中 $\frac{1}{2}mv^2$ 称为质点的动能，用 E_k 表示，即

$$E_k = \frac{1}{2}mv^2 \qquad (2-3-7)$$

式（2-3-6）可写成

$$W_{ab} = E_{kb} - E_{ka} \qquad (2-3-8)$$

表示合外力在某一过程中对质点所做的功等于质点动量的增量（末态的动能减去初态的动能），这个关系叫做质点的动能定理。

动能的单位与功相同，也是焦耳（J）。

从式（2-3-8）可以得出，当 $W_{ab} > 0$ 时，合外力对物体做正功，质点

的动能增加；当 $W_{ab} < 0$ 时，合外力对物体做负功，亦即物体反抗外力做功，物体的动能减少。因此，对一个运动物体而言，合外力所做的功，数值上等于该物体动能的变化。这样，通过做功可以反映物体动能的变化情况。

2. 刚体的转动动能

利用质点的动能表达式，可将刚体分割成无穷多个小质点，则每个质量为 Δm_i 的小质点动能可表示为

$$E_{ki} = \frac{1}{2}\Delta m_i v_i^2$$

总动能为 $\sum E_{ki} = \sum \frac{1}{2}\Delta m_i v_i^2$。

由于刚体绕定轴转动，刚体上所有质点转动的角速度相同，且 $v_i = r_i \omega$，其中 r_i 为质点 Δm_i 的转动半径，ω 为转动的角速度。则刚体的转动动能为

$$E_k = \sum E_{ki} = \sum \frac{1}{2}\Delta m_i v_i^2 = \frac{1}{2}\left(\sum \Delta m_i r_i^2\right)\omega^2 = \frac{1}{2}I\omega^2$$

表示转动动能等于转动惯量与角速度的平方之积的 $1/2$，即

$$E_k = \frac{1}{2}I\omega^2 \qquad (2-3-9)$$

2.3.3 保守力 势能

若图 $2-3-3$ 所示中的力 $\boldsymbol{F}$ 为万有引力，则

$$\boldsymbol{F} = -G\frac{mM}{r^2}\boldsymbol{r_0}$$

若 O 点处为太阳，其质量为 M；质点为行星，其质量为 m。式中负号表示

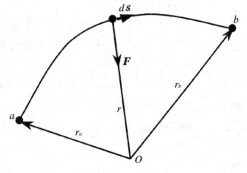

图 $2-3-3$

两者之间的作用力是引力，$\boldsymbol{F}$ 的方向与 $\boldsymbol{r}$ 方向相反，$\boldsymbol{r_0}$ 为 $\boldsymbol{r}$ 方向的单位矢量。则

$$dW = \boldsymbol{F} \cdot d\boldsymbol{s} = \frac{-GMm}{r^2}dr$$

$$W = \int_a^b dW = \int_a^b \boldsymbol{F} \cdot d\boldsymbol{s} = \int_{r_a}^{r_b} -\frac{GMm}{r^2}dr$$

$$= \frac{GMm}{r_b} - \frac{GMm}{r_a} \qquad (2-3-10)$$

由此可见，万有引力所做的功只与运动物体的始末位置有关，而与物体具体所经历的路径无关。

若行星运动到 b 点后，又由 b 点沿另一路径回到 a 点，则万有引力在一个闭合路径中绕一周所做的功为零，即

$$\oint \boldsymbol{F} \cdot \mathrm{d}\boldsymbol{s} = 0 \qquad (2-3-11)$$

凡做功具有这种特性的力称为保守力。弹簧的弹力、静电力也具有这种特点。没有这种特性的力，则称为非保守力，如摩擦力等。

由式（2-3-10），知

$$W_{ab} = \frac{GMm}{r_b} - \frac{GMm}{r_a}$$

若 r_b 趋于无穷大，即两质点 M、m 相距无穷远，则

$$W_{a\infty} = -\frac{GMm}{r_a}$$

将上式写成

$$E_{pa} = W_{a\infty} = -\frac{GMm}{r_a} \qquad (2-3-12)$$

式（2-3-12）便是质点在 a 点的势能，表示质点在任一位置上的势能等于将质点由该位置移到势能零点（$E_{p\infty}=0$）的过程中保守力做的功。

势能的单位与功相同，也是焦耳（J）。

值得注意的是，势能应属于以保守力相互作用的整个质点系统，不能理解成势能只属于某一质点，对于非保守力谈不上势能概念。保守力的种类不同，就有不同种类的势能。物体间由于相对位置而具有的能量称为势能。

①重力势能。如果选择地面为重力势能的零势能面，则距地面任一高度 h 时物体的重力势能为

$$E_p = mgh \qquad (2-3-13)$$

当然，零势能面可以任意选择，不过，在一个问题中一旦选定，便不能反复。

②万有引力势能。选取两物体相距无穷远时的势能为零，因此 m 和 M 相距 r 时系统的引力势能为

$$E_p = -\frac{GMm}{r} \qquad (2-3-14)$$

③弹性势能。对于弹性系统，通常规定弹簧处于原长时的势能为零，那么，弹簧伸长或缩短 x 时系统的弹性势能为

$$E_p = \frac{1}{2}kx^2 \qquad (2-3-15)$$

2.3.4 功能原理 机械能守恒定律

现在，我们把几个有相互作用的质点所组成的系统作为研究对象，进一步探讨功和能之间的关系。

首先，把质点的动能定理的关系式（2-3-8）推广到质点系。这时，用 E_k 和 E_{k0} 分别表示系统内所有质点在末态和初态的总动能，W 表示作用在各质点上所有的力所做的功的总和，则有

$$W = E_k - E_{k0}$$

对于质点系而言，作用力分为外力和内力。外力是指系统外其他物体对系统内各质点的作用力，内力是指系统内各质点之间的相互作用力。因为内力作用点的位移不一定相同，虽然内力的合力为零，但内力的功的代数和一般不为零。相应的上式中 W 应等于外力所做的功与内力所做的功之和，所以有

$$W_{外} + W_{内} = E_k - E_{k0} \qquad (2-3-16)$$

这就是质点系的动能定理，它在惯性系中成立。

我们知道，系统的内力又可分为保守内力和非保守内力。因此，上式可写为

$$W_{外力} + W_{保守内力} + W_{非保守内力} = E_k - E_{k0}$$

而 $W_{保守内力} = E_{p0} - E_p$

所以

$$W_{外力} + W_{非保守内力} = (E_k + E_p) - (E_{k0} + E_{p0})$$

系统的动能和势能之和叫做系统的机械能，即 $E = E_k + E_p$，则

$$W_{外力} + W_{非保守内力} = E - E_0 \qquad (2-3-17)$$

上式说明：系统从初态变化到末态时，它的机械能的增量等于外力的功和非保守内力的功的总和，这个关系称为系统的功能原理。注意此时已将保守内力的功反映到系统的机械能中的势能。

如果外力对系统做的功为零，系统内部又没有非保守力做功，则系统在运动过程中机械能保持不变，即当 $W_{外力}=0$ 且 $W_{非保守内力}=0$ 时

$$E_k + E_p = E_{k0} + E_{p0} \qquad (2-3-18)$$

这就是说，在只有保守内力做功的情况下，系统（质点系）的机械能保持不变，这一结论叫做机械能守恒定律。

在满足机械能守恒的条件下，系统的动能和势能可以相互转化，即

$$E_{p0} - E_p = E_k - E_{k0}$$

系统的势能减少多少，系统的动能就增加多少，反之亦然。在任意时刻，

系统的机械能（动能与势能之和）都应有同一个值。

例题 2 - 2　质量为 M、长为 L 的匀质细棒，自由悬挂在 O 点处，棒可绕 O 点无摩擦转动。已知细棒处于静止状态，现有一质量为 m 的弹性小球以速度 v_0 沿水平方向飞来，正好撞在棒的下端，设碰撞为弹性碰撞。试求：

（1）碰撞后，细棒能摆动到的最大角度；

（2）相撞时，小球受到多大的冲量？

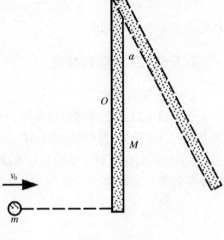

图 2 - 3 - 4

解：这类问题与一柔软细绳悬挂的物体不同，当小球与棒相撞时，将两物体作为一个整体考虑时，受到的外力除重力，还有在转轴 O 处轴对棒的作用力，因此系统所受的合外力在水平方向不为零，动量不守恒。但我们仔细分析一下不难发现，系统在相撞瞬间所受的合外力矩为零，则系统的角动量守恒；由于碰撞是弹性的，能量守恒。

设小球碰后的速度为 v，方向向左，细棒的角速度为 ω，逆时针方向旋转，设逆时针方向旋转为正，根据上述分析可得

$$mv_0 \cdot L = -mv \cdot L + I \cdot \omega$$

$$\frac{1}{2}mv_0^2 = \frac{1}{2}mv^2 + \frac{1}{2}I\omega^2$$

其中 I 为细棒的转动惯量，$I = \frac{1}{3}ML^2$，解得

$$\omega = \frac{6m}{M+3m}\frac{v_0}{L}, \quad v = \frac{M-3m}{M+3m}v_0$$

当 $M > 3m$，小球碰后的末速度与所设方向一致，$M < 3m$，小球碰后的末速度与所设方向相反。

当棒从垂直位置向上摆动的过程中，由于只有重力做功，所以机械能守恒（注意：对于刚体的重力势能的计算要确定其重心位置）。设 O 点为零势能所处位置，棒摆动到的最大角度为 α。有

$$\frac{1}{2}I\omega^2 - Mg\frac{L}{2} = -Mg\frac{L}{2}\cos\alpha$$

$$\cos\alpha = 1 - \frac{12m^2v_0^2}{(M+3m)^2gL}$$

相撞时，小球受到冲量为

$$I_{冲量} = mv - mv_0 = -\frac{Mm}{M+3m}v_0$$

负号表示方向水平向左。

2.3.5 三种宇宙速度

1. 第一宇宙速度

使物体可以环绕地球运动所需的最小发射速度称为第一宇宙速度。如人造卫星，设卫星沿着圆形轨道运转（圆心在地心），轨道半径为 r，环绕速率为 v，卫星做匀速圆周运动的向心力应等于地球对卫星的引力，由万有引力定律及牛顿第二定律得

$$G\frac{Mm}{r^2} = m\frac{v_1^2}{r}$$

式中 M 为地球质量，m 为卫星质量，则

$$v_1 = \sqrt{\frac{GM}{r}}$$

在地面附近 $r \approx R$（地球半径），$g \approx G\dfrac{M}{R}$（亦可从 $mg = m\dfrac{v_1^2}{R}$ 近似得到）

$$v_1 = \sqrt{gR} = \sqrt{9.8 \times 6.37 \times 10^6} = 7.90 \text{（km/s）} \tag{2-3-19}$$

这就是第一宇宙速度，也是人造卫星在地面附近环绕地球运动的最小速度。

2. 第二宇宙速度

使物体脱离地球引力范围所需的最小发射速度称为第二宇宙速度。当物体脱离地球的引力范围时，即 $r \to \infty$ 处，物体的引力势能为零，此时物体相对于地球的运动速度也为零，根据机械能守恒定律，得

$$\frac{1}{2}mv_2^2 - G\frac{Mm}{R} = 0$$

$$v_2 = \sqrt{2gR} = 11.2 \text{（km/s）} \tag{2-3-20}$$

可见，第二宇宙速度是第一宇宙速度的 $\sqrt{2}$ 倍。

3. 第三宇宙速度

使物体飞出太阳系所需的最小发射速度称为第三宇宙速度。此时，仅考虑太阳引力作用。以物体和太阳为系统，当物体脱离太阳引力范围时，太阳对物体的引力势能为零，物体相对于太阳的速度也为零，由机械能守恒定律得

$$\frac{1}{2}mv_3'^2 - G\frac{M_{太阳}m}{r} = 0$$

式中：$M_{太阳}$为太阳的质量，r为地球到太阳的距离。

$$v_3' = \sqrt{\frac{2GM_{太阳}}{r'}} = \sqrt{\frac{2\times6.67\times10^{-11}\times1.99\times10^{30}}{1.49\times10^{11}}}$$

$$= 42.2 \ (km/s)$$

但是，对太阳而言，地球不是静止的，它绕太阳的平均速度为29.8km/s。如果我们借助地球的公转，使发射方向与地球在轨道上运动方向相同的话，这个物体相对于地球的发射速度 $v_3'' = 42.2 - 29.8 = 12.4km/s$。事实上，从地球表面发射物体，飞出太阳系时，既要考虑脱离太阳的引力作用，也要考虑脱离地球的引力作用，所以，发射时的能量$\frac{1}{2}mv_3^2$就满足下式关系

$$\frac{1}{2}mv_3^2 = \frac{1}{2}mv_3''^2 + \frac{1}{2}mv_2^2$$

所以

$$v_3 = \sqrt{v_2^2 + v_3''^2} = \sqrt{11.2^2 + 12.4^2} = 16.7 \ (km/s) \qquad (2-3-21)$$

这就是从地面发射，使物体飞离太阳系所需的相对于地球的最小发射速度，即第三宇宙速度。

人类已经实现了上述三种宇宙速度，飞出了太阳系。那么是否存在第四宇宙速度？人类是否能飞出银河系？这是人们关注的一个问题，也是一个希望实现的目标。由于人类对银河系的探索尚在进行中，银河系到底有多大？它的精确质量和半径为多少……仍是未知数。因此，飞出银河系的第四宇宙速度还未能确定。

思考题

2-1 用锤压钉，很难把钉压入木块，如果用锤击钉，钉就很容易进入木块。这是为什么？

2-2 两个质量相同的物体从同一高度自由下落，与水平地面相碰，一个反弹回去，另一个却贴在地上，问哪一个物体给地面的冲量大？

2-3 汽车发动机内气体对活塞的推力以及各种传动部件之间的作用力能使汽车前进吗？使汽车前进的力是什么力？

2-4 有两个质量相同的物体 A 和 B，分别放在粗糙的和光滑的水平面上。如果对 A 和 B 施以相同的力 F，推行了相同的距离 s，问这两种情况下，力 F 所做的功是否相等？

2-5 有人说：物体在相互作用的过程中，只要选取适当的系统，总能使系统的动量守恒。这句话对吗？

2-6 根据动能的定义可知：静止在地面上物体的动能为零。但有人对此提出异议：

（1）物体虽对地面静止，但却跟地球一起转动，所以它仍有动能。

（2）物体虽然静止，但组成这物体的大量分子是在不断运动着的，它们的总动能显然大于零。

你怎样回答这些问题？

2-7 质量为 m 的炮弹，沿水平飞行，其动能为 E_k，突然在空中爆炸成质量相等的两块，其中向后飞去的一块动能为总动能的一半，试问向前飞去的一块动能是否也为总动能的一半。

2-8 为什么说重力势能是物体和地球作为一个系统所具有的？如果两者之间没有吸引力，那么这个系统还有势能吗？如果物体还在原位置，而地球突然不存在，还有势能吗？

2-9 假想一颗行星在通过远日点时质量突然减为原来的一半，但速度不变。它的轨道和周期有什么变化？

2-10 许多河流带着泥沙向赤道方向流动，这种质量的转移对地球自转有何影响？

2-11 芭蕾舞演员要使自己不断旋转时，总是用足尖站立，并把双臂伸开挥动后迅速把双臂收拢尽量靠近身体；而停止旋转时又把双臂伸开，为什么要这样做？

2-12 一般情况下，为什么重力势能有正负，弹性势能只有正值，而引力势能却只有负值？

第三章　太阳系和宇宙

§3.1　对太阳系的认识

3.1.1　古希腊人的看法

欧洲人称古代希腊文化为"古典文化"。古代希腊天文学是当时历史条件下的产物，它总结了许多世代以来天象观测的结果，概括了古代人们对天体运动的认识，并力图建立一个统一的宇宙模型去解释天体的复杂运动，这种尝试在人类进步史上，是有一定积极意义的。

泰勒斯（Thales of Miletus，公元前 640—560），希腊著名自然哲学家。他推测地球是一个球体，认为构成宇宙的基本物质是水，据说，他曾经预言了公元前 585 年所发生的一次日食。把泰勒斯的宇宙观延伸并发扬光大的是他的门生阿那克西曼德（Anaximander，公元前 611—547）。他认为天空是围绕着北极星旋转的，因此天空可见的穹窿是一个完整的球体的一半，扁平圆盘状的大地就处在这个球体的中心，在大地的周围环绕着空气天、恒星天、月亮天、行星天和太阳天。

阿那克西曼德是有史以来第一个认为宇宙不是平面形或者半球形，而是球形的学者。数学家毕达哥拉斯（Pythagoras，公元前 560—490）认为数本身、数与数之间的关系构成宇宙的基础。他主张地圆说，并且是人类科技史上第一个主张"太阳、月亮、行星遵循着和恒星不同的路径运行"的人。另一位伟大的学者德谟克利特（Democritus，公元前 460—370）提出了原子学说，认为万物都是由原子组成的，原子是不可分割的最小微粒，太阳、月亮、地球以及一切天体，都是由于原子涡动而产生的，这是朴素的天体演化的思想。他还推测出太阳远比地球庞大，月亮本身并不发光，靠反射的太阳光才显得明亮，银河是由众多恒星集合而成的。

地面观测者直接观测到的天体的运动称为天体的视运动，主要是由地球自转和绕太阳公转以及天体本身的运动形成的。

古希腊人从直观经验中已经形成了一幅众多星体围绕地球转动的图画，这些相对位置不变的恒星好像嵌在一个"天球"上，这个"天球"每天由东向西绕地球转动一周（周日旋转）。他们通过仔细的观察还发现有 5 颗星并没有嵌在天球上，似乎在天球下面比较自由地运动。不解其因的人们认为这 5 颗星在天空游荡，因而把它们称作"游荡者"，我们称之为行星（planet 出自希腊语，原意为"游荡者"），并以金、木、水、火、土命名。对行星运动的研究一直是公元 17 世纪以前天文学家的主要工作。

当时希腊人从观测中已经知道，虽然太阳也参与了恒星的周日运动，但太阳的运行落后于其他恒星，在日出前和日落后立即观察恒星，我们能够发现太阳每天都在缓慢地改变它相对于恒星的位置。事实上，太阳沿着一条从西到东穿过恒星间的路径通过"黄道十二宫"，365 天之后再返回到它的出发点。更确切地说，它不是单纯地向东运动，而是还有一个沿南北方向的运动。

太阳穿行于恒星中间的运动与季节的相互关系对于古代农业文明是一项极其重大的科学发现。古代天文学家制定了一种 365 天为一年的历法，能够预报春季的到来，告诉农民播种谷物的时节。

古希腊人对行星运动的认识，形成了一定意义上的行星运动理论。希腊哲学家并不想局限于用现今可称为"科学的"方式从技术上把一组特定的观测结果相互联系起来，他们喜欢作更广泛的探讨。根据初步的观测资料，一位天文学家可以编制出行星运行表，用以说明当时已有的数据。但是，要使星表具有持久的价值，并不需要它符合以后所有的观测，关键是必须遵从其他更为严格的哲学或神学观念。例如，毕达哥拉斯的后继者们认为，诸行星轨道的相对大小是与弦乐器上调谐的一排琴弦的长度成比例的，这是想要保证"星球的和谐"。对于毕达哥拉斯学派，这种和谐在哲学上的普遍需要比现代天文学家比较"狭窄地"要求物理事件具有定量的可预见性更能使人满意，也更重要。

古希腊的力学不仅在现代意义上还是"行得通"的，而且在某些思想派别中还是一种智力非凡和意义深刻的结构。古希腊可以说是代表了科学的童年时代，我们不应当用现代知识的比较成熟的眼光去判断它，可能它已最终成为过时无用的东西，但它毕竟给现代人指出过一个可能富有成果的方向。古希腊思想的影响存在于当代的各种活动之中，不论是科学、艺术、法律、政治还是教育。

据说柏拉图（Plato，公元前 427—347）给门徒们按下述思路提出一个问题：星体乃是神圣不变的永恒存在，沿着绝对完美的路径——圆形围绕地球运行。但是有少数的星体看来是天空中的游荡者，它们在一年的行程中，描绘出漫无规则的混乱图形，这些是行星。可以确信它们也必定是沿着均匀有序的圆周运动的，或者按它们的情况来看，是沿着复合的圆周运动的。在回答"必须假定每颗行星做何种均匀而有序的运动，才能说明表面上它们的不规则运动？"问题时，古希腊哲学家除了认为有关行星运动的理论只有在先验的形而上学假定的定义上才是可理解的之外，也认识到物理理论是建立在可观察和可测量的现象（如行星的表观运动）之上的，它研究潜藏在表面无规则的行为下的一致性，并且用数学和几何的语言来表达。柏拉图这种用于天文学领域、部分得自毕达哥拉斯学派的指导思想，对于开普勒和伽利略后来创立他们的实验科学是一种宝贵的启示。近代科学正是在此基础上形成和发展的。

第一个使天体运动合理化的推测显然是最简单的地心体系，这个体系把地球置于载有恒星的天球中心。只要使这个巨大的天球每日绕一南北向的轴自转一周，就可以从这个简单模型得出我们观测到的恒星周日运动。要解释太阳、月亮和可见的5大行星围绕不动的地球的静观运动，可以假定它们位于各自的透明圆球上，这些球一个套一个，7个球全被包围在一个恒星球之内，地球则处于整个体系的中心。这时，希腊人的数学天才确实受到了一次检验。对太阳和月亮的讨论比较简单，但是对某些行星的讨论则颇为困难。

作为柏拉图的继承人，古代最伟大的哲学家亚里士多德（Aristotle，公元前384—322年）在其丰富的著作中讨论了运动问题。他认为，运动分为天然运动（或叫自然运动）和受力运动。天然运动取决于物体的本质，不需要外部作用，在没有外界干扰条件下，永远朝着宇宙的中心。天上星辰做圆周运动是完美的运动，是天然运动的一种状态；而地上万物的运动中，重物的天然运动是竖直向下的，轻物的天然运动是竖直向上的，它们都要回到自己的"天然"位置上去。亚里士多德认为，大地上和大地附近的一切物体是由空气、土、水、火4种元素结合而成的，有的物体显得轻，有的显得重，其轻重取决于这些物体中各种元素的比例。土元素"天然"是重的，其天然位置就是大地；火元素"天然"是轻的，其天然位置就是天上；水和空气介于两者之间。

受力运动与物体本质无关，取决于外力的作用。他还认为，"运动者皆有推动者推动"，只有在外力作用下，物体才能离开原来位置而运动，运动的速度随力的增大而增加。天上星体不受力时做圆周运动，地上的物体不受力时或处于自然位置——静止状态，或有回到自然位置的运动。受力时，力既是产生运动又是维持运动的原因。亚里士多德的观点学说，长期统治着人们的思想，由于他的哲学和宗教是协调的，所以被经院派学者们认为是唯一正确的关于自然界的学说，因而不可避免地成为科学发展的障碍。尽管如此，亚里士多德的著作中仍然有许多正确认识现实世界的深刻的唯物主义思想。他的著作《物理学》认为，物质是世界的基础，自然界是不断变化的，没有任何一段时间里没有运动。他在德谟克利特提出的时间和空间的问题上第一个全面深入地进行了论证，首先指出：时间、空间和运动的不可分割性，运动是时间、空间的本质，运动在时间、空间中进行，运动是永恒的，时间是无始无终的，时间和空间都是无限可分的。

3.1.2 哥白尼的日心说

公元前3世纪希腊科学已发展到较高水平。关于行星运动的研究主要集中在：①大地是球形的；②太阳光线射达地球时是平行的（这意味着太阳必须离地球很遥远）；③测得亚历山大城和阿斯旺位于同一条子午线上；④阿斯旺恰好位于北回归线上，因此在夏至的正午，太阳处于我们头顶的正上方。

当然，行星运动的问题依然存在。对亚里士多德的攻击主要来自两个方面，即日心说和经过修改的地心说。

1. 日心说

阿利斯塔克（Aristarchus，公元前315—230）提出，如果把太阳置于宇宙的中心，月亮、地球及当时已知的5颗行星各自在大小不同的轨道上以不同的速率围绕太阳旋转，就可以得到一个简单的世界体系。

这种日心假说有一个显著的优点。它能解释行星有时离地球较近，有时离地球较远这一令人费解的观测结果，但是古人认为其假说有几点非常严重的缺陷。其一，它违背了哲学原则。古人认为地球的"天然位置"就是宇宙的中心。其二，他没有利用详细的计算和对行星路径的定量预言来加强他的体系，用我们现在的标准来看，这应当是物理学上获得承认的一个必备条件，而他的假设看来纯属定性的工作。其三，如果地球是围绕太阳旋转的话，那么地球在它巨大的轨道上有时会离天球上某一恒星较近，有时又会离该星较远，因而在地球位于其周年轨道的不同点时，我们观察这颗恒星所得的角度必然不同，即存在恒星周年视差的现象。根据他的日心假说这是应该发生的，但希腊天文学家却没有观察到。视差确实存在，但它非常之小，直到1838年才用望远镜观测到。

阿利斯塔克等人的日心说在希腊思想中似乎是无足轻重的，不过正是在当时看来是不入主流的思想启发了哥白尼的工作。

2. 改进的地心说

为了让各行星到地球的距离不同，同时又坚持地球不动这个古老信息，同心球体系被巧妙地进行了修正。这项工作主要由托勒密（Claudius Ptolemy，约90—168）完成。

托勒密

托勒密在柏拉图逝世以后约500年，作为希腊晚期的数学家、天文学家，把地心说的思想发展到顶峰。大约在公元150年，他发表了《天文学大全》（*Megale Syntaxis*）一书，陈述了他的完善的地心体系。他为了用匀速圆周运动说明行星的不规则运动，提出了一个由本轮—均轮所组成、表示一组匀速圆周运动组合的精致模型（如图3-1-1所示）。

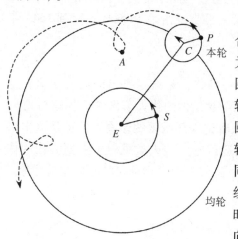

图3-1-1 用本轮—均轮解释逆行现象

按照这一模型，行星的运动都是复合性的。这种运动可以相当逼真地设想为行星 P 在一个以 C 为中心的较小的圆周上做匀速率运动，这个圆周称为本轮。本轮的中心 C 在围绕地球 E 的大圆周上做匀速率运动，这个大圆称为均轮。这两个运动叠加在一起，如果是在同一平面上，就产生了一个复杂的路线。当行星转到离地球最近的位置 A 时，相对于均轮上的运动来说，行星是向相反方向运动的。如果行星在本轮上的速率比本轮中心在均轮上的速率大，从地球上就会观察到表观的逆行运动；由于逆行只当行星在本轮内侧时才发生，此时它离地球最近，所以显得最亮。S 为太阳的转动。

根据水星和金星总是同太阳一起运动的现象，托勒密假定水星和金星的本轮中心总处于日—地连线上，它们的均轮运动的周期都是1年，沿各自的本轮运动的周期分别为88天和225天。这种情形与其他几颗行星恰恰相反，火星、木星和土星沿本轮运动的周期都是1年，而均轮上的运动周期却不相等，火星约为2年，木星为12年，土星为30年，也使地心体系失去了统一性。

托勒密体系相当复杂而且细节不够精确，以后的观测对这一模型的某些特征不断提出修正的要求。例如，要变更某一指定的偏心等距点或添加另一个本轮。到了哥白尼时代，对于 7 个天体，这个地心体系需要同时用 70 多种运动来解释。和它的出发点——柏拉图的匀速圆周运动相比，毕竟太复杂了，许多人都感到不满意而产生怀疑。1200 年卡斯提拉国王阿方索十世甚至很激动地说，如果上帝在创造世界时和他商量，他可以使这个世界更简单和更完善。

但是为什么这一体系在历史上又会长期被人们接受呢？首先是由于它对于各个时期用仪器所观测到的现象做了足够精确的描述。根据他的理论能够相当准确地测算出太阳、月亮和行星的位置，他的预言和实测的位置相差在 2° 以内，在以后的 1400 年间依然成为天文学家、航海学家的有用工具。另外，由于它和人们的直观经验相一致，并且能令人欣慰地认为，人类生活在一个稳定不动的地球上，特别是后来又为教会利用来论证"地球中心""人类中心"的教义，所以这个体系在天文学上一直统治了 1400 年，直到 1543 年哥白尼的日心体系向它提出挑战。

3. 哥白尼的日心说

哥白尼（Nicolaus Copernicus，1473—1543）是波兰杰出的天文学家，生活在文艺复兴时期。他终身研究工作的结晶是他的伟大著作《天体运行论》，据说，正好在他逝世之前，他在病床上看到这部巨著的印刷本，正是这本书向我们描绘了一个全新的宇宙。《天体运行论》是人类思想史上划时代的作品，它可以与牛顿的《自然哲学原理》、达尔文的《物种起源论》相提并论。

哥白尼采用了太阳在宇宙的中心而所有天体都围绕着太阳运转的模式，如图 3-1-2 所示。

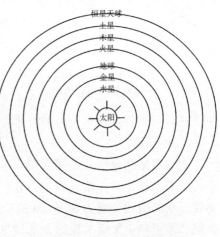

图 3-1-2 太阳系

他在书中第十章以"天体的顺序"为题提出了他的宇宙结构模型："天球从远到近的顺序如下：最远的是恒星天球，包罗一切，本身是不动的。它是其他天球的位置和运动的参考背景。有人认为，它也有某种运动，但是，我们将从地球运动出发对这种视变化作另外的解释。在行星中土星的位置最远，30年转一周；其次是木星，12 年转一周；然后是火星，2 年转一周；第四是 1 年转一周的地球和同它在一起的月亮；金星居第五，9 个月转一周；第六为水星，80 天转一周……太阳在它们的正中，一动也不动。"

在哥白尼的日心体系中，各天体相互联系，它们的运动具有简单而明显的规律性，所有行星的排列顺序与它们的轨道周期、轨道尺度具有紧密的联系。实际上，哥白尼最为关心的是建立一个最简单、最和谐的天体几何学，他所着重的是数的和谐，哥白尼体系具有一种内在的和谐性。

日心体系最明显的优点在于，它对行星的逆行给了一个较为自然的解释。哥白尼指出行星本身并未逆行，所谓逆行是在较快运动的地球上观察较慢运动的行星的结果。他以相对运动的观点揭示了地心说的错误在于把天体的视运动误认为天体的真实运动。他在《天体运行论》中写道："为什么不承认天穹的周日旋转只是一种视运动，实际上是地球运动的反映呢？正如维尔吉尔的史诗中艾尼斯的名言：'我们离港向前航行，陆地和城市后退了。'因为船只静静地驶去，实际是船动，而船里的人都觉得自己是静止的，船外的东西好像都在动。由此可以想象，地球运动时，地球上的人也似乎觉得整个宇宙在转动。"

哥白尼清楚地理解他的体系与托勒密体系之间的根本区别在于描述所观察的运动时选取的参照系不同。"无论观测对象运动，还是观测者运动，或者同时运动但不一致，都会使对象的视位置发生变化（等速平行运动是不能互相察觉的）。要知道，我们是在地球上看天穹的旋转。如果假定是地球在运动，也会显得地外物体做方向相反的运动。"这是关于运动的相对性的一个清楚的表述。那么能否由此得出结论：以什么为参照系都是可以的；哥白尼以太阳为参照系（太阳不动）和托勒密以地球为参照系（地球不动）并无正误之分，而只有方便或简单与否之区别？这一结论不能成立。要判明孰动孰静，必须在它们之间选择一个第三者作为参照系，通过观测实验来证明。1727年，英国的布莱德雷发现的光行差现象证明地球相对于恒星在转动，太阳相对于恒星只在小得多的范围内运动。1852年，法国的傅科完成的著名的单摆实验，证明地球确实在自转，这个实验现在每天在世界各地的科学博物馆中不断重复着。这些实验工作导致日心说获得普遍承认。

哥白尼的日心说的重要意义在于：他走出了科学进程中最困难的一步，将地球从宇宙中心降到了普通行星的地位，摧毁了地球至尊、人类至上的思想，冲击了人们对基督教义的信仰，是向神学的宣战书；在自然科学领域，他找到了描述天体运动的近似的惯性系，显示了太阳参照系的优越地位，并指明旋转运动是天体的"固有的性质"，从而为以简单明了的形式描述支配天体运动的自然规律的发现创造了条件。

哥白尼的日心宇宙体系既然是时代的产物，它就不能不受到时代的限制。

反对神学的不彻底性，同时表现在哥白尼的某些观点上，他的体系是存在缺陷的。哥白尼所指的宇宙是局限在一个小的范围内的，具体来说，他的宇宙结构就是今天我们所熟知的太阳系，即以太阳为中心的天体系统。宇宙既然有它的中心，就必须有它的边界，哥白尼虽然否定了托勒密的"九重天"，但他却保留了一层恒星天，尽管他回避了宇宙是否有限这个问题，但实际上他相信恒星天球是宇宙的"外壳"，他仍然相信天体只能按照所谓完美的圆形轨道运动，所以哥白尼的宇宙体系，仍然包含着不动的中心天体。但是作为近代自然科学的奠基人，哥白尼的历史功绩是伟大的。他确认地球不是宇宙的中心，而是行星之一，从而掀起了一场天文学上根本性的革命，是人类探求客观真理道路上的里程碑。

哥白尼的伟大成就，不仅铺平了通向近代天文学的道路，而且开创了整个自然科学向前迈进的新时代。从哥白尼时代起，脱离教会束缚的自然科学和哲学开始获得飞跃的发展。

希腊思想家很早就提出宇宙究竟有多大的问题。空间是不是向各方伸展没有止境呢？是否被某种界限所包围？那么界限之外又是什么呢？除了我们的宇宙还有别的宇宙吗？我国古代很早也展开过讨论。

首先提出宇宙不能只有一个中心，将太阳和其所属的恒星从宇宙中心的优越位置推开的人是意大利的布鲁诺，他把太阳看作是宇宙里无数类似体系中的一个，因此遭到教会的迫害。布鲁诺一接触到哥白尼的《天体运行论》便摒弃宗教思想，只承认科学真理，并为之奋斗终生，用他的笔和舌毫无畏惧地积极颂扬哥白尼学说，无情地抨击宗教的陈腐教条。他在《论无限、宇宙及世界》中，提出了宇宙无限的思想，他认为宇宙是统一的、物质的、无限的和永恒的。在太阳系以外还有无数的天体世界。人类所看到的只是无限宇宙中极为渺小的一部分，地球只不过是无限宇宙中一粒小小的尘埃。布鲁诺指出，千千万万颗恒星都是如同太阳那样巨大而炽热的星辰，这些星辰都以巨大的速度向四面八方疾驰不息，它们的周围也有许多像我们地球这样的行星，行星周围又有许多卫星。生命不仅在我们的地球上有，也可能存在于那些人们看不到的遥远的行星上……布鲁诺勇敢的一击，将束缚人们思想达几千年之久的"球壳"击得粉碎。布鲁诺的卓越思想使与他同时代的人感到茫然，为之惊愕！一般人认为布鲁诺的思想简直是"骇人听闻"，甚至连那个时代被尊为"天空立法者"的天文学家开普勒也无法接受。天主教会把布鲁诺视为十恶不赦的敌人，把他囚禁、审讯和折磨达8年之久！但一切恐吓和威胁利诱丝毫没能动摇布鲁诺相信真理的信念，1600年他在罗马白花广场英勇就义。

由于布鲁诺不遗余力的大力宣传，哥白尼学说传遍了整个欧洲。天主教会深知这种科学对他们是莫大的威胁，于是在 1616 年决定将《天体运行论》列为禁书，不准宣传哥白尼的学说。

最终使旧天文学基础发生动摇、天文学得以抬头，促使哥白尼理论确立的是丹麦天文学家第谷·布拉赫（Tycho Brahe, 1546—1601）。作为一位观测者，第谷比哥白尼的贡献更大，他虽然并不相信哥白尼的理论，可是他对于这一理论的最终胜利却作出了重大贡献。

1572 年第谷发现了一个超新星，并认为它应该是恒星之类的星辰，把观测结果写成了《关于新星》的论文，使恒星一直被认为是永恒不变天体的观点发生了动摇，对后世颇有影响。鉴于他的声望和观测才能，由国王拨巨款，第谷亲自指导在海滨小岛修建一座富丽堂皇的天文台。精密的天文观测是他的擅长，他创制了新的观天仪器，对旧仪器也做了不少改进，他所做的观测精度之高，是他的同时代人望尘莫及的，他编制了一部恒星表相当准确，至今仍然有使用价值。

3.1.3 开普勒定律

德国天文学家、物理学家开普勒（Johannes Kepler, 1571—1630），从小体弱多病，患过天花，视力很差，家境贫寒，但聪明好学才华出众，因此得到外界帮助，于 1589 年进入杜宾根大学神学系学习。天文学教授麦斯特林对他影响很大，使他对天文学、数学产生了浓厚的兴趣，并奠定了坚实的科学基础。更为主要的是，他从自己老师那里得知了哥白尼学说，成为哥白尼学说的坚决支持者，也因此失去了在教会任职的机会。1599 年，开普勒将自己写的《宇宙的奥秘》一书寄给了当时在布拉格的丹麦天文学家第谷，请求指教。第谷是给观测天文学带来真正进步的第一个人，几乎毕生不厌其烦地以空前的精确度记录着行星的运动。虽然那时还没有发明望远镜，但他的数据的误差往往不超过半分，比哥白尼的数据精确 20 倍。

开普勒

第谷十分赞赏开普勒的见解，并回信邀请他一起工作，年轻的开普勒成了第谷的助手。1601 年，第谷临终前将自己 25 年中观测得到的约 750 颗星球的资料、数据、图表全部交给了开普勒，希望他能完成天文观测和研究事业。

开普勒的研究工作是从整理和研究星体运行的大量观测资料和数据开始的。由于火星的数据最多，他将火星选为行星绕日运动的突破口。起初，他按照传统观念将行星轨道看作圆，计算的结果与第谷对火星的位置观测的数据差了 8′。这是不大的差数，但是细心的开普勒非常注重这个差，因为他深知第谷观测的准确性，8′远远超过了第谷的观测误差。精心的研究，使他得到了行星运行轨道的正确答案。

1609 年，开普勒发表了《关于火星运动》的文章。文中说："如梦方醒一样，一盏灯照亮了我们的心头，若把太阳放在椭圆的一个焦点上时，第谷的观测是那样的令人满意。"同年，开普勒写了《新天文学》（New Astronomy）一书，将火星运动规律加以推广，得到了行星运动的第一定律、第二定律。

开普勒第一定律表述为：行星沿椭圆形路径运动，太阳位于这些椭圆的一个焦点上，也称为椭圆路径定律。这条定律指明了行星运行轨道形状及行星与太阳间的位置关系，给我们提供了一幅太阳系行星的极为简单的图景。本轮、偏心轮等全部都被抛弃，剩下的只有一个椭圆轨道。

开普勒第二定律表述为：在相等的时间间隔内，行星和太阳的连线在任何地点沿轨道所扫过的面积相等（图 3-1-3 所示的阴影部分）。这条定律也叫做等面积定律，它准确地描述了围绕太阳的任何行星的运动，同样适用于围绕地球的月亮的运动或围绕任何行星的卫星的运动（当然也是行星绕日运动中角动量守恒的表述）。

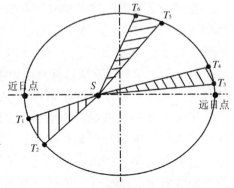

图 3-1-3　开普勒第一定律

发现这两个定律之后，开普勒感触很深，他说："仅仅 8′之差，就引导我们走向了天文学彻底改革的道路。"开普勒不满足已经取得的成就，他从第二定律看出，行星运动速度与行星距太阳远近有关，联想到行星运动周期也应与行星到太阳的距离有关。他将当时已知行星的运动周期及行星到太阳的距离，以地球为基准列出一个数据表，经过计算与比较，得到了行星运动第三定律。1619 年，开普勒发表了《宇宙的和谐》（The Harmonies of the World）一书，书中指明：行星公转周期的二次方与它同太阳平均距离的三次方成正比，这就是他所说的宇宙和谐定律，即行星运动第三定律（开普勒第三定律）。

这条定律用现代术语来说就是：如果 T 是选定的任一行星的恒星周期（亦即围绕太阳旋转一整周的时间），而 R 为该行星的平均半径，则有

$$\frac{T^2}{R^3} = K$$

式中常数 K 的值对于所有的行星都是相同的。我们能够通过某一颗行星计算出 K 的数值（对地球而言，$T_{地}=1$ 年，$R_{地}$ 已知），因此，只要 R 给定，总能算出任何其他行星的 T 来，反之亦然。

至此，太阳系内行星运动规律完全被揭示出来，并为以后的天体运动的研究提供了运动学的理论基础，也为万有引力定律的发现提供了实验依据。

在探索行星运动规律的艰辛征途中，开普勒冲破了行星做圆周运动的传统观念，在了解了行星怎样运动之后，进一步探索行星"为什么这样运动"。他想到了使行星运动的力来自太阳。他曾设想：太阳发射的磁力流像轮辐一样在黄道上绕太阳运转，磁力流沿切线方向推动行星绕日运动。开普勒在1609 年已初步具有引力思想，并认为月球是海洋潮汐的起因，后来曾提出力是产生加速度的原因，若将这些正确的思想认识与寻找天体运动的力结合起来，就非常接近于发现万有引力定律。但是，这些刚刚萌芽的新思想在强大的传统观念——"力是与速度相联系的"面前尚未站稳脚跟，这一传统观念仍在他的脑海中占优势，致使他在寻找天体运动的力时找错了方向。

3.1.4 万有引力定律

1. 发现的基础

1604 年，伽利略通过斜面运动得到了匀加速直线运动的路程公式和速度公式 $s = at^2/2$ 和 $v = at$。对于竖直降落的物体，则有 $s = gt^2/2$ 和 $v = gt$，这就是落体定律。其中系数 g 对任何自由落体都是相同的，称为重力加速度。伽利略发现了地球上物体所受的重力，即发现了万有引力在地球和物体之间的存在。

伽利略冲破了数学分析只能用于天体而不屑用于地上物体的传统观念，得到了落体运动定律的精确数学公式。1609 年，他用自己制作的望远镜观测天象，发现了月球上的环形山、木星的 4 个卫星、太阳上的黑子，发现银河是由大量星球组成的，发现了金星的盈亏现象，打破了天上物质永恒不变不灭和尽善尽美的神话，指明了所有物质都具有内聚力而导致天体呈球形，从而为天上物质运动与地上物质运动的统一提供了实验基础。

荷兰著名的物理学家惠更斯（C. Huygens, 1629—1695）在研究摆的运动时，于 1673 年给出了向心加速度理论。他是这样确定向心加速度公式的，如

图 3-1-4 所示，设 AD 是物体在某一时间间隔 τ 内以 v 做匀速直线运动时通过的距离 s（$s = AD$），而 $\delta = AC = DB$，认为是由于物体在时间 τ 内沿 AC 方向做加速度为 a 的加速运动的路程，因而造成与 AD 的偏离到达 B 点，以切线 AD 到圆周的距离来确定向心力的作用。则

$$s = v\tau, \quad \delta = \frac{1}{2}a\tau^2$$

根据几何关系知 $s^2 = (2R - \delta) \cdot \delta$，当时间 τ 极短，δ 很小时，即 $\tau \to 0$，$\delta \to 0$，有 $s^2 \approx 2R\delta$，可得

$$a = \frac{v^2}{R}$$

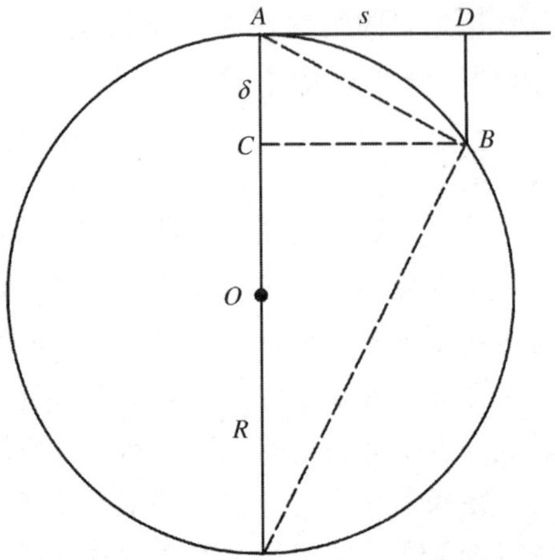

图 3-1-4　向心加速度公式的推导

惠更斯的向心力定律，为探索推动行星绕日运动的力指明了正确方向，人们很自然地从行星的向心力中猜测到太阳对行星的吸引力，这就为万有引力定律的发现奠定了最后一块基石。惠更斯已接近发现万有引力定律。

在 1645 年法国天文学家布里阿德（I. Bulliadus）提出一个假设："开普勒力的减少和离太阳距离的平方成反比。"这是第一次提出平方反比关系的思想。

1661 年英国皇家学会成立一个专门委员会开始研究重力问题。胡克（Robert Hooke，1635—1703）、雷恩（Christopher Wren，1632—1723）、哈雷（Edmond Halley，1656—1742）在引力问题的研究上都作出了贡献，胡克已觉察到引力和地球上物体的重力有同样的本领。1662 年和 1664 年，他试图找出物体的重量随地心距离的变化关系，曾在高山上及矿井中做实验，未获成功。1674 年，胡克提出了关于引力的三条假设：

第一，据我们在地球上的观察可知，一切天体都具有倾向其中心的吸引力，它不仅吸引其本身各部分，并且还吸引其作用范围内的其他天体。因此，不仅太阳和月亮对地球的形状和运动产生影响，而且地球对太阳和月亮同样也产生影响，连水星、金星、火星和木星对地球的运动都有影响。

第二，凡是正在做简单直线运动的任何天体，在没有受到其他作用力使其倾斜，并使其沿着椭圆轨道、圆周或复杂的曲线运动之前，它将继续保持直线运动不变。

第三，受到吸引力的物体，越靠近吸引中心，其吸引力也越大。至于此力在什么程度上依赖于距离的问题，在实验中还未解决。一旦知道了这一关系，天文学家就很容易解决天体运动的规律了。

这是在万有引力诞生前关于引力的最精辟的论述。

1679 年底至 1683 年初，胡克在与牛顿的信件来往中明确指出，重力是按距离的平方成反比变化的。此时，哈雷和雷恩依据惠更斯的向心力定律从开普勒行星运动第三定律推导引力平方反比关系。1684 年 1 月在伦敦的一次聚会中，哈雷、雷恩和胡克谈论到平方反比的力场中物体的运动轨迹问题。胡克声称，可以用平方反比关系证明一切天体的运动规律。雷恩怀疑胡克的说法，提出如果有谁能在 2 个月内给出证明，他愿出 40 先令作为奖励。胡克坚持说他能证明，只是不愿公开，想看看有谁能解决，别人解决不了，他再公布自己的证明。胡克、哈雷、雷恩关于引力与距离平方反比关系的发现，对牛顿很有启发。

2. 牛顿的工作

由于胡克在引力问题上的矜持，1684 年 4 月哈雷前往剑桥大学向牛顿请教："假设一个行星受到太阳以和距离的平方成反比递减的力的吸引，那它是以怎样的曲线运动呢？"牛顿马上回答"是椭圆"，并说自己做过计算。当哈雷表示希望看到计算内容时，牛顿称一时找不到，并答应将给哈雷计算结果。3 个月后，牛顿将计算内容寄给了哈雷。文中讨论了在中心引力作用下物体运动轨迹的理论，并由理论导出了开普勒行星运动三定律。

后来又经过 8 个多月的深入思考和严谨的数学推导，牛顿写成了《论物体的运动》，交给了剑桥大学图书馆。在这篇长文中，牛顿解决了对惯性的认识问题，承认圆周运动是加速运动，与匀加速直线运动有联系；牛顿证明了均匀球体对球外物体的吸引力与球的质量成正比，与从球心算起的球到物体间的距离平方成反比，提出可以将均匀球体看成质量集中于球心的质点；吸引是相互的；把重力和引力统一起来，明确了引力的普遍性。《论物体的运动》的第二部分，收集在 1687 年出版的《自然哲学的数学原理》一书中，标题是"论世界体系"。文中阐述了牛顿在伽利略研究抛体运动规律的基础上想象出的理想实验，提出了以下论证。

如果能找到直插地球大气层之外的高山，并在山顶上水平发射一颗炮弹，它的轨迹将多少像图 3-1-5 中的曲线 A 那样。用更多的装药，更有力地发射炮弹，其轨迹将如曲线 B，再加力，则轨迹如曲线 C。若发射力再进一步加大，最后将会使水平发射的炮弹围绕地球，并击中你的后脑勺（曲线 D）。然后，炮弹沿着同一轨迹运动，进入一个与地球同心或偏心的圆圈。

牛顿从中领悟到，炮弹下落与天
体运动有一个共同的原因——引力，
从而将地球上物体运动与天体运动统
一起来。牛顿认为，惯性是原子普遍
具有的固有属性，用它可以度量质量
的多少，称为惯性质量；引力是原子
的普遍属性，是物质间存在相互作用
的一种性质，引力质量与惯性质量是
统一的。

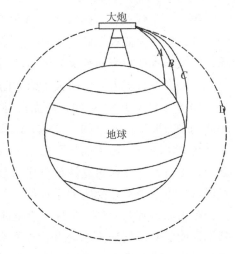

图 3 - 1 - 5　牛顿的"大炮"

3. 万有引力定律

万有引力定律表述为：宇宙间的
任何物体之间都存在相互作用的吸引
力，这种吸引力的大小与它们的质量
的乘积成正比，与它们之间距离的平方成反比，作用力的方向是沿两物体的
连线方向，即

$$F = G\frac{m_1 m_2}{R^2}$$

式中 G 为引力常数，m_1、m_2 分别为两个相互吸引的物体的质量，R 为 m_1、
m_2 质心间距离。

万有引力定律的简单推导如下：根据假设，太阳吸引各个行星的力正好
等于使行星维持在各自轨道上所需要的力，其性质与地球吸引一切物体（包
括月球）的力的性质是一样的，它们遵从统一的规律。根据开普勒第一定律
可以直接证明，行星受到的指向太阳的引力，与其间距离 R 的平方成反
比，即

$$F = \frac{C}{R^2}$$

C 为比例系数。

设某一行星的质量为 m，行星的运动轨道近似为圆形，由开普勒第二定
律，可将行星视为匀速圆周运动，其所受向心力为

$$F = m\frac{v^2}{r} \approx \frac{m}{R}\left(\frac{2\pi R}{T}\right)^2 = \frac{4\pi^2 mR}{T^2}$$

m 为行星质量，T 是行星运动周期，R 是圆周半径。

由开普勒第三定律，并令比例常数为 K，则有

$$T^2 = KR^3$$

所以

$$F = \frac{4\pi m}{KR^2}$$

令 $\mu = \frac{4\pi^2}{K}$，可得

$$F = \mu \frac{m}{R^2}$$

即行星所受太阳引力与行星的质量成正比。式中 μ 称为太阳的高斯常数。

地球对一切物体，包括对太阳的引力为

$$F' = \mu' \frac{M}{R^2}$$

μ' 为地球的高斯常数，M 为太阳的质量。

根据牛顿第三定律

$$\mu' \frac{M}{R^2} = \mu \frac{M}{R^2}$$

则有

$$\frac{\mu}{M} = \frac{\mu'}{m} = G$$

G 是一个与地球和太阳的性质都无关的恒量，所以有

$$F = G \frac{Mm}{R^2}$$

当然，我们发现，万有引力定律的推导中用到了开普勒第三定律，从万有引力定律中又能推导出开普勒第三定律。那么，万有引力定律与开普勒第三定律是否等效？对于两个定律的作用如何评价？这是一个值得思考的问题。我们认为，第一，这两个定律的着眼点不同，开普勒第三定律研究的是行星运动的运动学规律，而万有引力定律研究的是形成规律的原因，是动力学问题；第二，万有引力定律是一个普适定律，不仅适用于行星之间，也适用于地球上的物体之间，服从开普勒第三定律的必然遵守万有引力定律，而反过来，凡遵守万有引力定律的，不见得一定遵从开普勒定律而做椭圆运动，可以是抛物线、双曲线或以上三者退化而成的直线，因此，万有引力定律更具有普遍性。

牛顿用经验归纳法和科学的推理方法将前人获得的优秀科学成果加以分析、综合、升华，发现了万有引力定律，创立了经典力学。也可以说，他是"站在巨人的肩上"发挥聪明才智，并以惊人的创造力和想象力获得这一具有划时代意义的巨大科学成就的。

牛顿本人应用万有引力定律对潮汐现象进行了很好的解释，而在万有引力定律发现前后，人们对彗星的出现很不理解。天文学家哈雷注意到 1531 年、1607 年、1682 年出现的 3 颗彗星轨道基本重合，推想这 3 颗可能是同一颗彗星出现 3 次的结果，周期为 76 年。他依据万有引力定律计算出这颗彗星的扁长椭圆轨道，并预言它将在 1758 年再次出现。人们果然在 1759 年初观测到这颗彗星，事件轰动了整个欧洲，万有引力定律获得了很大成功。人们将这颗彗星定名为"哈雷彗星"。

1798 年，英国科学家卡文迪什测得了万有引力常数 G，并计算了地球的质量 $M = 6 \times 10^{24}$ kg，取得了"称量地球"的轰动效果，这说明了万有引力定律是正确的，有难以估量的价值。1801 年，皮阿齐在西西里岛用眼发现了第一颗小行星——谷神星，后来丢失了。德国物理学家、天文学家高斯准确地计算了谷神星的轨道后，人们又找到了它。1830 年，高斯按万有引力定律考虑到木星对它的摄动，将其轨道计算得更为准确，为人们对它的研究提供了很大方便。

3.1.5　波德定则

预见并发现新的行星是显示引力理论威力的最生动的例证。1781 年的一个夜晚，英国人赫歇尔（William Herschel，1738—1822）用自己制作的望远镜观察天空，发现了现在称为天王星的行星。它的大小是地球的 100 多倍，走一条椭圆形的轨道，平均半径为 19.2AU（天文单位，指地球公转的平均半径，1AU $= 1.496 \times 10^{11}$ m），周期为 84 年。

天王星 84 年公转一周的轨道是由理论计算确定的，经过很多年没有发生过什么差错。但是到了 1830 年，随着观测数据的积累，人们察觉到这颗行星的实际轨道和理论轨道之间出现了偏差，并有不规则的加速度和减速运动行为。是否在当时认为正是太阳系最外层的天王星轨道之外，还有一颗未发现的行星，对天王星轨道产生摄动作用？这个想法引起了剑桥大学一位青年学生亚当斯（J. C. Adams，1819—1892）的兴趣，他完全使用未经修改的引力定律，只从观察到的天王星的运动来计算这颗假定引起摄动物体的各个位置，这是一项极其艰苦的数学工作。他在毕业两年后得出了该问题的数学结果。为了必要的证实，1845 年 10 月，他写信到格林尼治皇家天文台请求他们用强大的望远镜在天王星轨道之外一个预言的位置上寻觅这颗假设的新行星。然而，由于亚当斯只是一个不出名的青年数学家，所以没有受到足够的重视。

几个月之后，一个法国年轻人勒维列（U. J. J. Leverrier，1811—1877）发表了类似的独立计算结果，他给出的这颗被猜测的行星位置很接近亚当斯的预言位置。两人都用了如下假设为出发点：未知行星轨道半径差不多正好是天王星轨道半径的 2 倍。其根据是一个称为波德定则的经验关系，由德国威腾堡大学教授提丢斯提出的，柏林天文台台长波德于 1772 年公布的。这个定则表示这样的事实，即行星的轨道半径粗略地符合下列公式：

$$r_n = 0.4 + 0.3 \times 2^n$$

其中 r_n 的单位为 AU。n 是一个适当的整数，对每个行星不同。令 $n = 0$，1，2，得到金星、地球和火星的近似的轨道半径（对于水星，要求 $n = -\infty$，这是难以理解的）。令 $n = 4$，5，6，可以得到木星、土星和天王星的较准确的轨道半径值。所缺的 $n = 3$ 对应于火星和土星之间的小行星带。如果 $n = 7$，给出 $r = 38.8AU$，这正是亚当斯和勒维列所用的（真正的值约为 30AU）。

表 3 - 1 - 1　波德定则

n	r（理论值）	行星	R（观测值）
$-\infty$	0.4	水星	0.39
0	0.7	金星	0.73
1	1.0	地球	1.00
2	1.6	火星	1.53
3	2.8	（小行星带）	2.3 ~ 3.3
4	5.2	木星	5.22
5	10.0	土星	9.6
6	19.6	天王星	19.3
7	38.8	海王星	30.2
		冥王星	39.5

1846 年 8 月，勒维列完成计算并将预言送交柏林天文台台长，幸好在收到这封信的晚上，这位台长手边有一幅有助于寻觅该行星的新星图，于是他亲自寻觅，只用了半个小时便在非常靠近预言位置的天区辨认出这颗行星，将它命名为海王星。借助于运动规律和万有引力定律，终究做出了一个伟大的发现，它是牛顿创造的宇宙动力学模型最为成功的明证。对海王星的仔细观测表明，它的轨道半径约为地球轨道半径的 30 倍，运转周期为 164.8 年。但是，过了一段时间，这颗行星和天王星的摄动又变大，以至于用那些已知力不能解释，这自然又提出了还有别的行星存在的假说。经过一场艰巨的长达 25 年的搜索之后，终于在 1930 年，由美国亚利桑那州 Lowell 天文台的工作人员 Tombaugh 发现了冥王星。

早在 1909 年，另一位天文学家皮克林也独立地进行过计算，并预言了冥王星的位置，在加利福尼亚州威尔逊山天文台发起了用望远镜搜索该行星的运动,当时什么也没找到,但是在 1930 年发现了冥王星之后,又重新检查了该天文台的旧照片,这才发现如果不是它的影像正好落在照相机乳胶的一块小裂隙中的话,冥王星本来可以在 1919 年发现的。

§3.2 宇 宙

在西方,宇宙这个词在英语中叫 cosmos,在俄语中叫 кocMoc,在德语中叫 kosmos,在法语中叫 cosmos。它们都源自希腊语的 $\kappa o\sigma\mu o\zeta$,古希腊人认为宇宙的创生乃是从混沌中产生出秩序来,$\kappa o\sigma\mu o\zeta$ 原意就是秩序。但在英语中更经常用来表示"宇宙"的词是 universe,此词与 universitas 有关。在中世纪,人们把沿着同一方向朝同一目标共同行动的一群人称为 universitas。在最广泛的意义上,universitas 又指一切现成的东西所构成的统一整体,那就是 universe,即宇宙。universe 和 cosmos 常常表示相同的意义,所不同的是,前者强调的是物质现象的总和,而后者则强调整体宇宙的结构或构造。

3.2.1 宇宙的演变

我们生活在神秘之中,这个神秘就是我们的宇宙。我们可以测量它、分析它,甚至是开发它,但是宇宙到底是什么,它是如何开始的,它开始的动因是什么,它的最终结局又会是怎样的,这就是大爆炸宇宙学。由一次翻天覆地的爆炸,衍生出了宇宙万物,从一粒比原子还小的微粒产生了物质空间和时间,这时的宇宙炽热无比。在第一微秒宇宙膨胀到星系大小,这个由基本粒子组成的浓汤越来越大,它的温度如此之高,使能量自发地产生物质和反物质,而正反物质又互相湮灭,如此反复,物质也就是质子、中子、电子统治了我们的宇宙,那时宇宙的年龄是 1 秒钟。这时的宇宙是不透明的,我们什么也看不见,但物理学家算得出来。这个由亚原子粒子组成的膨胀体在沸腾,原子将要形成。大爆炸之后 3 分钟,形成了最初化学元素氢、氦和微量的锂。在最初的 30 万年里,宇宙是一团浓雾,但随着膨胀,温度逐渐下降,我们的宇宙变得透明了,有史以来第一次光和其他辐射得以在空间传播。

望远镜并不能使我们看到早期的宇宙,但我们可以借助粒子加速器。这是一个原子粉碎机,带电粒子以接近光速并彼此碰撞,仅仅半秒钟的时间,我们就模拟到了最早期的宇宙。加速器中,粒子的碰撞不断产生亚原子粒子。这些亚原子粒子正是大爆炸后宇宙中大量存在的,我们正在揭开不透明宇宙的面纱。1965 年美国人威尔逊和彭齐亚斯探测到了可观测宇宙的最早辐射。他们的天线监测到了来自各个方向的微波噪声,这正是零下 270 摄氏度的大爆炸遗迹。由于宇宙冷却了下来，这些起初在紫外波段的信号移到了微波波段，我们称它为宇宙背景辐射。宇宙背景辐射探测器像一只超灵敏的温度计，我们用它探测宇宙的温度。首先我们需要扣除太阳系的温度，然后扣除银河系的温度，这样剩下来的就是一张古老的温度图，可以观测宇宙的最早辐射。

宇宙

　　宇宙最初结构的形成花了 10 亿年时间。宇宙不断膨胀，星系在星系团中，这里，引力相互作用，使得星系群结成星系团，星系团结成超星系团。在宇宙创生学说里，我们知道像这样的超星系团是如何演化的，但对于星系由于存在碰撞与合并，却很难提示出它的早期历史。星系是如何形成的，仍然是个谜。计算机模拟证实，超星系团的演化是一个剧烈的过程，引力导演了一场杂乱无章的舞蹈，可以一直持续几十亿年。早期宇宙中的年轻星系显得小而不规则，它们可能是更小的团块不断合并的结果。那些处于婴儿期的星系和这个万年的旋涡星系看上去大相径庭。目前流行的观点是星系通过小块物质的不断合并而产生的。人们对这之后的演变则清楚得多，星系相互作用起主导作用，经常是星系吞并，大的星系吞掉小的，这种现象一直持续到今天。但什么是今天，宇宙有多老？如果宇宙膨胀相对较慢，我们可以推断出大爆炸发生在大约 150 亿年前；如果宇宙膨胀较快，那么宇宙又年轻一些，其年龄介于 100 亿年到 130 亿年。要得到宇宙年龄，追溯到大爆炸是一种方法。

　　另一种方法是研究那些在我们银河系的盘面以外遨游的恒星。这些恒星结成星团，每个星团有多达百万个恒星，这些星团被称为球状星团。它们中含有宇宙最古老的恒星。通过分析这些恒星发出的光，人们初步断定它们的年龄为 150 亿年。但最初用追溯法得到的宇宙年龄只有 110 亿年。这些恒星不可能比宇宙更古老，依巴谷卫星证实，某些恒星比我们想象的远。这样球状星团的恒星年龄变为 120 亿到 130 亿年。宇宙越老，它膨胀得就越慢。那么，会不会有一天膨胀停止，然后向反方向发展呢？目前有不同的理论说法。其中有一种理论认为，宇宙的膨胀将永远持续下去，直到像烟花爆竹那样耗尽它的能量。而另一种大收缩的理论则更富戏剧性，认为当膨胀耗尽的时候，就开始收缩。无论是宇宙的诞生还是宇宙的演化，目前天文学家们仍在研究探讨，以后是否会有新的学说出现还有待于天文学家们继续努力。

3.2.2 太阳系的位置

从哥白尼到牛顿的 150 年，人类对于宇宙的认识彻底改变了，新的理论和观测无不证明：地球不是宇宙的中心，太阳并不围绕地球旋转；天体不是在圆形轨道上匀速运行，而是在比较复杂的曲线轨道上运行；而且难以测定的彗星，实际上是遵循着一定的轨道在围绕太阳运行，它们的再度出现可以按照天体力学的一般定律加以预测；太阳也不是一成不变的，其表面有变化着的黑点；星辰在天穹或隐或现，星的光亮有周期性变化。这众多的天文学发现加上同期物理学领域的许多发现，人类认识自然的知识比 2000 年前"希腊人的奇迹"大大丰富了，宇宙真正体系的发现无情地摧毁了地心说，占星术自 16 世纪以来就日落西山了，近代力学宇宙观确立起来。

太阳系概念确立以后，人们开始从科学的角度来探讨太阳系的起源。1644 年，R. 笛卡尔提出了太阳系起源的旋涡说；1745 年，G. L. L. 布丰提出了一个因大彗星与太阳掠碰导致形成行星系统的太阳系起源说；1755 年和1796 年，康德和拉普拉斯则各自提出了太阳系起源的星云说。现代探讨太阳系起源的新星云说正是在康德－拉普拉斯星云说的基础上发展起来。牛顿成功地表明，地球两极之所以呈扁平的形状，是地球自转造成的。而拉康达明完成了为期两年的环球旅行之后，测出了地球是扁的。伏尔泰以其固有的"婉转手法"写道：您经历了疲惫不堪的旅途后发现的东西，牛顿没出门便得到了。

历经人类对宇宙的探索，我们已基本认识了地球所处的太阳系。如今，根据行星新定义，太阳系中共有八大行星（过去称九大行星，认为冥王星也是行星）：水星、金星、地球、火星、木星、土星、天王星、海王星。除水星和金星外，其他行星都有卫星绕其运转（如前面所述的谷神星）。地球有一个卫星——月球，土星的卫星最多，已确认的有 17 颗。行星、小行星、彗星和流星体都围绕中心天体太阳运转，构成太阳系。此外，人们根据万有引力定律，发现太阳系行星的卫星、彗星、小行星，并计算出它们的轨道、质量和大小，这使我们对太阳系的了解更加广泛深入。

太阳占太阳系总质量的99.86%，其直径约140万千米，最大的行星——木星的直径约14万千米。太阳系的大小约120亿千米。有证据表明，太阳系外也存在其他行星系统。2500亿颗类似太阳的恒星和星际物质构成更巨大的天体系统——银河系。银河系中大部分恒星和星际物质集中在一个扁球状的空间内，从侧面看很像一个"铁饼"，正面看去，则呈旋涡状。银河系的直径约10万光年，太阳位于银河系的一个旋臂中，距银心约3万光年（如图3 -

2－1所示）。银河系外还有许多类似的天体系统，称为河外星系，常简称星系。现已观测到大约有 10 亿个。星系也聚集成大大小小的集团，叫星系团。平均而言，每个星系团约有百余个星系，直径达上千万光年，现已发现上万个星系团。包括银河系在内约 40 个星系构成的一个小星系团叫本星系群。若干星系团集聚在一起构成更大、更高一层次的天体系统叫超星系团。超星系团往往具有扁长的外形，其长径可达数亿光年。通常超星系团内只含有几个星系团，只有少数超星系团拥有几十个星系团。本星系群和其附近的约 50 个星系团构成的超星系团叫做本超星系团。目前天文观测范围已经扩展到 200 亿光年的广阔空间，它称为总星系。

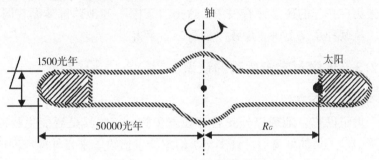

图 3－2－1　太阳在银河中的位置

事实上，我们发现整个太阳系是相对于那些遥远恒星而不断运动的。赫歇尔在 1803 年还发现，某些邻近的恒星相互围绕地旋转（双星），他的儿子证明，它们的运动同它们之间有一个类似于太阳系那种中心力存在的假说相符合。

为科学献身的布鲁诺早已感觉到一种新图景：我们的宇宙处于活动和运动之中，太阳系置于其他相距遥远的恒星的行列之中，那里拥有数十亿个"太阳"和这些"太阳"可能有的伴星（肉眼可见的"太阳"不到 6000 颗）。所有这些恒星组成了我们的银河系——长约 100000 光年、厚 1500 光年，略似扁豆形的一片区域。我们的行星系在这个结构中的位置是在距银河系中心 R_G（此中心并不是所有"太阳系"的中心！）大约 30000 光年的地方。同太阳系相似，整个银河系正在绕其轴自转，太阳系以约 250 千米/秒的速率围绕遥远的银河中心旋转。按照我们现在的看法，整个银河系的边缘——我们看到的银河即它的骨架——大约 2.5 亿年旋转一周。

如果牛顿定律有效，我们就能根据我们的太阳围绕银河中心（沿圆形路径）旋转的速率计算出整个银河系的近似质量。

如果忽略图 3－2－1 银河系的阴影区域，可以说，作用于太阳上的向心力就是银河系的质量施加在太阳上的吸引力（作用时近似地假定全部质量都

位于作用中心）于是，可期望下面的方程成立

$$m_日 \frac{4\pi^2 R_银}{T^2} = G \frac{m_日 m_银}{R_银}$$

式中的 T 是太阳的公转周期（约 2×10^8 年），$m_银$ 是银河系的质量，$m_日$ 为太阳的质量。在这个方程中唯一的未知数是 $m_银$，经运算得 $m_银 = 2 \times 10^{11}$ 个太阳质量（可能实际的质量远大于此）。整个银河系在宇宙中旋转着，使星球聚集在这个星系中的力不是别的，正是万有引力。万有引力随距离增加而减弱，但因为涉及的质量是如此巨大，所以，这个力仍然大到足以将 50000 光年远的星球保持在旋转的银河系里。你可能已经想到，把千百亿个数量如此惊人的星球聚集在一起的还是万有引力，这是"天国"和地球都遵循着同样的自然法则。从某种意义上讲，牛顿"创造"了宇宙。

3.2.3　人类对宇宙生物的认识

1. 宇宙生物存在吗

几个世纪以来，地球以外是否存在着生物——尤其是智能生物的问题，一直在吸引着人类的好奇心。许多科学幻想故事描绘了来自外层空间的生物。其中大部分是不科学的，某些甚至根本谈不上是科学幻想，但这种可能性却并不因此不存在：难道世界上就只有我们自己吗？或许将来总有一天，我们民族的优越性将引导我们去努力解答这个问题。如果我们接触了外星球的文明，那么，我们科学技术的进步将可能是十分巨大的。

"难道就只有我们自己吗？"福恩（J. S. Faughn）引用了一份至今不知其来源的一篇文章，其中有一段这样描述：

宇宙是否只有我们自己的问题是一个古老的问题。让我们来看一看事实。在我们的行星上生物的进化是依赖于众多的特定环境的。这里的温度对生物是理想的，水和氧十分充足。白昼带给我们的光和热是经过精心平衡的，不多不少。我们的行星以十分合适的速度运转，使得白天和黑夜长短相宜。如果白昼过长，则地面在夜幕降临之前会过热；如里太短，则自然界的循环就会失调。……不过，即使如此，我们也没有理由假定，在适当的时间、适当的环境下，合适的元素会结合起来形成生命的起源。我们必然认定，宇宙其他地方存在生命的可能性是近乎滑稽的。

我们曾认为太阳是一颗特别的恒星，而现在我们知道，它不过是亿万颗恒星中的一颗普通恒星而已。据估计，银河系有 2×10^{11} 颗恒星，太阳是其中之一。粗略地说，这些恒星中的一半属于一种互相围绕旋转的双星系统，而这些双星系统是不可能有稳定、足以维持生命的行星围绕它们旋转的。然而，

根据目前的恒星演变理论，其余的大部分单星都具有某种形式的行星系统。所以理论上可以预言，大部分恒星是有行星的。是否有证据支持这一假说呢？是的，有这样的证据。必须承认，迄今还不曾发现过像绕太阳旋转的众多行星那样的恒星系统，而且我们知道，由于恒星间距离遥远造成的种种限制，也没有人会发现这样的行星，但没有发现不等于就没有。行星绕其他恒星旋转的证据很少来源于直接观测，而是基于引力理论。

由天体演化的理论得出的预言使我们有充分的理由确信我们的太阳系并非独特的，而是极普通的。不过，只存在行星还不够；并不是每个行星都能维持生命。暂时先让我们考虑一下以碳、氧、水为基础的生命的组成形式——如同地球上我们的生命形式。可以想象，其他星系也可能是有生命的，但是在获得有关这方面的更深入的情况之前，我们不能不说这只是一种有趣的猜测。

以下列出的是一个行星维持碳、氧、水生物所必须满足的条件：

①质量必须大到足以保持住大气。

②平均温度不能太低于水的冰点（0℃）或太接近沸点（100℃）。如果我们的地球像金星那样靠近太阳，就太热了；而若像火星那样远离太阳，就又太冷了。

③必须存在有机物分子，在合适的环境下，这样的分子可以通过紫外线的辐射和光照由氨、甲烷以及水蒸气混合产生。

④必须有一合适的公转频率不致使温度极值过高。若地球上的白天与黑夜各有 100 小时，我们白天会被煮熟，而黑夜里又会被冻成冰块。

⑤作为母星的恒星必须有一定温度和质量以适于生物存在。例如，恒星的质量过大会引起潮汐作用，这对生物是灾难性的。

我们的银河系中大约有 2×10^{11} 颗恒星，其中可能一半有行星系统。天空中有 1/5 的恒星的温度和质量是合适的，在这些恒星的行星中又有大约一半有适宜的温度，假定其中 1/5 的行星具有合适的质量和旋转速度，这样银河系中至少有 2×10^9 颗恒星是可能有生命的。具有产生生命适宜的化学条件的星体占多大比例？我们从恒星光谱中得知太阳的化学成分并不是异乎寻常的，目前认为 50% 的行星具有有机化合物的推测是有道理的。

我们把可能有生命的具体数目定为 10 亿个，这就出现了最大困难的问题：一旦满足这些条件，产生生命的概率有多大？当与地球的条件不同时，概率会相去甚远。在这样的条件下存在生物的可能性很小，或者可能性反而更大些，而在我们对有机物的演化有了更多的了解之前，只能在我们的一系列计算中保留这种概率计算。假若概率很小，比如十亿分之一，那么我们可能就是仅有的生命。如果我们假定只有 1/100 的行星具有真正生成生命的条件，这样，就会有 10^7 颗行星具有碳、氧、水生物。

有一千万颗行星上有生物！不过，请注意我们讲的只是生物，而不是有思维的生物。生物包括藻类和苔藓类，植物学家对它们是感兴趣的，它们能生成有用的石油。让我们只考虑有思维生物吧，只有同他们才可以取得联系。

2. 太阳系内的生命

如果我们真能在太阳系内发现新的生命，最可能的地方应该是木星的一个卫星——木卫二。木卫二比月亮稍小，它全部被几十千米厚的冰层覆盖，与地球上的浮冰惊人的相似，在木卫二的冰层下面是海洋。如果木卫二真是如此，在冰层下面可能存在大片海洋，而且海水由于被火山流动所加热，很可能是温暖的，就像在地球的海洋里，暖流可以维持原始生命。这种生物依靠化学物质为生，而不需要太阳能。我们应该对木卫二进行全面探测，到目前为止我们尚未发现有任何地外生命存活的迹象。再向前向外走我们就到达了土星，在那里，它的最上面的云层温度也在零下 180 摄氏度，但这个巨大的气球并不是我们探索的目标，我们要光顾的是土星最大的卫星——土卫六。土卫六是一个生命起源的实验室，由于表面温度是零下 200 摄氏度，土卫六不是一个能产生生命的地方，但是在它浓密的大气层中，还有很多碳氢化合物，它们通过太阳的紫外光，可发生化学反应产生有机分子，这些碳氢化合物是产生生命的第一步。但是，土卫六太冷了，以至于就像是一个深度冻结了的地球，就像冰球一样。土卫六的大气中，含有丰富的氮气，它也含有水分子，就是蓝色的部分，水是彗星带来的。早期地球的成分，在此一览无余，而产生生命所需要的就是热量。它将在 50 亿年后得到所需热量，那时太阳将膨胀成一个熊熊发光的红巨星。从 1983 年架起天线开始执行接收地外文明信息的任务起，我们已经接收到先驱者号和旅行者号飞船发出了信号，但我们尚未接收到任何来自外星的声音。然而有证据表明其他恒星也有行星，在这些行星中，肯定会有类地世界。这种由星际物质形成的恒星诞生在星云中，它们就是遍布在银河系的气体尘埃云。令天文学家激动的是，这些星云中包含着产生生命的物质基础，包括水和有机分子。由于一颗恒星在一个坍缩云中形成，产生的星盘围绕着这个中心旋转，碎块则与中心分离，那些碎块就会产生行星。

这是一颗带有圆形星盘的恒星，还有同样的另一颗，这两颗恒星系统都是用哈勃望远镜拍摄到的。在它清晰的外盘中心有一个行星轨道，我们不能看见行星，但我们知道它确实在那里。因为它的引力拉扯恒星，使恒星摇摆不定。天文学家利用多普勒位移方法探测这种摆动，当恒星向我们走来时，它是偏向蓝色的，当它离我们而去时则偏向红色。这个哈勃图像是一个谜，它显示一对已经明显生成有一颗行星的恒星，一丝痕迹使我们对它关注起来，这是第一个太阳系外行星的图像。这不是一颗行星，它是一颗褐矮星，一个质量不超过木星质量 50 倍的天体。它太小了，以至于不能成为一颗恒星。到目前为止，已发现的带有行星系统的恒星中，没有一个具备维持生命的条件。这颗行星的轨道太靠近恒星了，而那颗行星的问题是轨道离恒星太远。但当我们真的发现类地行星时，它一定比我们猜测的还要奇异很多。

3. 有思维的生物

我们对地球上生物的整个进化过程，从人类最初的形态到目前的现状，知道得越来越多了，不过有些谜至今不得其解。此外，我们对这个进化过程的了解还不足以回答从原始生命到智慧生物有多少途径的问题。看起来，人类未必是如同我们所知的绝无仅有的智慧生物。

自从地球上形成最初的生物以来，人类赖以进化的特别合适的环境已经存在了数十亿年。如果存在不同的环境，我们可以推测，无论从大小、体态、感官的作用等方面，还是从其演变过程考虑，那些智慧生物将不同于人类的样子。宇宙中其他行星上存在智慧生物的可能性有多大，我们不敢妄加推测，不过可以肯定，银河系中大概有 1000 万颗行星有条件形成生命，就算其中仅有万分之一的会进化出智慧生物，这样银河系中仍然会有 1 千颗行星上有智慧生物，而我们的银河系仅是宇宙中千百亿个星系中的一个！

如果"他们"是存在的，下一步就要考虑如何同"他们"联系了。1960年，天文学家曾用大口径的射电望远镜接收外空间生物的信息，从而分析搜索到的具有某种特性曲线变化的信号，但未获得成功。1971 年，NASA 实施"独眼巨人"工程，用以寻找星际生物。人类这一智慧生物在地球上已存在了50000～100000 年，而使用无线电通讯还不到 100 年。也许我们同"他们"已经通过无线电有了联系，而我们却全然不知。

地球到肉眼可见的最近的恒星（半人马 α 星）的距离是 4.5 光年，这是银河系中恒星距离的典型数值，这一距离是现有太空探测器所能到达最远距离的 3000 倍。从最近的恒星发出的光到达地球需要 4 年半，假定我们发出问候"你好吗？"并得到回答，就要 9 年的时间！1974 年 11 月，从位于波多黎各附近阿雷西博这个世界上最大的射电望远镜向空间其他生物发出信号，在离我们约 24000 光年的范围内有 30 万颗恒星的星体，如果其中有思维生物的话，并且"他们"也在寻找来自其他星际的信号，"他们"若能够识别并回答我们的信号，我们的第 1600 代子孙就会收到"他们"的回答。人类能不能建造一种让人在有生之年能够到达目的地的星际飞船？这并非幻想。美国

Discovery 杂志透露，目前设想中的 5 种前所未有的太空飞船推进器，至少能使宇航员经过不到 50 年的旅行从地球到达半人马座的星。它们分别是以核裂变或核聚变反应为能源的原子能火箭、以物质与反物质结合时产生的巨大能量为动力的运载火箭、激光航行器和冲压喷气太空飞船。当然，无论是这 5 种方案中的哪一种，无疑都将是对人类科技的一大挑战，它所带来的影响会超乎我们的想象。

4. UFO

多年来，报道了不计其数的 UFO 观测事件。1947 年，由于无法解答这些幻影来客的由来和目的，美国空军和科罗拉多大学经过数年的材料搜索之后，由著名物理学家、本项工作的负责人爱德华·康顿博士于 1968 年完成的报告得出这样的基本结论：没有任何证据表明 UFO 现象不是自然现象。

下面是对一个包括了 UFO 报告许多共同特征的虚幻景象的描述，请根据能用我们学到的物理学知识来解释的那些观察和违反常理的观察来分析它。对于超出科学解释范围的那些，为了使与观察的结果相符，你可以假想与自然规律不同的可能的解释。

①UFO 以很快的速度运动。

②飞行中它常做直角转弯。

③当它靠近汽车时，汽车的发动机、收音机和前灯都突然关闭，但柴油机却依旧运转工作。它飞走后，一切又恢复正常。

④它在地面上留下痕迹，并能使植物烧焦。

⑤UFO 接近时，观察者有电击感。

⑥雷达可以看到它。

⑦飞行中它有时前后摇摆。

⑧它可以在空中滑翔。

⑨远时呈青白色，近时为红色或橙色。

⑩其形状和大小可以改变。

⑪一般见于高压线上方或有地磁场偏差的地区。

5. 探索宇宙

为调查地球以外的天体上存在生命可能性所进行的科学活动，以及宇宙间任何天体只要条件合适都有可能产生原始形态的生命、逐渐进化为高级形态的生命乃至出现的智慧生命及文明，除了利用陨石检测生命的痕迹，利用大型射电望远镜监测来自太空的微波信号和利用生化实验模拟地外环境，推测生命形式的可能性之外，借助航天技术手段在这一领域中从事实际探索活动是现阶段实地或就近探索地球生命的主要方式。

到 20 世纪 60 年代，月球上不存在生命已成定论。同时根据行星光谱分析和早期的行星探测已确认火星是最有可能存在生命的行星，因此火星成了探索地外生命的重点。1976 年美国的两颗"海盗"号探测器在火星上软着陆，采集了火星表面的土壤样品，并对它们就地做了三项实验，以期从不同角度判明那里是否存在生命。结果表明：在火星着陆点附近未发现地球类型的生命形式。那么火星上其他地区是否有生命活动？我们只能期待着将宇航员送上火星做实地考察。

1973 年美国发射的
"水手" 10 号探测器

人们也曾对金星抱有希望，但截至 1984 年底，苏联和美国已有 10 余个探测器先后在金星上着陆。探测结果一致表明：金星表面气温高达 480℃ 左右，气压竟为地球大气压的 90 倍，气候条件极其严酷，因而不可能存在地球类型的生命形式。但是在金星的历史上可能存在过比较温和的气候条件，并有可能存在过由水构成的海洋，因此金星上是否曾有过生命尚难定论。此外，土星的卫星——土卫六上也可能存在某种形态的生命。

美国"海盗"号着陆器
在火星表面软着陆

"火星极地着陆者"探测器

目前，人类还不能直接利用航天器去寻找太阳系以外的生命，但是"先驱者"10 号和 11 号以及"旅行者"1 和 2 号 4 个探测器已携带着反映人类在宇宙中的地位和人类文明现状的信息向太空深处飞去。两个"先驱者"号探测器各携带 1 块镀金铝质标志牌，两个"旅行者"号探测器则各带有 1 套镀金铜质声像片和 1 枚金刚石唱针，即使经历 10 亿年，它们仍能放出声像，它们包含 116 幅画面，其中有中国人午餐的场面和长城的雄姿；包含用 55 种不同语言的问候用语和地球上多种不同的声响；还包含 27 首著名的乐曲，其中有中国古典乐曲《高山流水》。一旦宇宙中的智慧生命截获了这些信息，他们就会对人类这种生命的发祥地和现状有所了解，从而使这些航天器携带的信息为宇宙间智慧生命和文明的互相了解作出贡献。

人类终于踏上了地球以外的土地，嫦娥奔月的想象在 20 世纪成为现实，但是幻想中的琼楼玉宇，其实是一片荒凉的世界。继阿波罗 11 号之后美国又发射了 6 艘阿波罗号飞船，先后把 12 名宇航员送上了月球，宇宙飞船和航天飞机实现了人类载人航天的梦想。1961 年苏联宇航员加加林乘坐东方号飞船升空，开创了人类进入太空的历史，到今天利用宇宙飞船和航天飞机，人类送上太空的宇航员已经达到 900 多人次。但是总是有人为科学的进步付出代价，1986 年美国挑战者号航天飞机在进行它的第 10 次航天飞行时爆炸，7 名宇航员全部遇难。这以后人们对航天飞机做了 400 多项改进，当载人航天计划逐渐从挑战者号的巨大阴影走出来的时候，哥伦比亚号航天飞机失事，人类又失去了 7 名优秀的宇航员。一段时间内不会有航天飞机重返太空，但可以肯定的是人类探索太空的勇气不会丧失。就像美国的一位遇难的宇航员格里·索姆曾说的，我们从事的是一项冒险的事业，万一发生意外，不要耽搁计划进展，征服太空是值得冒险的，在经过反思和改进以后，一定会有更科学、更安全的航天计划出现。

空间站是人类在太空进行各项科学研究活动的重要场所。1971 年，苏联发射了第一座空间站"礼炮"1 号，1986 年 8 月，最后一座"礼炮"7 号停止载人飞行。1973 年 5 月 14 日，美国发射了空间站"天空实验室"，1974 年"天空实验室"封闭停用，并于 1979 年坠毁。1986 年 2 月 20 日，苏联发射了"和平"号空间站。它全长超过 13 米，重 21 吨，设计寿命 10 年，由工作舱、过渡舱、非密封

国际空间站建成后的外观

舱 3 个部分组成，有 6 个对接口，可与各类飞船、航天飞机对接，并与之组成一个庞大的轨道联合体。自"和平"号上天以来，宇航员在它上面进行了大量的科学研究，还创造了太空长时间飞行的新纪录。"和平"号超期服役多年后于 2001 年 3 月 19 日坠入太平洋。1983 年，欧洲空间局发射了"空间实验室"，它是一座随航天飞机一同飞行的空间站。

国际空间站是建造中的新一代空间站。它由美国和俄罗斯牵头，联合欧洲空间局 11 个成员国和日本、加拿大、巴西等 16 国共同建造运行。空间站从 1994 年开始分步骤建设安装，至 2006 年全部建成。建成后空间站长 110 米，宽 88 米，质量超过 400 吨，是有史以来规模最庞大、设施最先进的人造

天体，可供 6 至 7 名宇航员同时在轨工作。

宇宙飞船和航天飞机只是接送宇航员的交通工具，空间站则实现了宇航员在太空中的工作和生活，在著名的苏联"和平"号空间站里，宇航员就曾进行了包括生命科学、空间科学、对地观测等多领域的科学实验。它创造了 15 年辉煌后按照预定轨道坠落在南太平洋。

俄罗斯"和平"号空间站

美国的"天空实验室"空间站

3.2.4　黑　洞

几个世纪以来，科学家们一直在探索宇宙是如何诞生及它的由来的线索。20 世纪末，远在时空的深处，科学家们发现了黑洞——巨大的碎片包含了不可估量的力量，在它们的轨道上可以吞没一切。黑洞涵盖了一切事物开始的关键，它们是未知世界的大门，是我们宇宙中最奇怪、最神秘的物体，就像宇宙的真空清洁器，吞没靠近它们的任何东西。它们没有明确的目的，在时空中穿梭。

宇宙学家相信在宇宙中有无数的黑洞。不论那些大头针大小还是巨大的黑洞都能吞没体积是太阳一亿倍的星体。在宇宙中我们所认知的星体有 2000 亿颗，但宇宙是怎样被创造的呢？自有人类以来，不同的文化形成了自己的模式与解释，而这些模式和解释都在相互竞争，这种激烈的斗争常常会出现在创造宗教观念的代表与那些捍卫真理的科学理论之间。对黑洞存在的知识使科学家相信，我们这个宇宙来源的关键将在黑洞的深处被发现。

人们提出这样一些问题：什么时候我们能有解释一切事物的理论？什么时候我们能读懂思想的变化？什么时候我们能开始找出在大冲撞之前发生了什么？目前，地球上还没有人对这些问题给出精确的理论解释。几千年前，自然对人类命运的影响比今天要大。在许多文化中，神灵体现了自然现象，对于全人类来说，崇拜神灵就是借用一个躯壳，对自然界无法解释的现象提供含义。今天，我们可以看到空间很远的地方，能看到很久以前，甚至 100

亿年前，我们证明了宇宙演变、出生和死亡的永恒规律。

为了了解黑洞是如何产生的，我们需要宇宙来源的概念。宇宙的起点大约在 150 亿至 200 亿年之前，它开始于无限密集并且温度非常高的一个点。科学家指出这个点就像一个奇点，它积累了大量的物质，到达一个极点之后爆发。今天，我们称这种现象为大爆炸。大爆炸之后，小的气体云再一次集中起来，并在引力的影响下组合。因此，这个星体的出现很像我们的太阳，大约有 50 亿年了，这个星体不会永远存在。当再一个 50 亿年过去后，我们的太阳就会消失了。

太阳发出的热量和光能够辐射 3 亿多千米，这些能量存在于核聚变反应中，在温度高达摄氏 1500 度的时候，氢转化成氦。在它的生命的尽头，太阳再也不能承受内部热核反应的压力，热气使太阳膨胀并将要使它爆裂。当这种情况发生后，地球上的所有生命和它邻近的行星将会湮灭。在这个过程中，太阳将会变异成一个红巨星，当太阳的燃料最终用完之后，它可能在它自身的重力影响下分裂。与太阳相比，大量的星体坍缩成我们所知道的中子星，黑洞就从中子星产生出来，质量比太阳大很多倍。

在我们的概念里，黑洞是一个质量非常大，但是又看不见的物体，它究竟是怎样形成的呢？

黑洞的形成其实是恒星在它的衰老期发生了爆炸，慢慢形成黑洞，但是我们知道爆炸是有光的，但是黑洞是看不见的，那么它那些残骸物质是怎样迅速地凝成一个点的呢？是什么力量促使它们这样的呢？

一颗星星爆炸的时候，外面的气壳就迅速地膨胀，但是同时有个反弹的力量把里面剩下的残骸往回压缩，把它压缩得非常密。这时候外边的气壳都跑了，非常密的东西压成非常密集的核，这个核永远不再发光，就变成黑洞了。

1990 年，哈勃太空望远镜被送上太空，使我们能更深入地观测宇宙。哈勃太空望远镜是用哈勃的名字命名的，他早在 1929 年就注意到宇宙是可以持续扩张的。哈勃太空望远镜在银河系中心所拍的照片非常好，根据这些照片，科学家们推测在银河的中心有一个巨大的黑洞。

黑洞能引起两个不同的进程：第一个进程主要是实心的星体在相对短的时间内爆炸，也就是几百万年。一颗星体比太阳大上百倍，剩下的是灰，如

哈勃太空望远镜

果这个灰非常重，就会崩裂，创造出一个小黑洞。另一个进程则是在银河系中，一个大黑洞的出现可能是由于通过在中心的让人难以置信的引力下进入中心，在某些方面创造了非常稠密的星体堆。在某个时候通过星体的大量滑移，创造出一个尺寸的黑洞，它们能持续形成难以置信的尺寸，星星和气体随着时间的运行从外部被吸入。自从使用了人造卫星，天文学家开始掌握了很多关于宇宙及黑洞存在的知识，而太空望远镜使我们看到了宇宙更宽阔而清晰的区域。

黑洞是看不见的，通过什么方法才能知道这个区域有黑洞存在呢？

这是一个天文学家非常关心的问题，而且也是非常关键的问题。爱因斯坦研究了很久，20 世纪初他发表的广义相对论，就告诉我们有黑洞。所以天文学家一个非常艰巨的任务就是寻找黑洞。怎么找呢？现在认为最好的一个方法就是首先找天上的辐射，寻找 X 射线源，这个 X 射线就跟我们医院里面的 X 射线一样，只不过是由天体发出的。为什么要找 X 射线呢？因为黑洞表面含有辐射非常强的 X 射线。第一，必须找到双星，不是单星。天上的双星很多，大约有一半是双星，就是两个星总是在一起。第二，这个双星必须发射 X 射线。第三，这个双星里边有一个星看不见，是黑的，另外一个星是看得见的。还要找其他的证据，最重要的证据就是它的质量要足够大，要超过 3 个太阳的质量，它必须辐射 X 射线。这样的东西既然看不见，我们只有通过两颗星其中一个绕着另一个星旋转，来判定它确确实实存在。

天文学家找到了很多这样的黑洞，最有名的叫天鹅座 X1，是天鹅座里边的一个 X 射线源，编号是第一号。

爱因斯坦把时间和空间作为动力来理解，爱因斯坦提出，重力不像任何其他的力量，因为这个时空不是平直的而是弯曲的。如果有很强的重力，巨大的物质扭曲了时空，在太阳周围的区域，重力使时空卷曲，太阳背后的星光沿这个曲率而行并被弯曲。因此，星体的位置对于地球上的观察者来说有些歪斜，巨大的物质能使时空卷曲，它的功能就像曲光镜。

黑洞的奇点符合大爆炸的奇点，宇宙的密度及时空的曲率在这儿是无限的。数学不能处理无限的数字，所以奇点是抽象的点，没有人类会到达那里。当天体到达黑洞的中心会发生什么，就像我们所问的在大爆炸之前发生了什么？如果宇宙被分裂，在大分裂之后又会发生什么情况？当然，这个答案我们不知道，但我们可以猜想的一件事就是我们不得不放弃大部分的常识，黑洞为我们提供了大量的奇异思考的空间。一些人认为在大爆炸之前有其他的宇宙，我们称之为多元宇宙理论。宇宙这个单词前三个字母"uni"意味着只有一个，但是也许我们的宇宙不仅只有这一个，也许有多个宇宙。

　　黑洞能吸进整个宇宙吗？原则上，不认为有什么东西可以填满黑洞，但是我们的宇宙正在飞速地扩大。当我们看到其他的河外星系，就像我们从银河系看它们，能看到它们都在离开，越到后来，它们移动越快。在银河系中间一个单个的黑洞，甚至银河系中间大团的黑洞没有足够大的能量来停止扩张。有许多天文学家及理论物理学家相信这种现象将会发生，如果是那样，宇宙本身就是一个黑洞，一旦被吸入，就会再回到像所有黑洞那种最终的奇点。

　　如果一个人有好奇心，进入黑洞进行探险飞行，将会发生什么？他将会有什么危险？

　　如果宇航员乘着宇宙飞船，在黑洞的边缘绕行，穿过黑洞的地平线。他必须是一个非常勇敢的宇航员，并且他必须有保险。他可能会有一段愉快的时刻，他可能找到我们所不知道的事物，发现黑洞内发生了什么。不幸的是，他将不能告诉我们他所知道的一切，因为这是一次单程旅行。如果他进入的是一个大的黑洞，是形成河外星系的一种，他甚至不会意识到黑洞的地平线，对于他来说，那不会是一个特别的地方。他将简单地继续落入黑洞，但人们不能在外部看到他，因为如果一艘船驶过地平线，水手不会注意水有任何不同，局部看来，它就像10分钟以前同样的海洋，但是现在我们不能再看到那艘船，对于宇航员来说也是相同的。实际上如果一个宇航员飞入了黑洞，他将会被强大的引力所吸引，并且像意大利面条一样抽出直到将他扯碎，他会生还吗？

　　物理学家相信，如果一样东西落入黑洞的中心，也许，只是也许，你根本不会死，但可能通过黑洞落入另一个宇宙，这就称为虫洞。例如，拿一张纸，如果在两点间取最短的距离，就是一条直线。然而那不是正确的，一条直线不是两点间最短的距离，因为能在多维空间将纸弯曲，让两点彼此接触，那就是一个虫洞，所以一个虫洞是捷径，通过多维空间的捷径。通过第三维，允许人们跨越巨大的距离，也许在一段时间内来回移动第四维，它看起来是不可思议的。根据爱因斯坦的相对论，物理学家假设一个黑洞有两个末端在时空的不同地区开始。直到20世纪80年代，这些隧道被看作是科幻作家最纯洁的幻想，但是科学家建立了无规律的物理学，排斥及时旅行的可能性，也许我们不仅能在太空中开拓一个洞，而且能通过这个洞进入另一个宇宙。

　　有一些黑洞是由恒星衰变演化而来的，如果有一天太阳也变成了黑洞，那么会不会对我们这个地球运行的轨道产生影响呢？不会的，黑洞对周围只有一个影响，就是引力的影响，要是不惹这个黑洞，它自己在那儿待着，和一个正常的天体是一样的。打一个比方，如果我们太阳系里边有一个天体，比方说是金星变成黑洞了，有没有影响呢，应该说没有影响，只要大家不惹它。但是如果有一些小天体，非要飞到金星表面去，那它就会无情地把小天体吸进去。假如太阳变成一个黑洞，对我们地球的轨道来讲没有影响，不过你要记住，太阳不光是吸引着太阳系这个大家庭围着它旋转，还有最重要的功能就是发光。如果太阳变成黑洞，那太阳就不发光了，我们地球的生命就不可想象了。所以太阳变成黑洞虽然对于轨道没有影响，但对于地球上的生命那就影响太大了，所以我们绝对不希望太阳变成黑洞。

一提到黑洞我们就会想到伟大的科学家霍金，他的《时间简史》用大量的篇幅描述了黑洞，那么霍金在黑洞理论方面具体作了哪些贡献呢？

霍金的确是一个了不起的科学家，《时间简史》所讨论的问题实际上还不是他的特长。《时间简史》讲的是宇宙的起源和演化，他最重要的贡献是在黑洞方面的贡献，他的贡献是什么呢？就是告诉你黑洞不黑。黑洞给人一种非常恐怖的印象，就是所有的东西靠近黑洞以后，就全被吸进去，而且进去以后永远出不来。所以大家就认为宇宙里虽然黑洞不是很多，但是只要有黑洞，只要一靠近黑洞，就会被吸进去，最后这宇宙岂不是都到黑洞里面去了吗？所以宇宙就不和谐了，这显然是不符合逻辑的。霍金认为，黑洞还可以辐射，那黑洞为什么还可以辐射呢？

这里面就牵涉到另外一个问题，物质世界有非常小的一些最基本的单元，如电子、原子、中微子、光子，它们统称叫做量子。量子集中在一起就像我们人体的某一部分一样，每一部分的功能不一样，就是说这里边只要有足够多的量子，总有个别的能量非常大，大到可以从黑洞里跳出来，只要跳出一个来，黑洞的质量就缩小一点，第二个就又跳出来。根据这个原理，黑洞里面的东西虽然跳得很慢，还是会不断往外蒸发。

黑洞能够蒸发的原理，使我们相信最后黑洞还是会蒸发掉的。这就是为什么宇宙中有三类黑洞，第一类是星系量级的黑洞，第二类是恒星量级的黑洞，第三类就是小黑洞，小黑洞可以变得越来越小。打一个比方：如果物体有1吨重，这个黑洞蒸发掉的时间有10^{-10}秒；如果说有100万吨的一个黑洞，那么它蒸发掉需要1年；如果我们太阳真要变成一个黑洞，它蒸发掉的时间就非常长了，是10^{66}年，那是不可思议的长，但是不管怎么说，它总有一天有可能被蒸发掉。

霍金功劳这么大，为什么没有得诺贝尔奖呢？因为这一理论需要证实。人们推测黑洞变得很小很小以后，在太阳系的周围就有可能有一些小黑洞，这叫迷你黑洞，就是微黑洞，会有很多。如果有一天，天文学家确实探测到了这些小黑洞，在太阳系周围它会爆发，从而证实霍金的理论。这样，霍金肯定会得到诺贝尔奖，霍金得诺贝尔奖还得靠天文学家来帮助。从黑洞的过去，看到了黑洞的将来，总是有很多人付出了艰苦努力，科学的脚步不会停止，我们对宇宙的探索也不会停止。

有人可能要问：对我们来说，黑洞有什么用？能做一个更好的面包？能制造更好的彩电？能得到更好的电视接收吗？不能！黑洞也许距我们有几千光年远，最近的一个也可能在银河系的中心。然而在将来，也许再过 100 年后，黑洞垃圾箱将会成为可能，几千年的工业社会产生的大量废物能被储藏到黑洞里。很难说，将核废物沉到黑洞里是不是一个好办法。

3.2.5　物质与反物质

世界上的事物都是充满矛盾的。有上必有下，有左必有右，有阳必有阴，有正必有反。那么，既然世界上有着无穷的物质，也存在反物质吗？这是物理学中一个令人惊奇而有趣的问题。

根据物理定律，每一种基本粒子都有其对应的反粒子，即任何粒子都会有和它相湮灭的反粒子存在，如负电子与正电子（电子之反粒子称为反电子或称正电子），夸克粒子都有其反粒子（称为反夸克），质子与反质子等。粒子和反粒子的质量、生命期、自旋等性质相同，但电荷、磁矩等相应的物理量正负号相反。由粒子组成的称为物质，由反粒子组成的称为反物质。故多数的粒子可视为"不是物质，就是反物质"。无论何时，一粒子与其相当之反粒子相遇即相互毁灭。中性粒子其自身为反粒子。反物质星云与一由普通物质组成的星云相碰撞，将放出巨大的辐射能而散去。

然而科学家却无法在宇宙间直接观测到反物质的存在，科学家只能利用高能物理的正负电子对撞机，模拟宇宙初始大爆炸景况，证实的确有反粒子存在，并推论 150 亿年前的那场爆炸，应该同时产生了数量相当的物质和反物质，但如今物质的数量远超过反物质的数量。到底是何原因，造成物质数量远超过反物质的数量？科学家百思莫解！

1964 年，科学家 J. W. Cronin 和 V. L. Fitch 由于证实 K 介子与反 K 介子系统中量测到电荷宇称的不对称性获得 1980 年诺贝尔奖。方法是利用线性加速器（斯坦福研究中心）制造反 K 介子，然后与 K 介子比对其行为（即衰变率），发现其行为有些微差异。2001 年，意大利、日本、台湾地区 Belle 团队证实 B 介子与反 B 介子系统中量测到电荷宇称的不对称性。方法是以人造方式大量生产 B 介子与反 B 介子，测量二者衰变率，发现其电荷宇称不对称性。

研究结果显示，介子与反介子在衰变过程中，存在极微小差异，让介子在衰变后产生的正粒子，比反介子在衰变后产生的反粒子多一点。换言之，这一研究证实宇宙爆炸后，经长时间演变，反物质消失了（宇宙不存在反物质了），只留下物质。

爱因斯坦告诉我们，物质及能量是相等的，所以任何能量都会产生地心引力，是物质还是反物质，它们都有能量并且它们都会产生黑洞。我们的宇宙是由物质控制的，你到过的每个地方，事物都是由相同的材料组成：这种材料叫做物质。所有黑洞都可能是由普通物质构成，然后瓦解。黑洞的形成可能是从最开始的同等的物质与反物质中的射流被驱使出来。黑洞可能是一个创造电子

CERN 的反质子收集器（AC）和
反质子存储器（AA）装置

和正电子的机器，是普通电子及称作正电子的反物质配对物，这些电子及正电子的射流可以从邻近的黑洞射出。如果我们能成功地把物质及反物质在可控制的条件下聚在一起，那么解决能量的问题则触手可及，因为当物质与反物质碰在一起，它们就会产生能量。在大爆炸中，存在着几乎等量的物质与反物质，一个强烈磁体探测器会提供这个答案。

在太空，阿尔法磁性分光计是用来寻找哪里存在反物质的。粒子流入磁体，就像它们在粒子加速器里一样：它们的轨道揭示了是否是带负电荷的反物质或带正电荷的物质粒子。

关于反物质问题，仍然需要不断地进行深入的研究，在 21 世纪，相信会有重大进展。

思考题

3-1 地球上有季节现象，是因为地球的轨道是椭圆，从而一年之中到太阳的距离在变化，这一说法对吗？

3-2 远在人类登上月球之前，天文学上就准确知道月球的质量。你能设想这是怎样测得的吗？

3-3 你能否解释月球外面没有大气层的原因是什么？

3-4 试述开普勒对哥白尼日心说的改革和进化。按照你所理解的一个好理论的标准，评价开普勒的贡献。

3-5 地球的某些地方温度极高，但地球上的生物仍随处可见。讨论一下碳、氧、水生物的温度极限等问题。

3-6　用银河系的恒星数量来估计有生命行星的数量。

3-7　假设有一个不同于我们的太阳系的另一个行星系，该行星系的中央恒星到四颗内行星的距离由下表给出

行星的序数 (n)	1	2	3	4
轨道半径 (R 以 10^6 千米为单位)	3	5	7	9

试从这些数据中得出一条"定律"，即把每颗行星的 R 同 n 联系起来的公式，并预测第五颗行星在多大的距离上。

阅读材料：奇观——通古斯之谜

除流星雨，还有一种天体也会周期性地出现在天空，它就是彗星，这种拖着长长尾巴的天体曾经让人产生巨大的恐惧。我国古代人们就叫它扫帚星，认为它是灾祸降临的不祥之兆，而欧洲人也认为它是上帝对人类灾难的警示。尽管如此，前人那些表现惊惧绝望情绪的文字却为我们留下有关彗星的珍贵记录，比如我国的春秋时期最早出现了关于哈雷彗星的记载，记下了公元前613年哈雷彗星的出现，而欧洲在公元66年也记载了哈雷彗星的出现，这些都成为今天人们研究彗星不可缺少的资料。

在遥远的西伯利亚中部，通古斯这个地方的居民谈起过关于一个划破天空震撼大地的巨大火球的怪事。他们说，一阵灼热的狂风把人们吹翻在地，并且摧毁了整片整片的森林。

事情发生在1908年夏天的一个上午。20世纪20年代后期，苏联科学家库利克组织考察队，企图发现这件事情的真相。他们建造小船，深入到这个冬季千里冰封、夏季沼泽遍布的人烟罕至的地区。目击者说，20年前，天上曾经飞过一个比太阳还大的发出炫目光芒的火球。库利克猜想大概是一颗巨大的陨星撞击在地面上。他原指望找到一个巨大的撞坑，以及从遥远的某个小行星上分裂出来的罕见的陨星碎片。然而，在爆炸中心正下方地区，库利克只看到一些被剥尽了树叶的直立的树干，而陨星的碎片或陨星坑却不见踪影，这使他大为不解。但是，他又分析认为陨星碎片或许已经埋在沼泽地的下面。于是，他动手挖沟排水，但是，想象中的陨石或者陨铁仍然不见踪迹。库利克并不因此而气馁，他不顾大群蚊虫的袭扰和其他艰难险阻，继续进行彻底考察。因为他毕竟发现了一些东西，用他自己的话说，这些东西超过了所有目击者的叙述和人们最大胆的设想：在爆炸中心正下方，半径20多千米的地区里，树木就像折断的火柴棒一样，成放射状向外倒伏，看来，地面上

空数公里的地方很可能发生过一次猛烈的爆炸。从西伯利亚到西欧的各气象站的气压记录上，也能看到当时的确出现过一股以声速传播的高压气浪。那次爆炸扬起的灰尘把大量的阳光反射回地面，使远在 10000 千米以外的伦敦，人们在夜间甚至也能够凭借反射的阳光阅读书报，这一异乎寻常的事件，被称作"通古斯事件"。

这究竟是怎么回事呢？一些天文学家说，可能是来自空间的一小块反物质在同地球上的普通物质接触时发生湮灭，完全变成了伽马射线。可是，在撞击地点，到处都未发现这种物质和反物质的湮灭过程应当留下的放射线。另外有一些文学家则认为，它可能是来自空间的一个极小的黑洞。它在西伯利亚地区同地球相撞以后，便穿透这个行星的坚固球体，从另一面飞了出去。可是，查阅大气冲击波的记录，没有迹象表明那天晚些时候曾有什么东西从北大西洋破浪出水，腾空而去。更有一些人大胆想象，设想那是一艘来自某个异常先进的地外文明的宇宙飞船，由于发生了无法排除的机械故障而坠毁在一个陌生行星上的一个偏僻地区。如果当真如此，那么，在坠毁地点竟然没有发现那艘飞船的一片残骸，或一个最小的晶体管。更接近实际一点的说法是，或许有一颗大陨星或者小行星撞到了地球上，可是在现场并没有找到能够成为这次撞击事件证据的岩石或金属碎片。

"通古斯事件"的主要特点可综述为：发生过一次巨大的爆炸；有过强大的冲击波；烧毁了大量的树木；发生了巨大的森林火灾。但是地面上没有陨星坑，看来能够同所有这些要点相吻合的只有一种解释，这就是在 1908 年曾有一颗彗星的一部分同地球相撞。多少个世纪以来，它一直在太阳系内层飞行，好比行星际空间海洋里的一座冰山，可是这一次一颗行星意外地挡住了它的去路。那个撞击地球的天外来物从接近地球的时间和方向来判断，似乎是时速高达 10 万多千米的一颗名叫恩克彗星的一块碎片，它是大约有足球场那样大的一座冰山，重量为 100 万吨左右，在它冲进大气层以前，没有任何征兆。

如果那样的一次爆炸发生在今天，人们出于时代的恐惧，很可能把它当成是一次核武器的爆炸。那次彗星撞击和出现的火球，在效果上同一次 1500 万吨级核爆炸的总效果（包括蘑菇云在内）十分相像，不同的只是没有辐射现象。这样看来一次罕见的自然界变异会不会触发一场核战争呢？这倒是一部离奇的电影脚本。

一颗小小的彗星，就像在我们这颗行星的历史上，其他千百万颗彗星一再发生过的那样撞在了地球上，而这时，我们这个文明社会对它的反应却可能是立即起来进行自我毁灭，这样的事情也许不大可能发生，但是让我们更多地了解一些彗星碰撞和灾难的知识，可能是有益的。

就今天我们对它的了解来说，一颗彗星大部分是由冰构成的，主要是水冰可能还有些氨冰，一点点甲烷冰，所以一块不太大的彗星碎片，一旦冲入地球大气层，就会发出一股强大的冲击波，它只烧毁树木、夷平森林、发出巨大响声。然而它却不会在地面上留下一个撞坑，这是为什么呢？因为彗星的冰在撞击过程中已全部熔化，在地面上留不下多少可以察觉到的彗星冰块。我们人类喜欢把天空想象成是稳定的、静谧不变的，但是彗星会突然显现，而且夜复一夜地一连几个星期高悬在天空，似乎是不吉的先兆。久而久之，逐渐形成了这样的概念，彗星的来临是有缘故的，彗星总是预兆某种灾难，预告帝王之死和王国的覆灭。例如 1066 年，诺曼底人目睹了一次哈雷彗星的出现，他们认为，彗星总是预示某个王朝的衰亡，于是，他们立即采取行动，入侵英格兰，当时一种类似报纸的东西记述了这次事件。

后来，在 13 世纪初，现代现实主义绘画的奠基人之一基奥托目睹了哈雷彗星的又一次出现，并把它画进了他当时正在创作的耶稣诞生图，这是又一种预示王国兴衰更替的先兆。1517 年前后，出现了另一颗大彗星，这一次是在墨西哥被人看见的。印第安阿兹特克族皇帝莫克台兹马，立刻把他的占星术士都杀掉了，为什么呢？只是因为他们没有能预言这次彗星的出现，当然也没有能对它做出解释。莫克台兹马确信彗星预示了可怕的灾难，他变得沮丧起来，从而为西班牙人成功地征服墨西哥铺平了道路。

第四章 物质的形态和性质

§4.1 物 质

4.1.1 物质的形态

各种物体、微粒和场，都是以不同形式存在着的物质。"物质"所涉及的科学内容，多数与日常生活和自然现象密切相关，与新材料的发展前沿相联系。过去人们只知道物质有三态，即气态、液态和固态。上世纪中期科学家确认物质有第四态，即等离子体态。我们把那些部分或完全电离的气体，其中自由电子和正离子所带的负、正电荷量相等，而整体又呈电中性，行为受电磁场影响，称为"等离子体"。等离子体服从气体遵循的规律，但与常态气体相比，还有一系列独特的性质，它是电和热的良导体；粒子除在无规则的热运动之外还产生某些类型的"集体"运动。

等离子态有天然的，也有人造的。天然的等离子态大多形成和存在于地球的高空和外层空间中，如天空中被雷电离的饱含水气的空气云团；太阳和其他某些恒星的表面高温气层中，都存在着大量的等离子态。而诸如等离子显示器（用于计算机、电视等）、较高温度的火焰和电弧中的高温部分，则属于人造的等离子体。

1995年，美国标准技术研究院和美国科罗拉多大学的科学家组成的联合研究小组，首次创造出物质的第五态，即玻色－爱因斯坦凝聚态，这项技术可应用于制造微小的电子回路和量子计算机，有关研究人员因此于2001年获得诺贝尔物理学奖。美国科学家于2004年宣布，他们最近创造出一种新的物质存在形态，并认为该物质形态可望在下一代超导技术中大显身手，其用途将非常广泛。这种新物质形态被称为"费米子凝聚态"，也被称为第六种物质形态。玻色－爱因斯坦凝聚态和费米子凝聚态都是物质在量子状态下的形态。玻色－爱因斯坦和费米都是研究量子力学并卓有成就的物理学家。"费米子凝聚态"是由美国标准技术研究院和美国科罗拉多大学共同研制出来的。领导了这项研究的美国女科学家德博拉·金子在记者会上宣称，"我们成功创造了这种崭新奇异的物质形态"。德博拉·金领导的研究小组是利用过度冷却后的钾原子创造出这项新物质形态，这是朝向制造出一种能在工业和日常生活中使用的超导体的目标又迈进了一步。超导体能够在丝毫不损失能量的情况下传导电能。德博拉·金表示，这项成果是量子科学研究的一大突破，在超导技术上的应用前景非常广阔，有助于下一代超导体的诞生，而下一代超导体技术可在电能输送、超导磁悬浮列车、超导计算机、地球物理勘探、生物磁学、高能物理等研究领域大显身手。德博拉·金 1995 年获得物理学博士，2003 年获得美国麦克阿瑟基金会颁发的"大天才"奖，当时获奖者仅有 24 人。

4.1.2　物质的结构和尺寸

1. 结　构

从哲学上来说，物质就是不依赖于人的意志而客观存在的物体。中学化学告诉我们，世界就是由碳、氢、氧等 100 多种元素构成的。100 来种元素构成了世界万物！这些元素就像小孩子手里的橡皮泥，捏出了世界上的所有东西，同时也在创造着这个世界上现在还没有的东西。然而为什么由氢和氧构成的水、重水、超重水就是不一样？同是由碳构成的金刚石和石墨，在性质上竟有天壤之别？

在物理上，这个问题很容易解决。因为这些物质虽然由同种元素构成，但它们内部的结合方式并不相同。这是一个多么奇妙的世界啊！物理宛如人生：看事物不能只看表面。

然而，我们认识事物，总得先认识它的外表。从物质的外表，我们先粗略地区分开各种物质，然后我们看出不同的物质材料具有不同的性能。例如，金属具有光泽，有较高的强度和塑性，有良好的导电性和导热性；陶瓷材料硬而脆，但耐高温，耐腐蚀；塑料等有机高分子材料密度小，耐腐蚀，电绝缘，但易老化，不耐高温。上述性能，以及物质材料外形，色调，聚集状态等，都能直接地表现出来，为我们的感官所感受到，属于材料的宏观性能。然而材料的宏观性能是物质内部结构的反映。换言之，材料的宏观性能取决于物质的微观结构。所谓物质的微观结构，是物质内部结构的微观差别，包括原子核的外层电子排列方式，原子间的结合力，晶体结构，分子组成，分子结构等。只有认识了材料的微观差别，才能找到材料具有某种特殊性能的根本原因，从而设计出我们需要的材料。

原子核的外层电子排列方式实际就是前面所提到的 100 多种元素所具有

的形式。物质首先取决于其由哪几种元素构成,这些元素是这些物质大厦的砖头。原子间的结合力主要体现在原子间形成的化学键上,化学键包括三个主要类型:金属键,离子键,共价键,另外还有分子间较弱的氢键和范德瓦耳斯力。这些就相当于是物质大厦的泥浆,正是它们把原子这些砖头黏合在一起。化学键的存在解决了许多问题,诸如金属具有导电能力,而塑料、橡胶等高分子材料不具有;金属具有光泽而一些物质无此性能等。了解了这其中的奥妙,我们就可以制造出我们所需要的物质,这也就是材料科学的任务。现在材料科学的三个热门方向:高分子材料,生物材料,纳米材料都是基于物质的内部微观结构。如要造出能导电的高分子材料,可以把乙炔聚合成聚乙炔,它具有共轭双键,电子可以在其长分子链中运动,从而使其具有导电性。生物材料则可以通过改变分子中的一些化学键,从而使整体拥有类似生物的活性。而纳米材料则是通过微小颗粒制造出的微小的具有微观特性的材料。

要进一步深入到粒子世界,还应该提到粒子研究的重要性。毕竟,随着物质内部结构研究的进一步深入,我们需要拥有关于粒子的知识。粒子正在不断地被发现。它对材料等学科的重要性正在日益提高。我们现在知道粒子划分为几种不同的"基本粒子":规范粒子、轻子、夸克等。而在这些粒子里面还可以进一步划分,这就好比一棵树,从树的主干上长出许多分叉,随着年轮数的增多,这棵树的分叉将会越来越多,树也必将随之越来越茂盛。单有粒子可不行,它们得要黏合在一起才能成为物质。物质内部粒子间有四种作用力,仔细分析这四种力的种种表现,其实质性区别是在一定空间范围内由于粒子密度差异产生的不同效果。四种作用力各司其职,使整个物质空间有序,是影响材料性质的决定性因素。我们在设计材料时必须要考虑到它们的存在,计算它们的影响。

材料的发展刚起步,发展的道路漫长而又坎坷,这也正反映了物质微观世界探索的永无止境。从物质的认识层次来说经历了好几个阶段,先是分子、原子,接着是质子、中子、电子等,再是夸克,体积正在一步一步缩小,层次正在一步一步深入,人们对物质的内部的认识也逐步深入。也许是因为考虑到这些,以前命名为"基本粒子"的现在称为"粒子",人们不能确认物质的内部到底还有什么,好似一团包着一粒无限小沙子的纸,你剥开一层又一层,不知剥了多少层,最后还是纸……我们不知道我们现在究竟剥了这些纸的几分之一!曾经有科学家这样说:"自然界中没有绝对的极限。""电子和原子一样,也是不可穷尽的,自然界是无限的,它无限地存在着。"正是物质内部结构探索的永无止境,材料科学研究的空间也才越广阔。一个深邃的世界正向我们展开。我们现在所面临的是如何掌握现在的物质内部结构知识。

当然，单靠本书的几页简单介绍是不足以完整地描述它的。

通过改变物质内部构造，可以造出许多对人类有重大意义的材料。设想用一种新型材料，具有钢铁的坚固，也具有棉花的柔软及轻小质量，来代替现在车身的材料——合金。因为一辆车的质量是一个人的几十倍，试想，燃料是用来运人的呢还是运车？当然这种材料还得具备亲地性，否则风一刮，其断没有还在地之理。除此之外，我们需要的材料太多了。纵观材料的过去和未来，横看物质内部结构的发展，物质世界未来充满了希望和猜想，诱惑着我们去探索、开发。

2. 尺　寸

物理学是探讨物质基本结构和运动规律的学科。从宏观到微观世界的物质研究，就研究对象的空间尺度来看，大小跨越了42个数量级。人类是认识自然界的主体，我们以自身的大小为尺度规定了长度的基本单位——米（meter）。与此尺度相当的研究对象为宏观物体，以著名物理学家伽利略的研究为标志，物理学的研究是从这个层次上开始的，即所谓宏观物理学。上个世纪之交物理学家开始深入到物质的分子、原子层次（10^{-9}—10^{-10}m），在这个尺度上物质运动服从的规律与宏观物体有本质的区别，物理学家把分子、原子，以及后来发现更深层次的物质客体（各种粒子，如原子核、质子、中子、电子、中微子、夸克）称为微观物体。微观物理学的前沿是高能或粒子物理学，研究对象的尺度在10^{-15}m以下，是物理学里的带头学科。

近年来，由于材料科学的进步，在介于宏观和微观的尺度之间发展出研究宏观量子现象的一门新兴的学科——介观物理学。此外，生命的物质基础是生物大分子，如蛋白质、DNA，其中包括的原子数达10^4—10^5之多，如果把缠绕盘旋的分子链拉直，长度可达到10^{-4}m的数量级。细胞是生命的基本单位，直径一般在10^{-5}—10^{-6}m之间，最小的可达10^{-7}m的数量级。从物理学的角度看，这是目前最活跃的交叉学科——生物物理学的研究领域。

现在把目光转向大尺度。离我们最近的研究对象是山川地体、大气海洋，尺度的数量级10^3—10^7m范围内，从物理学的角度看，属于地球物理学的领域。扩大到日月星辰，属于天文学和天体物理学的范围，从个别到太阳系、银河系，从星系团到超星系团，尺度横跨了十几个数量级。物理学最大的研究对象是整个宇宙，最远观察极限是哈勃半径，尺度达到10^{26}—10^{27}m的数量级。宇宙实际上是物理学的一个分支，当代宇宙学的前沿课题是宇宙的起源和演化，20世纪后半叶这方面的巨大成就是建立了大爆炸标准宇宙模型。该模型宣称，宇宙是在100多亿年前的一次大爆炸中诞生的，起初物质的密度和温度都极高，那时既没有原子和分子，更谈不到恒星与星系，有的只是极高温的热辐射和在其中隐现的高能粒子。于是，早期的宇宙成了粒子物理学研究的对象。粒子物理学的主要实验手段是加速器，但加速器能量的提高受到财力、物力和社会等因素的限制。粒子物理学家也希望从宇宙早期演化的观测中获得一些信息和证据来检验极高能量下的粒子理论。就这样，物理学中研究最大对象和最小对象的两个分支——宇宙学和粒子物理学，竟奇妙地衔接在一起，结成为密不可分的姊妹学科，犹如一条怪蟒咬住自己的尾巴。

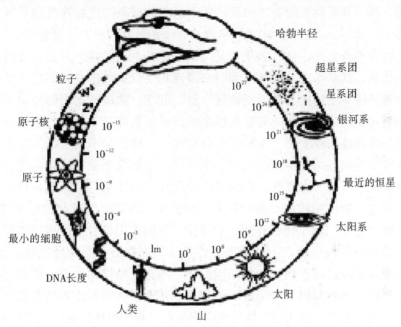

4.1.3　现代物质观

物质观是自然观的主要部分，因为客观世界以物质性为第一性，世界万物全为物质体，这是人类对自然界认识的最基本内容，唯物主义者都具有这样的看法。然而，对世界物质性的认识，随着自然科学、特别是物理学的发展，在不断加深，并且在内容上日益充实、丰富，甚至因新物理理论的建树而发生明显的转变。

任何物质都在运动，我们当然是在做物理运动的物质范畴讨论物质观。牛顿力学建立后所形成的近代物质观，与20世纪转变成的现代物质观的差别颇大。近代物质观有四层主要含义：第一，以实物物质和物质之间的相互作用场——电磁辐射场和引力场为两类物质形态。相互作用场是连续场，其运动变化呈现波动性；物质的最小组元是原子，但已预料物质无限可分。第二，表示实物物质和作用场的运动性状的种种物理量都连续地变化，其运动满足严格的因果律，符合纯粹的决定论原则。第三，物质在时空中运动，但物质运动与时空彼此并无影响。第四，物质客体不依赖于认识主体而独立存在，物质客体等同于物理实在，实在概念并不受制于认识主体的观察测量对客体性状的干扰。

量子论和相对论的诞生和发展赋予物质观以新的含义，尤其是量子概念的建树和深化使现代物质观伴随以相对论时空观，突破了对唯物辩证法的通常理解，与一种采取不同表述形式的哲学思想相联系。现将现代物质观要义简述如下：其一，大质量的宏观、宇观物质体系激发的引力场导致时空弯曲，物质与时空结合为统一体，物质运动与时空结构相互关联。其二，高速运动的物质体系，其基本动力学性质和时空量度均受到运动的显著影响，从而体现唯物辩证法关于物质与其运动的统一性。其三，物质微观层面显示实物粒子与辐射场的统一性，这两类物质形态的任何体系都呈现波粒二象性的共同特征，集波动性和粒子性、连续性和分立性于一体的量子场是物质存在最基本的形式。其四，微观层面与宏观、宇观层面的物质运动相比较，前者以非连续性取代了后者的连续性；作用量子使微观物质体系运动显露种种量子化效应。其五，物质结构层次渐趋深入，但似乎出现难以继续分割的“基本”粒子，各“基本”粒子与强作用、弱作用、电磁作用、引力作用等相互作用场，随着能量尺度的提高，表现出最终趋于同一物质形态的可能性。其六，微观物质体系的运动不满足严格的因果律，不符合纯粹的决定论原则，其固有的统计性规律亦起因于作用量子的存在。其七，物质客体当然不依赖于认识主体而独立存在，但认识主体的观察测量会对物质客体性状产生不可忽略、不可控制的干扰，从而使主体所认识到的物理实在不同于、也不可能同于物质客体的自在状态，亦即实在概念必然受制于“既为观众又为演员”的认识主体所进行的观察测量。

现代物质观导致互补哲学思想在物质深层次探索中占据主导地位。这一种哲学的表述形式似乎把唯物辩证法的通常理解方式拓宽了，它剔除了原来理解中可能出现的机械自在论的色彩，对唯物主义给以更确切、更全面、也就更辩证的说明。

§4.2 固体、液体和气体

4.2.1 固 体

在通常条件下，物质有三种不同的聚集态：气态、液态和固态，液态和固态统称凝聚态。长期以来，在科研、生产和日常生活中都广泛利用固体材料，因此，固体在材料科学技术中占有特殊的地位，按照指定性能设计新的固体材料已经成为固体物理的重要研究内容。近30年来，固体物理已经发展成为物理学中一门独立的综合性学科，成为物理学最广阔和最重要的部门之一。由于各种尖端科学技术对固体材料提出了多种多样的要求，因此，固体物理同现代尖端技术的发展有着非常密切的联系。例如，原子能技术需要耐放射性耐辐射的固体材料；太空飞行、火箭导弹则需要耐高温、耐辐射而且强度高质地轻的合金材料；无线电电子技术需要半导体器件、铁氧体元件等。在科研和生产需要的推动下，新的现象不断发现，新的规律不断揭示，新理论和新技术相互促进相辅相成，从而使得固体物理在近代原子理论的基础上得到了飞速的发展。

1. 晶体和非晶体

固体可以分为晶体和非晶体两大类。岩石、云母、明矾、水晶、冰、金属等都是晶体；玻璃、松脂、沥青、橡胶、塑料、人造丝和最近几十年来才发展起来的以准晶、团簇及纳米材料为代表的结构性材料等都是非晶体。从本质上来说，非晶体可以说是黏滞系数很大的液体。

（1）晶体的宏观特征

①具有规则的几何外形。人们认识晶体，首先是从它们的外部形状开始的。石英、明矾等某些天然晶体的外形都是由若干个平面围成的凸多面体。图4-2-1（a）是NaCl晶体的外形。围成这样的凸多面体的面称为晶面，晶面的交线称为晶棱，晶棱的汇集点称为顶点。同一种晶体的外形，尽管表面上来看是不一样的，但是却有共同的特点，即相应的晶面间的夹角恒定不变，称为晶面角守恒定律。例如，对NaCl晶体各个晶面之间的夹角都是90°。晶面角守恒是晶体学中最重要的定律之一，它可以用来鉴别各种矿石。

   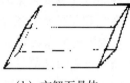

（a）NaCl晶体　　　　　　　　　（b）方解石晶体

图4-2-1

②具有各向异性特征。所谓各向异性是指在各个方向上的物理性质，如力学性质（硬度、弹性模量）、热学性质（热膨胀系数、热导率）、电学性质（介电常数、电阻率）、光学性质（吸收系数、折射率）等都有所不同。例如，在云母片和玻璃片上均匀各涂上一层薄石蜡，用灼热的钢针接触云母片

反面，熔化的石蜡呈椭圆形，而玻璃片上却呈圆形（如图 4-2-2）。这一简单的实验表明晶体结构的云母片热导率是各向异性的，而非晶体的玻璃呈各向同性。又如石墨加热时，某些方向膨胀，另外一些方向却收缩，而玻璃却没有这种现象，说明石墨晶体膨胀也呈各向异性。再如方解石有双折射现象，这是光学各向异性的例子。

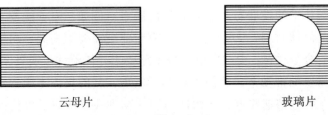

云母片　　　　　　　　　　玻璃片

图 4-2-2

③有固定的熔点和熔解热。晶体在熔点温度下加热时，只要压强不变，其温度也不变，这时晶体逐步熔解为液体，直至全部变为液体为止。单位质量晶体全部熔解所吸收的热量称熔解热。实验发现任一种晶体，压强一定时其熔点及熔解热也一定。但对于非晶体，例如沥青却不同，它没有一定的熔点，加热熔解过程中，先是变软，后是由稠变稀。图 4-2-3 和 4-2-4 分别反映了晶体和非晶体的熔解过程温度 T 和时间 t 的关系。

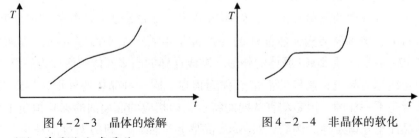

图 4-2-3　晶体的熔解　　　　　图 4-2-4　非晶体的软化

（2）单晶体和多晶体

某些晶体（例如常见的金属）并无规则外形及各向异性的特征。若将金属表面磨光和侵蚀后由金相显微镜观察，发现它是由许多线度约为 10^{-4}—10^{-6}m 范围内的微晶粒组成，实验发现这样的晶粒也具有晶体的上述宏观特征。但微晶粒之间结晶排列方向杂乱无章，这样的晶体称多晶体。显然多晶体在宏观上必然是无规则形状及各向异性的。

需要指出的是，前面所说的晶体的宏观性质主要是针对单晶体而言，在整块单晶体中沿各个方向晶体结构周期性的、完整的重复。天然矿石中体积较大的单晶体很难找到，一般用人工方法培养。但不管是多晶体还是单晶体，只要是由同种材料制成，它在给定压强下的熔点、熔解热是确定的，这是鉴别晶体、非晶体的最简单方法。

对于晶体和非晶体的宏观不同性质，我们自然要问一个问题：为什么两者之间会有性质上的不同？只要深入到晶体的微观结构，就不难得到问题的答案。

2. 晶体的微观结构——空间点阵

对晶体微观结构的认识是随着生产和科学的发展而逐渐深入的。矿物的开采使人们对晶体的外部结构有所了解，在 1669 年就发现了晶体具有恒定夹角的规律。在 18 世纪，由于生产和科学的发展，已提出对晶体成分和结构进行研究的要求。例如，硝石成因的研究和成分的分析，就是在当时火药生产的发展下所提出的任务。在 19 世纪，由于对钢和其他金属原材料在数量和质量上提出了更高的要求，在研究冶炼方法和冶炼过程时，开始研究金属的微观结构，曾用显微镜观察用化学药品腐蚀的金属表面。此外，对各种矿物的鉴定和分析也推动了对晶体结构的进一步了解。如对单晶体外形规则性和物理性质各向异性的研究，1860 年就有人设想晶体是由原子规则排列而成的。1895 年伦琴发现了 X 射线，1912 年就用它作为窥探晶体内部结构的有力工具，利用 X 射线衍射现象，首次确切地证实了晶体内部结构粒子有规则排列的假设。目前，我们已经能够用电子显微镜直接对晶体的内部结构进行观察和照相，更加有力地证明了这种假设的正确性。这种理论上超前的假设，随后被实验物理学家验证的模式，在物理学的发展历史上随处可见。

由于晶体中粒子是有规则地、周期性地排列的，所以，如果用点表示粒子（即分子、原子、离子或原子集团）的质心，则这些点在空间的排列就具有周期性。表示晶体粒子质心所在位置的这些点称为结点，结点的总体称为空间点阵。空间点阵的周期性指的是，从点阵中任何一个结点出发，向任何方向延

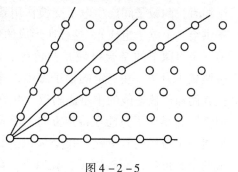

图 4 - 2 - 5

展，经过一定距离后，如果遇到另一个结点，则经过相同的距离后，必遇到第三个结点，如此等等，如图 4 - 2 - 5。这种距离称为平移周期，不同方向有不同的平移周期。

3. 晶体的结合

晶体不被热运动所拆散，相反以一定规则的有序结构结合成一个整体，是因为晶体中各原子间存在由一定的电子配置关系而产生的相互结合力。结合力是决定晶体性质的一个主要因素，晶体结合力也称为化学键，在键形成时所放出的能量称为结合能。化学键有共价键、离子键、范德瓦尔斯键、金

属键四种类型，另外，还有一种介于共价键与离子键之间的结合形式——氢键。

(1) 离子键

离子键相互结合的单位不是原子而是离子，它们之间的结合依靠离子间库仑作用。由于在离子晶体中正负离子相间排列，其最近邻离子是异性离子，次近邻离子是同性离子，因而库仑作用总效果是吸引力，这种库仑吸引力是结合成离子晶体的重要基础。

最典型的离子晶体是 NaCl，如图 4-2-6（a）。钠原子失去一个价电子而成为钠离子 Na^+，氯原子获得一个电子而成为氯离子 Cl^-。从晶体整体来看，每一个 Cl^- 周围有六个 Na^+，每一个 Na^+ 周围也有六个 Cl^-，这时不能再将一个 Na^+ 和邻近的一个 Cl^- 看成一个 NaCl 分子，因此在离子晶体中分子已没有意义。离子晶体是由正、负离子构成的一个整体，是由正、负离子排列形成的空间点阵，这样的结合是最紧密的。由于离子键的相互作用强，因此离子晶体有如下特性：它的硬度较高，有透明感，呈非金属光泽，它是一种中等绝缘体，其熔点很高，在熔体中呈离子导电。离子晶体的键能（即单个键的结合能）约为 $10^5 J \cdot mol^{-1}$ 数量级，例如氯化钠为 $3.14 \times 10^5 J \cdot mol^{-1}$。

(2) 共价键

又称原子键。当形成键的粒子（原子）的一方或双方的电子为非满壳层结构时，两粒子间产生电子交换作用致使形成电子对（通常电子对由每个原子供给一个电子组成），这样所形成的化学键称为共价键。例如一个氢原子与另一个氢原子的结合键便是共价键。这时，两个氢原子共享它们的价电子。按照量子力学，在一定的量子态中，这种"共价键"的价电子有较大的概率处在两原子核连线的中垂面附近。共价键具有"定向性"及"饱和性"。"定向性"是指原子只能在特定方向上形成共价键；"饱和性"是指一个原子只能形成一定数目的共价键。每个氢原子只能形成一个共价键，每个氧原子可形成两个共价键，而碳原子、硅原子、锗原子的外层均有四个价电子，可以形成的共价键最多可达四个，因此它们最易用共价键形成晶体。由共价键组成的晶体称为原子晶体，这时，分布在点阵结点上的粒子是原子。典型的原子晶体有金刚石（C）和金刚砂（SiC）等。在金刚石晶体中，每个碳原子均与邻近的四个碳原子以共价键相结合，如图 4-2-6（b）所示，且每一碳原子都位于正四面体的中心，这就反映出共价键的定向性与饱和性。共价键的作用很强，所以原子晶体强度大、熔点高、升华热高、导电性弱、挥发性弱。半导体中的重要材料硅、锗、碲都是原子晶体。共价键的键能均为 $10^5 J \cdot mol^{-1}$ 数量级。例如金刚石的 C—C 键能为 $3.47 \times 10^5 J \cdot mol^{-1}$。

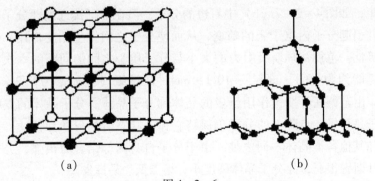

(a)   (b)

图 4 - 2 - 6

（3）共价键中的离子性与氢键

①共价键中的离子性。当结合成共价键的两原子为异类原子时，会出现共价结合与离子结合的过渡形式。若为完全的共价键，则共价键上每对电子的电子云均匀分配在两个邻近电子上；若为完全的离子键，则其中某一个原子的价电子完全转移到另一原子上。实际情况常介于这两者之间，通常引入电离度来描述共价键结合中离子性的成分。共价键离子性最突出的例子是氢键。

②氢键。在冰和氟化氢等晶体中，具有单个共价键的一个氢原子与吸引电子能力很强的氧或氟等元素结合成共价键时，其电子云被氧或氟强烈吸引，其共用电子强烈地偏向氧或氟，这种共价键的离子性特别强，以致氢原子成为"裸露"的质子。这时，这个半径很小、带部分正电荷的"裸露"氢离子除与氧或氟结合外，还可与另一个负极性离子相结合，这种结合键称为氢键。由此可见，一个氢原子若具有氢键，则它可以以两个结合键分别与两个原子相结合，一个是有极性的共价键，另一个是氢键。氢键的键能约为 20kJ·mol^{-1}左右，比共价键小得多。氢键是水和冰的主要结合形式，也是水具有很多特殊性质的主要原因。

（4）范德瓦耳斯键

又称分子键。外层电子已饱和的原子（如氩、氖、氪、氙等）和分子（如 HCl、HBr、CO、O_2 等）在低温下组成晶体时，粒子间有一定的来自分子性偶极子的电相互作用，也有与两分子（或原子）中电子瞬时位置有关的吸引力，这种很微弱的结合力称为范德瓦耳斯键。这种吸引力中比较简单的是如下两种情况：①原子或分子本身是电中性的，但由于它们各自的正电荷中心与负电荷中心不重合，因而具有电极矩（电偶极矩、电四极矩等），例如HCl。如果排列得当，如图 4 - 2 - 7（a）那样排列，原子（或分子）之间就会产生吸引，这称为偶极静电力。②由于结构是对称的，因而分子本身不具有电极矩，如图 4 - 2 - 7 （b）中右边的分子，但在分子接近极性分子时被电极化，并引起分子内电子云的畸变，从而使分子之间发生相互作用，这称为诱导偶极性。范德瓦耳斯吸引力的大小与分子质心之间的间距的六次方成反比，其键能约为 $10^3 J \cdot mol^{-1} - 10^4 J \cdot mol^{-1}$ 数量级（例如氩为 $9.2 \times 10^3 J \cdot mol^{-1}$）。由范德瓦耳斯键作用组成的晶体称分子晶体。分子晶体的点阵结点上的粒子是分子，点阵上的分子仍保持它孤立状态时的形状和性质，这是分子晶体和其他各类晶体不同之处。由于分子自身内部结合力很强，分子之间范德瓦耳斯键很弱，故分子晶体硬度小、熔点低、易挥发。

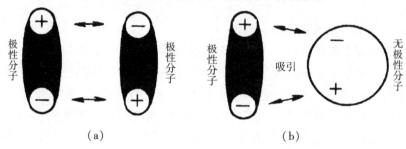

图 4 - 2 - 7

(5) 金属键

金属晶体不同于前面介绍的几种晶体。由于金属原子最外壳层的电子（称价电子）极易被游离，在金属原子结合为晶体时，任一价电子都被置身于相邻离子实的作用范围内，因而使它脱离所在离子实而被整个晶体公有。金属晶体可认为是被浸没在公有化价电子云背景中的正离子实。当这些离子实作周期性排列而构成晶格时，公有化的价电子随时随地均被周围的正电荷离子实所包围，正电荷对它起了屏蔽作用，使穿了屏蔽外衣的价电子之间库仑相互作用可予忽略，而把这些价电子称作自由电子。另一方面，价电子与正离子间的库仑吸引力，又使相邻正离子之间有相互吸引的趋势（例如，若在 A、B 正离子之间有一电子 e^-，则 e^- 对 A 有吸引力，e^- 对 B 也有吸引力，因而使 A 和 B 之间也有相互吸引的趋势）。当两相邻正离子之间距离逐渐减小时，价电子对正离子的吸引力逐渐增加，但同时，相邻离子实的电子云相互重叠的程度也随之增加，因而正离子间排斥力也会随之增加，但由于前者增加得更快，在达到合适距离时，吸引力与排斥力达到平衡，这时就得到一个稳定的金属晶体。由此可见，公有化的价电子起着"胶或水泥"的作用，使原来相互排斥的正离子约束在晶格的格点上。在这里，原子间的结合不是用与共价键相类似的"个体方式"，而是通过属于整个晶体的自由电子的"集体方式"来实现的。由于金属结合首先是一种体积效应，金属结合常使金属原子采取密堆积的方式，如面心立方或六方密排的晶体结构，所以在绝大多数金属键中不会有像共价键那样的定向性。由于金属键无方向性，金属中各粒子在排列上无严格要求，因而金属易于延展并具有较大范性[①]。同样，也由于金属性结合对原子排列无特殊要求，所以比较容易造成排列的不规则性，因而可在晶体中形成很多缺陷。金属键的作用可以很强，因此金属可以具有高的熔点、高的硬度和弱的挥发性。金属内由于存在电子气（自由电子的总体），因而具有良好的导电性和导热性。金属点阵的形式不同，其性质也会不同。例如，体心立方点阵的 α 铁几乎不溶解碳，而面心立方点阵的 γ 铁却可溶解 2% 的碳，γ 铁也比 α 铁的比重大。金属晶体的键能约为 $10^5 J \cdot mol^{-1}$—$10^6 J \cdot mol^{-1}$ 数量级，例如钠的键能为 $10^7 kJ \cdot mol^{-1}$，铜为 $336 kJ \cdot mol^{-1}$。最后需说明，上面介绍的仅是结合键的类型，有些晶体的结合是多种键共同作用的结果。例如，石墨与金刚石同样由碳原子组成，但物理性质有很大差异。这是因为其晶体结构不同，其化学键不同。石墨是由三种键共同作用而结合成，图 4 - 2 - 8 是石墨结构示意图。石墨晶体是铁黑色软质鳞片状晶体，它具有层状结构，层中每一碳原子有三个电子以共价键与同一层中周围三个碳原子相互作用；另一个电子为层中所有的碳原子所共有，它以金属键与层中所有碳原子相互作用；层与层之间则以范德瓦

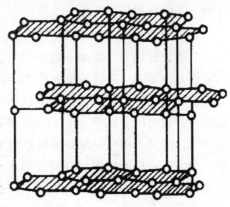

图 4 - 2 - 8 石墨结构示意图

耳斯键相互作用。因此，在石墨晶体中共价键、金属键及范德瓦耳斯键三种键同时起作用。

4.2.2 液 体

液态与气态不同，它有一定的体积。液态又与固态不同，它有流动性，因而没有固定的形状。除液晶外，液态与非晶态固体一样均呈各向同性，这些都是液态的主要宏观特征。本节将介绍液体的微观结构与彻体性质。

1. 液体的微观结构

我们将从液体的微观结构来说明，为什么液体既有短程有序又有长程无序的性质？为什么液体有流动性？

---

① 所谓范性是指外力撤除后仍能存在剩余形变

(1) 液体的短程有序结构

通常晶体熔解时其体积将增加10%左右，可见液体分子间平均距离要比固体约大3%。这说明，虽然液体的分子也与固体中分子一样一个紧挨一个排列而成，但不具有严格周期性的密堆积，而是一种较为疏松的长程无序、短程有序堆积。这是液体微观结构的重要特征之一。

物质的有序结构可以由实验来测定，其中一种常用的方法就是利用X射线、电子或中子射线衍射来测定物质的径向分布函数。径向分布函数是这样来定义的：任选其中的一个分子，以它的质心为中心，画出不同半径的一系列同心球面，要求每相邻两个球面所决定的球壳的体积都相等，而球壳的厚度又要足够小，测出每个球壳中的平均分子数与球壳半径r的函数关系，这就是径向分布函数。显然，理想气体的径向分布函数是一条没有任何起伏的水平线，而液体则是有起伏的曲线。

(2) 液体分子的热运动

实验充分说明，液体中的分子与晶体及非晶态固体中的分子一样在平衡位置附近作振动。在同一单元中的液体分子振动模式基本一致，不同单元中分子振动模式各不相同，这与多晶体有些类似。但是，在液体中这种状况仅能保持短暂时间。以后，由于涨落等其他因素，单元会被破坏，并重新组成新单元。液体中存在一定分子间隙也为单元破坏及重新组建创造条件。虽然任一分子在各单元中居留时间长短不一，但在一定温度、压强下，液体分子在单元中平均居留时间 $\bar{\tau}$ 却相同。一般分子在一个单元中平均振动 $10^2 - 10^3$ 次。对于液态金属，$\bar{\tau}$ 的数量级为 10^{-10} s。

我们可将液体分子的热运动作如下比喻：所有分子都过着游牧生活，短时间迁移和比较长期定居生活相互交替。两次迁移之间所经历平均定居时间，比分子在单元中振动的周期长得多。$\bar{\tau}$ 大小与分子力及分子热运动这一对矛盾有关。分子排列越紧密，分子间作用力越强，分子越不易移动，$\bar{\tau}$ 也越大；温度越高，分子热运动越剧烈，$\bar{\tau}$ 越小，分子也越易迁移。通常情况下，外力作用在液体上的时间总比平均定居时间大得多。在这时间内，液体分子已游历很多个单元，从而产生宏观位移。例如，在单元中的某一分子，由于涨落的结果，可从周围其他分子处吸收足够能量而跳过一定距离后与邻近分子结合为新的单元，然后再居留一段时间再作跳跃，液体的流动就这样产生。若外力作用时间远小于 $\bar{\tau}$，液体不会流动。

需说明的是，液体具有长程无序、短程有序性质，它既不像气体那样分子之间相互作用较弱，也不像固体那样分子间有强烈相互作用，而且由于短程有序性质的不确定性和易变性，很难像固体或气体那样对液体作较严密的理论计算。因此有关液体的理论至今还不是十分完善的。

（3）非晶态固体与液体

虽然非晶态固体属于固态材料，但它的微观结构却与液体非常类同，非晶态固体可认为是一种没有流动性的液体或是 $\bar{\tau}\to\infty$ 的液体。正因为 $\bar{\tau}\to\infty$，外力作用于非晶态固体的时间总是远小于 $\bar{\tau}$，所以它能呈现弹性形变。可以估计到，当外力作用的时间远小于液体的 $\bar{\tau}$ 时，液体也会发生弹性形变、范性形变与断裂。在非常强的冲击力作用下，液体也会像玻璃那样碎裂。例如，据1986年报纸的报导，当年美国"挑战者号"航天飞机坠落，由于抵达海面时速度非常大，宇航飞机撞击水面时就好像撞到强度非常大的钢板上那样被撞成碎片。我们知道，在海面上空的飞机坠入海中后，将受到海水的阻力减速，最后才与海底相撞，它不会被撞成碎片。而"挑战者号"的坠落很可能是因为速度非常大，以致与海水表面撞击的时间比水的 $\bar{\tau}$ 小得多，因而它遇到海水表面好像遇到强度非常大的非晶态钢板一样，被撞击成碎片。可以想象当时被冲击的海水也可能会像钢板那样碎裂。

2. 表面性质

（1）表面张力

很多现象说明，液体的表面犹如张紧的弹性薄膜，有收缩的趋势。例如，钢针放在水面上不会下沉，仅仅将液面压下，略见弯形；荷叶上的小水珠和焊接金属时熔化后的小焊锡滴是呈球形的。既然液体表面像张紧的弹性薄膜，则表面内一定存在着张力。在表面上假想地画一根直线，其两旁的液膜之间一定存在着相互作用的拉力，拉力的方向和所画的线段垂直，液体表面上出现的这种张力，称表面张力。

表面张力的大小可以用表面张力系数 α 来描述。设想在液面上作一长为 L 的线段，则张力的作用表现在线段两边液面以一定的拉力 f 相互作用，而且力的方向恒与线段垂直，大小与线段长 L 成正比，即

$$f=\alpha L \tag{4-2-1}$$

比例系数 α 就是液体的表面张力系数，它表示单位长度直线两旁液面的相互拉力。

不受任何外力作用的液体，即液体所受到的重力和其他外力的合力为零时，在表面张力的作用下应使表面自由能为极小。因表面自由能和表面积成正比，所以液体应取表面积最小的球形。这一结论可以用这样的实验来加以论证：使水和酒精混合物的密度等于橄榄油的密度，混合物中的橄榄油就因重力与浮力抵消而受到的合外力为零，此时油滴的形状呈球形，如图4-2-9所示。

各种液体表面张力系数的数值是不同的，即使是同种液体，在不同的状况下的表面张力系数也是不同的。表面张力系数首先和液体的成分有关，密度小的、容易蒸发的液体的表面张力系数小，特别是液氢和液氦的表面张力系数很小，而熔化的金属的表面张力系数则很大。其次，α 与温度有关，温度升高则减小，实验表明，表面张力系数与温度的关系近似地呈一线

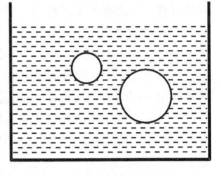

图 4 - 2 - 9 球形的橄榄油

性关系。再者 α 的大小还和相邻的物质的化学性质有关。最后，表面张力还和杂质有关，加入杂质能显著地改变液体的表面张力系数，有的使 α 变大，有的使 α 变小，后者称为表面活性物质，肥皂就是最常见的表面活性物质。在冶金工业上，为了促使液态金属结晶速度加快，就在其中加入表面活性物质。

（2）表面张力的微观机制

从微观的角度上来看，液体的表面并不是一个几何的面，而是有一定厚度的薄层，称为表面层。表面层的厚度等于分子引力的有效作用距离 s。由于表面层内分子力的作用，表面层内出现了张力，这种张力就是表面张力。事实上，由于分子力是由吸引力和排斥力两部分组成的，所以，因液体分子间相互作用引起的应力，也可以分为吸引和排斥两个部分。在液体内部任何一点为圆心作出的引力球（半径为引力作用范围，斥力同）和斥力球内都充满了液体分子，因而在该处的液体分子受到的作用是平衡的。而在表面层内则不同了，斥力的作用半径很小，当然还可认为其内部充满液体分子，但是对引力球来说，如图 4 - 2 - 10 所示就有一部分露出了液面，也就是说引力球破缺了，那么处于球心处的分子则受到一向内部的合引力作用，使得表面层内的分子有趋于液体内部的趋势，也就使得液体表面趋于缩小，直至最小，也就是球面。

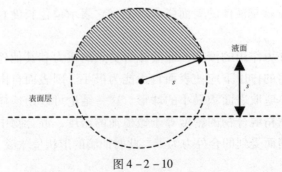

图 4 - 2 - 10

表 4 - 2 - 1　几种液体的表面张力系数

物质	温度（℃）	表面张力系数（$10^{-3} N/m$）
水	18	73
液体空气	-190	12
酒精	18	22.9
苯	18	29
醚	20	16.5
汞	18	490
铅	335	473
铂	2000	1819
水 - 苯	20	33.6
水 - 醚	20	12.2
汞 - 水	20	472

3. 润湿与不润湿　毛细现象

（1）润湿与不润湿

①润湿现象与不润湿现象。水能润湿（或称浸润）清洁的玻璃但不能润湿涂有油脂的玻璃。水不能润湿荷花叶，因而小水滴在荷叶上形成晶莹的球形水珠。在玻璃上的小水银滴也呈球形，说明水银不能润湿玻璃。自然界中存在很多类似的液体润湿（或不润湿）与它接触的固体表面的现象。润湿与不润湿现象是在液体、固体及气体这三者相互接触的表面上所发生的特殊现象。

②对润湿与不润湿的定性解释。在液体与固体接触的液体表面上存在一个表面层，习惯上把这样的表面层称作附着层。在附着层中的表面能可正可负的，这决定于液体分子之间及液体分子与邻近的固体分子之间相互作用强弱的情况。若固体分子与液体分子间吸引力的作用半径为 l，而液体分子之间的吸引力作用半径为 d，则不妨设附着层的厚度是 l 与 d 中的较大者。现考虑附着层中某一分子 A，它的分子作用球如图 4 - 2 - 11 所示，作用球的一部分在液体中，另一部分在固体中。由于 A 分子作用球内的液体分子的空间分布不是球对称的，球内液体分子对 A 分子吸引力的合力不为零。若把这一合力称为内聚力，则内聚力的方向垂直于液体与固体的接触表面而指向液体内部。若把固体分子对 A 分子的吸引力的合力称为附着力，则附着力的方向是垂直于接触表面指向液体外部。虽然附着层中的分子离开固体与液体接触面的距离可各不相同，使所受到的内聚力与附着力也不同，但对于附着层内的分子来说，总存在一个平均附着力 $f_{附}$ 及平均内聚力 $f_{内}$。若 $f_{附} < f_{内}$，附着层内分子所受到的液体分子及固体分子的分子力的总的合力 f 的方向指向液体内

部。这时与液体表面层内的分子一样，附着层内分子的引力势能要比在液体内部分子的引力势能大。引力势能的差值即附着层内分子的表面能，显然，这时的表面能是正的。相反地，若 $f_{附} > f_{内}$，附着层内分子受到的总的合力的方向指向固体内部，说明附着层内分子的引力势能比液体内部分子的引力势能要小，则附着层内分子的表面能是负的。我们知道，在外界条件一定的情况下，系统的总能量最小的状态才是最稳定的。若 $f_{附} > f_{内}$，液体内部分子尽量向附着层内跑，但这样又将扩大气体与液体接触的自由表面积，增加气液接触表面的表面能。总能量最小的表面形状是如图（a）所示的弯月面向上的图形，这就是润湿现象。与此相反，若 $f_{附} < f_{内}$，就有尽量减少附着层内分子的趋势，而附着层的减小同样要扩大气液的接触表面，最稳定的状态是如图（b）所示的弯月面向下的表面形状，这就是不润湿现象。

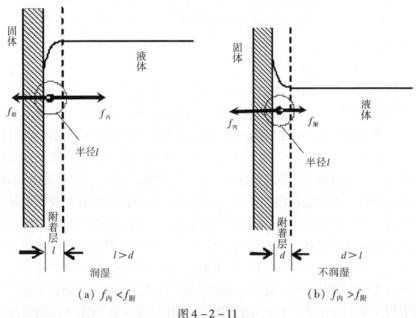

（a）$f_{内} < f_{附}$　　　　　　　　（b）$f_{内} > f_{附}$

图 4 – 2 – 11

③接触角。润湿、不润湿只能说明弯月面向上还是向下，不能表示弯向上或弯向下的程度。为了能判别润湿与不润湿的程度，引入液体自由表面与固体接触表面间的接触角 θ 这一物理量。它是这样定义的：在固、液、气三者共同相互接触点处分别作液体表面的切线与固体表面的切线（其切线指向固—液接触面这一侧），这两切线通过液体内部所成的角度 θ 就是接触角，如图 4 – 2 – 12。显然，$0 \leqslant \theta < 90°$ 为润湿的情形，$90° < \theta \leqslant 180°$ 为不润湿的情形。习惯上把 $\theta = 0$ 时的液面称为完全润湿，$\theta = 180°$ 的液面称为完全不润湿。例如，浮在液面上的完全不润湿的均质立方体木块所受的表面张力的方向是

竖直向上的,这时物体的重力被浮力与物体所受表面张力所平衡。若液体能完全润湿木块,物体所受表面张力的合力方向向下,这时重力与表面张力被浮力所平衡,木块浸在液体中的体积要相应增加。

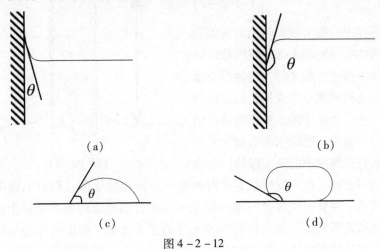

图 4-2-12

④日常生活及工业生产中的润湿与不润湿现象。用自来水笔写字是利用笔尖与墨水间的润湿现象。当笔尖上附有油脂时墨水与笔尖不润湿,因而写不出字,这时只要用肥皂水清洗笔尖,写起字来就流利得多。焊接金属时,首先要用焊药将金属表面上的氧化层洗掉,这样焊锡才能很好地润湿金属。在冶金工业中所用的浮游选矿法也是利用了润湿与不润湿现象。例如,把矿物细末与一定液体混合成泥浆,然后加入酸使之与砂石发生反应而生成气泡。由于矿物与液体不润湿,矿粒黏附在气泡上被气泡带到液体表面上,而砂石能润湿液体,因而沉在槽底,这样就使矿粒与砂石分离。

(2) 毛细现象

内径细小的管子称为毛细管。把毛细玻璃管插入可润湿的水中,可看到管内水面会升高,且毛细管内径越小,水面升得越高;相反,把毛细玻璃管插入不可润湿的水银中,毛细管中水银面就要降低,内径越小,水银面也降得越低,这类现象就称为毛细现象。毛细现象是由毛细管中弯曲液面的附加压强引起的。若将内径较大的玻璃管插入可以润湿的水中,虽然管内的水面在接近管壁处有些隆起,但管内的水面大部分是平的,不会形成明显的曲面,不会产生附加压强,故管内外液面处于相同高度。但是,若插入水中的是毛细圆管,则管内液面便形成半径为 R 的向下凹的曲面,如图 4-2-13 所示。

附加压强使图中弯月面下面的 A 处压强比弯月面上面的 D 点压强低,而 D、C、B 处的压强都等于大气压强 p_0,所以弯曲液面要升高,一直升到其高

度 h 满足 $p_0 - p_A = \rho g h = p_附$ 止，其中 ρ 为液体的密度，于是可得到

$$h = \frac{p_附}{\rho g} \qquad (4-2-2)$$

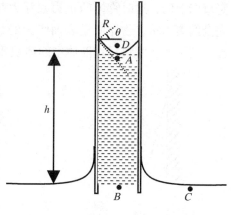

自然界中有很多现象与毛细现象相联系。植物和动物的大部分组织都是以各种各样管道连通起来的。植物根须吸收的水及无机质靠毛细管把它们输送到茎、叶上去。土壤中的水分根据储存情况不同分为重水、吸附水和毛细管水三种。重水在土壤中不能长久保持，它会

图 4-2-13

渗透到地层深处；在土壤颗粒上吸附的水不能被植物吸收；而由土壤中细小孔隙形成的毛细管能使深处的水分源源不断提升到地表的潜水面以上。毛细管水易被植物所利用，它是植物吸收水分的主要来源。根据农作物生长的不同特点，保持恰当的土壤的毛细结构，是丰产的一个重要因素。毛细管水过多，使空气不能流通，过少则植物得不到充足的水分，另外，有时毛细管水上升过高，也会引起土壤的盐渍化及道路冻胀和翻浆等。在防止土壤盐渍化、沼泽化及道路的冻胀和翻浆时，常需了解毛细管水上升的最大高度。地层的多孔矿岩中，也有很多相互联通的极细小的孔道——毛细管。地下水、石油和天然气就贮存于这些孔道中。石油与水在和天然气的接触处形成弯曲液面。石油弯曲液面所产生附加压强阻碍石油在地层中的流动，会降低石油流动速度，使产量降低，情况严重的可使油井报废。在采油工业中，控制和克服毛细管压力是个重要问题，其办法之一是将加入表面活性物质的热水或热泥浆打入岩层，以降低石油的表面张力系数。

4.2.3 气 体

1. 理想气体的状态方程

气体的状态方程是平衡态时气体的温度、压强和体积三者间的函数关系，这种关系与采用的温标有关。建立温标的要素之一是规定温度和测温属性间的关系，这也就部分地确定了这种温标下温度计工作物质状态参量间的关系。理想气体温标是通过定体气体温度计中稀薄气体的压强和定压气体温度计中稀薄气体的体积来定义的。采用理想气体温标时，稀薄气体的状态方程也就部分地确定了。理想气体温标就是当气体压强趋向于零时，

$$T = 273.16\text{K} \cdot p/p_{tr} \quad (\text{定体}) \qquad (4-2-3)$$

$T = 273.16\mathrm{K} \cdot V/V_{tr}$（定压）   (4-2-4)

p_{tr}、V_{tr}分别为气体在水的三相点时的压强、体积。

而当气体压强较低时，压强、体积和理想气体温标温度间近似满足上面两式。式（4-2-3）和（4-2-4）表明，一定量的气体，T 正比于 p 和 V，因而有

$T = pV/C$ (4-2-5)

即 $pV/T = C$ (4-2-6)

这里 C 是常量。上式与式（4-2-3）、（4-2-4）一样，当 $p \to 0$ 时严格成立，当 p 较小时近似成立。事实上实验表明，当气体的温度不太低、压强不太高时，上式就很好地近似成立。因此

$C = \nu p_0 V_{m0}/T_0$ (4-2-7)

这里 p_0、T_0、V_{m0}分别是气体标准状况下的压强、理想气体温标温度和摩尔体积，ν 是气体摩尔数。实验指出，标准状况下所有气体的摩尔体积相等，$p_0 V_{m0}/T_0$ 是与气体种类无关的常量，把该量记作 R 并称为普适气体常量

$$R = \frac{p_0 V_{m0}}{T_0} = \frac{1.01325 \times 10^5 \mathrm{Pa} \times 22.41410 \times 10^{-3} \mathrm{m}^3 \cdot \mathrm{mol}^{-1}}{273.15\mathrm{K}}$$ (4-2-8)

得到 $R = 8.3145\mathrm{J/mol} \cdot \mathrm{K}$，一般可取近似值

$R = 8.31\mathrm{J/mol} \cdot \mathrm{K} = 8.21 \times 10^2 \mathrm{atm} \cdot \mathrm{L/mol} \cdot \mathrm{K}$

上式最后一个值适用于压强以 atm 为单位，体积以 L（升）为单位情形。在国际单位制中，压强的单位是帕斯卡，简称帕，记作 Pa，$1\mathrm{Pa} = 1\mathrm{N} \cdot \mathrm{m}^{-2}$。引入 R 后，$C = \nu R$，于是

$pV = \nu RT$ (4-2-9)

上式就是气体的状态方程，由它可得气体的一系列实验定律。

（1）玻意耳定律

从式（4-2-9）直接可得：一定量气体的温度保持不变时，它的压强和体积的乘积是一个常量，即

$pV = $ 常量   （等温）   (4-2-10)

这个结论是英国化学家、物理学家玻意耳（R. Boyle）于 1662 年首先从实验中发现的。1676 年法国物理学家马略特（E. Mariotte）独立地得到同样结果，数据更令人信服，这个结论称为玻意耳定律或玻意耳-马略特定律。

（2）盖-吕萨克定律

由式（4-2-9）知，保持压强不变时，

$V/T = $ 常量   （等压）   (4-2-11)

采用摄氏温标，上式可改写为

$$V = V_0 \left(1 + \frac{t}{273.15}\right) \quad （等压） \tag{4-2-12}$$

这里 V_0 是 $t=0℃$ 时气体的体积。法国化学家盖-吕萨克（J. L. Gay-Lussac）首先于1802年从实验上发现等压条件下气体体积与摄氏温度为线性关系，这称为盖-吕萨克定律。现在可以把式（4-2-11）和（4-2-12）看作盖-吕萨克定律的数学表达式。

（3）查理定律

气体体积保持不变，则

$p/T = 常量 \quad （等体）$ \hfill （4-2-13）

等体条件下气体压强与摄氏温度有线性关系首先由法国科学家查理（J. A. C. Charles）于1787年得到。

（4）阿伏加德罗定律

在同温度和同压强下，1mol 任何气体所占体积都相同。这结论首先由意大利物理和化学家阿伏加德罗（C. A. Avogadro）提出，这里也可从式（4-2-9）得到。

由推理过程知，式（4-2-10）至（4-2-13）在气体温度不太低，压强不太高时近似成立，压强趋于零时严格成立。上面根据理想气体温标的定义及标准条件下1mol气体的体积都为 V_{m_0} 的事实，先列出状态方程（4-2-9），然后由它得气体实验定律。这种推理过程中，理想气体温标起着重要作用。但不要因此而产生误解，认为状态方程（4-2-9）完全是人为因素的产物。事实上，理想气体温标的建立有坚实的实验基础，它反映了稀薄气体的共性。因此，由它而得的状态方程（4-2-9）也有深厚的实验基础，该方程反映了稀薄气体真实的物理性质。当然也可根据气体实验定律导出状态方程（4-2-9），历史是沿着后一路线发展的。

热力学定义：状态方程严格为式（4-2-9）、内能仅为温度函数的气体为理想气体。由上面的讨论可看出，理想气体只是一种理论模型，实际气体不是严格的理想气体。但在压强较小、温度较高时，特别是压强很低，也就是气体很稀薄时，真实气体可近似认为是理想气体。一般情形下，当压强低于 2 atm 时，把真实气体当作理想气体处理带来的误差不会超过百分之几。还可将理想气体状态方程改写为另一有用形式，由式（4-2-9）得

$$p = \frac{\nu RT}{V} = \frac{1}{V} \cdot \frac{N}{N_A} RT = \frac{N}{V} \cdot \frac{R}{N_A} T \tag{4-2-14}$$

式中 N 是气体系统总分子数，N_A 为阿伏加德罗常量，因而，$n = N/V$ 是气体系统分子数密度。常量比 R/N_A 常出现于与热现象有关的问题中，用 k 表示，

并叫做玻尔兹曼常量（Boltzman's constant）, $k = R/N_A = 1.380658 \times 10^{-23} \text{J/K}$, 于是

$$p = nkT \qquad (4-2-15)$$

标准状况下的气体分子数密度也是基本物理常量，称为洛施密特数（Loschmidt's number），记作 n_0，其值为

$$n_0 = 2.6876 \times 10^{25} \text{m}^{-3} \qquad (4-2-16)$$

由上面讨论知，理想气体状态方程中的 T 本是理想气体温标中的温度。当然，在承认理想气体温标温度与热力学温度一致后，也可把它看作热力学温度，但就其原始意义看，它本应是理想气体温标中的温度。这一点在以后讨论热力学温度时要用到。

对于含有几种不同化学成分的混合气体有一条基本实验定律——道尔顿分压定律，它指出：混合气体的压强等于各组分的分压强之和。所谓一组分的分压强指这组分气体在同样温度下单独占有原混合气体的体积时的压强。用公式表示即

$$p = \sum_{i=1}^{n} p_i \qquad (4-2-17)$$

道尔顿分压定律也只在混合气体压强较低时才近似成立，理想气体严格遵从道尔顿分压定律。

2. 理想气体的压强

理想气体宏观上，严格遵循状态方程 $pV = \nu RT$，微观上有几点要求：一是分子本身的线度远小于分子平均间距，亦即分子线度可以忽略，将分子当作质点；二是除碰撞瞬间外分子之间、分子和器壁之间不计其他任何作用；三是碰撞都是弹性的。气体对容器壁的压力可以看成是气体分子对壁频繁碰撞的结果，正如下雨天雨点对伞的作用，压强是大量分子在单位时间内对单位面积器壁碰撞冲量的平均效果。理论上利用柱体的方法，可以得到理想气体的压强为

$$p = \frac{2}{3} n \bar{\varepsilon} \qquad (4-2-18)$$

式中，n 为分子数密度，$\bar{\varepsilon}$ 为分子热运动的平均动能。可见，压强是一个统计的概念，单个分子无压强可言。

3. 真实气体

只有当气体温度不太低，压强不太高时，才近似可用理想气体状态方程。表 4-2-2 给出了 0 ℃时（1/22.4L）摩尔氮气在不同压强下的 pV 值，按理想气体状态方程它应等于恒定值 $\nu RT = 1.000 \text{ atm} \cdot \text{L}$，表中数据表明，当压强

大于 500 atm 时，真实气体偏离理想气体甚远。在许多实际问题中会遇到低温和高压气体，或者，虽然压强不太高但要求状态方程有更高的精度，为此，对真实气体提出了各种状态方程，最典型的是范德瓦耳斯方程。

范德瓦耳斯方程（van der Waals equation of state），是考虑分子占有一定体积和分子间吸引力，对理想气体状态方程进行修正后得到摩尔气体的状态方程。

表 4-2-2　0℃时氮气理想气体状态方程和范德瓦耳斯方程准确度比较

压强/atm	pV/（atm·L）	$\left(p+\nu^2\dfrac{a}{V^2}\right)(V-\nu b)$／（atm·L）
1	1.000	1.000
100	0.9941	1.000
200	1.0483	1.000
500	1.3900	1.014
1000	2.068	0.983

注：氮气摩尔数为 $\nu=1/22.4$，因而 $\nu RT=1.000$ atm·L

$$\left(p+\frac{a}{V_m^2}\right)(V_m-b)=RT \qquad (4-2-19)$$

这方程于 1873 年由范德瓦耳斯推得，称为范德瓦耳斯方程。V_m 为一摩尔气体所占体积，a、b 称为范德瓦耳斯常量，它们由实验测得。

4. 分子运动论

分子运动论是从物质的微观结构出发来阐明热现象的规律的。具体地讲，分子运动论以下述一些概念为基本出发点，这些概念都是在一定的实验基础上总结出来的。

（1）宏观物体是由大量微粒——分子（或原子）组成的

许多常见的现象都能很好地说明宏观物体由分子组成的不连续性，在分子之间存在着一定的空隙。例如气体很容易被压缩，又如水和酒精混合后的体积小于两者原有体积之和，这都说明分子间有空隙。有人曾用 20000 atm 的压强压缩钢筒中的油，结果发现油可以透过筒壁渗出，这说明钢的分子间也有空隙。目前用高分辨率的电子显微镜已能观察到某些晶体横截面内原子结构的图像，这使宏观物体由分子、原子组成的概念得到了最有力的证明。

（2）物体内的分子在不停地作热运动

物体内的分子在不停地运动着，这种运动是无规则的，其剧烈程度与物体的温度有关。在图 4-2-14 所示的容器 A 和 B 中贮有两种不同的气体，例如 A 中贮有空气，B 中贮有褐色的溴蒸气。把活塞打开后，可以看到褐色的溴蒸气将逐渐渗入容器 A，与空气混合。经过一段时间，两种气体就在连通容器 A、B 中混合均匀，这种现象叫做扩散。溴气的比重比空气的大得多，在重力作用下溴气不可能往上流，所以这说明扩散是气体的内在运动，即分子运动的结果。在液体和固体中同样会发生扩散现象。例如在清水中滴入几滴红墨水，经过一段时间后，全部清水都会染上红色。又如把两块不同的金属紧压在

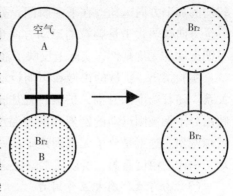

图 4 - 2 - 14

一起，经过较长的时间后，在每块金属的接触面内部都可发现另一种金属成分。总之，扩散现象说明一切物体（气体、液体、固体）的分子都在不停地运动着。

　　分子太小，很难直接看到它们的运动情况，但可从一些间接的实验观察中了解到它们的运动特点。在显微镜下观察悬浮在液体中的小颗粒（如悬浮在水中的藤黄粉或花粉的颗粒）时，可以看到这些颗粒都在不停地做无规则运动。如果把视线集中在任意一个颗粒上，就可以发现它好像不停地在做短促地跳跃，方向不断改变，毫无规则。这种悬浮颗粒的运动，最早是由英国人布朗（Brown）发现的，称为布朗运动。起初认为它是由于外界影响（如震动、液体的对流等）引起的，但是后来精确的实验指出，在尽量排除外界干扰的情况下，布朗运动仍然存在，并且只要悬浮颗粒足够小，在任何液体和气体中都会发生这种运动。此外，各个颗粒的运动情况互不相同，也说明布朗运动不可能是外界影响引起的。

　　关于布朗运动需要注意以下几点：

　　①并非分子运动，但是间接地反映了分子的无规则运动；

　　②微粒要足够小才能显著；

　　③和温度相关，温度高则剧烈，温度低则不剧烈。

　　悬浮颗粒为什么会做不规则运动呢？为了说明这个问题，可以假设液体分子的运动是无规则的。所谓"无规则"指的是：由于分子之间的相互碰撞，每个分子的运动方向和速率都在不断地改变；任何时刻，在液体或气体内部，沿各个方向运动的分子都有，而且分子运动的速率有大有小。

　　棍据分子无规则运动的假设，不难对布朗运动作出解释。液体内无规则运动的分子不断地从四面八方冲击悬浮颗粒，当颗粒足够小时，在任一瞬间，分子从各个方向对颗粒的冲击作用是互不平衡的，这时颗粒就朝着冲击作用

较弱的那个方向运动。在下一瞬间，分子从各个方向对颗粒的冲击作用在另一个方向较弱，于是颗粒的运动方向也就改变了。因此，在显微镜下看到的布朗运动的无规则性，实际上反映了液体内部分子运动的无规则性。

实验指出，扩散的快慢和布朗运动的剧烈程度都与温度的高低有显著的关系。随着温度的升高，扩散过程加快，悬浮颗粒的运动加剧。这实际上反映出分子无规则运动的剧烈程度与温度有关，温度越高，分子的无规则运动就越剧烈。这就是分子无规则运动的一种规律性。正是因为分子的无规则运动与物体的温度有关，所以通常就把这种运动叫做分子的热运动。

（3）分子之间有相互作用力

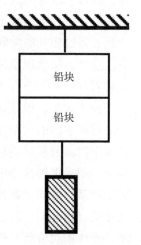

既然物体的分子在不停地做无规则热运动，那么，为什么固体和液体的分子不会散开而能保持一定的体积，并且固体还能保持一定的形状呢？很显然，这是因为固体和液体的分子之间有相互吸引力。分子之间有相互吸引力的现象可以用一个简单的演示实验来说明。取一根直径为 2cm 左右的铅柱，用刀把它切成两段，然后把两个断面对上，在两头加不大的压力就能使两段铅柱重新结合起来，如图 4 - 2 - 15 所示，这时即使在一头吊上几千克的重物，也不会把会合上的两段铅柱拉开。

既然加不大的压力就能使两段铅柱接合起来，那么，为什么加很大的压力却不能使两片碎玻璃拼成一

图 4 - 2 - 15

片呢？这是因为只有当分子比较接近时，它们之间才有相互吸引力作用。铅比较软，所以加不大的压力就能使两个断面密合得很好，使两边的分子接近到吸引力发生作用的距离。相反，玻璃较硬，即使加很大的压力也不可能使接触面两侧的分子接近到吸引力发生作用的距离。但是，如果把玻璃加热，使它变软，那么就可以使变软部分的分子接近到吸引力发生作用的距离，这样就能使两块玻璃连接起来了。

固体和液体是很难压缩的，这说明分子之间除了吸引力，还有排斥力。只有当物体被压缩到使分子非常接近时，它们之间才有相互排斥力，所以排斥力发生作用的距离比吸引力发生作用的距离还要小。

综上所述，一切宏观物体都是由大量分子（或原子）组成的；所有的分子都处在不停的、无规则热运动中；分子之间有相互作用力，分子力的作用将使分子聚集在一起，在空间形成某种规则的分布（通常叫做有序排列），而分子的无规则运动将破坏这种有序排列，使分子分散开来。事实上，物质分

子在不同的温度下所以会表现为三种不同的聚集态，正是由这两种相互对立的作用所决定的。在较低的温度下，分子无规则运动不够剧烈，分子在相互作用力的影响下被束缚在各自的平衡位置附近做微小的振动，这时便表现为固体状态。当温度升高，无规则运动剧烈到某一限度时，分子力的作用已不能把分子束缚在固定的平衡位置附近做微小的振动，但还不能使分子分散远离，这样便表现为液体状态。当温度再升高，无规则运动进一步剧烈到一定的限度时，不但分子的平衡位置没有了，而且分子之间也不再能维持一定的距离。这时，分子互相分散远离，分子的运动近似为自由运动，这样便表现为气体状态。

5. 气体分子按速度分布规律

19 世纪，分子运动论得到迅速的发展。1857 年克劳修斯把分子看成是无限小的质点，首先计算出气体的压力、温度和体积间的关系。1858 年，克劳修斯引入了自由程的概念，即气体分子相继两次碰撞间所经的路程。1859 年，麦克斯韦用平均自由程和他提出的气体分子速度分布的概念得到了气体输运系数（扩散、黏滞、热传导）的公式。同年，他找到了平衡态的分布函数，认为各个分子运动的速度并不相同，得出速度分布定律，用现在的形式可写成

$$n_1 = n\left(\frac{m}{2\pi kT}\right)^{3/2} \exp\left[-\frac{m}{2kT}\left(v_x^2 + v_y^2 + v_z^2\right)\right] \mathrm{d}x\mathrm{d}y\mathrm{d}z\mathrm{d}v_x\mathrm{d}v_y\mathrm{d}v_z \quad (4-2-20)$$

式中，n_1 是体元 $\mathrm{d}x\mathrm{d}y\mathrm{d}z\mathrm{d}v_x\mathrm{d}v_y\mathrm{d}v_z$ 中的分子数目。但是当时麦克斯韦推证此式的方法是不够完善的。1868 年玻耳兹曼给出了更严格的证明。由速度分布定律可以得到分子按速率分布的形式，从而给出分子在 $v \sim v + \mathrm{d}v$ 区间内分子占总分子数的比率为

$$\frac{\mathrm{d}N}{N} = f(v)\,\mathrm{d}v = 4\pi\left(\frac{m}{2\pi kT}\right)^{3/2} \exp\left(-\frac{-mv^2}{2kT}\right) v^2\mathrm{d}v \quad (4-2-21)$$

其中的 $f(v)$ 称速率分布函数，它和速率 v 的关系如图 $4-2-16$ 所示。这一理论上的预言，后来通过分子射线束实验得到了很好的验证。

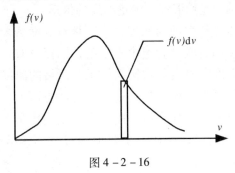

图 $4-2-16$

§4.3 热与物质的相互关系

人们在长期的探讨热与物质的相互关系过程中发现了一系列的定律,本节将重点阐述热力学第零定律、热力学第一定律、热力学第二定律和热力学第三定律。

4.3.1 热力学第零定律与热平衡

一个处于任意平衡状态的系统,在没有宏观功的条件下,靠系统与外界直接相互作用以改变系统状态的方式称热接触或热交换。两个热力学系统进行热接触时,系统原来的平衡状态一般都将发生变化,经过足够长的时间之后,系统的状态不再发生变化,这时可以认为两个系统处于热平衡。如果两个系统热接触时,状态没有发生变化,则说明两个系统已是互为热平衡的,可以认为互为热平衡的两个系统的冷热程度相同。

如图 4-3-1,若有 A、B、C 三个处于任意确定的平衡态的系统,而系统 A 和系统 B 是互相绝热的。令 A 和 B 同时与系统 C 相互热接触,经过足够长的时间后,A 和 B 都将与 C 达到热平衡。这时使 A 和 B 不再绝热而相互热接触,实验证明,A 和 B 的状态都不发

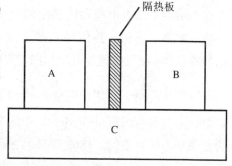

图 4-3-1

生变化,即 A 和 B 也是处于热平衡的。此实验事实说明,如果两个热力学系统各自与第三个热力学系统处于热平衡,则它们彼此也必处于热平衡。这一实验结论叫做热平衡的传递性,或叫做热平衡定律。

热平衡定律是热力学中的一个基本实验定律,其重要意义在于它是科学定义温度概念的基础,是用温度计测量温度的依据。

温度是表征物体冷热程度的物理量,这是对温度概念的通俗理解。物体的冷热程度是从人类的直觉观念引申出来的,因而具有一定的主观因素,通过直觉来判断物体温度有时会导致错误结果。严格的温度定义是建立在热平衡定律基础上的。热平衡定律指出:处于任意状态两物体的状态参量,在两个物体达到热平衡时不能取任意值,而要受一定的数学关系的约束。它指出两物体相互处于热平衡时,存在一个数值相等的态函数,这个态函数称为温度。

温度具有标志一个物体是否同其他物体处于热平衡状态的性质，它的特征就在于一切互为热平衡的物体都具有相同的数值。从微观上看，温度反映了组成宏观物体的大量分子无规则运动的剧烈程度，是大量分子热运动平均能量的量度；物体的温度愈高，组成物体的分子平均动能也愈大。可见，温度是组成物体的大量分子热运动的集体表现，因而具有统计的意义。对于单个分子来说，温度是没有意义的。

热平衡定律不仅给出了温度的概念，而且指明了比较温度的方法：处于热平衡的一切物体都具有相同的温度，所以比较各个物体的温度时，只需将一个选为标准的物体分别与各个物体接触，经过一段时间，两者达到热平衡，标准物体的温度就是待测物体的温度，这个标准物体叫做温度计。对温度计的限制是它的热容必须足够小，使得在它与待测物体接触而进行热交换的过程中，待测物体原状态几乎不变。

为实现温度的测量，还需要规定温度的数值表示法——温标。历史上首先采用了经验温标，包括摄氏温标、华氏温标、兰氏温标等，热力学第二定律建立后，定义了一种与测温系统性质无关的温标——热力学温标。对应于各种温标可以得到温度的不同表示，如摄氏温度、华氏温度等。由热力学温标所定义的热力学温度是具有最严格科学意义的温度，通常采用气体温度计进行热力学温度的测量。由于气体温度计的复现性较差，国际间又协议定出实用性的标准温标——国际实用温标，以统一国际间的温度量值，并使由国际实用温标定出的温度尽可能地接近相应的热力学温度，相对地具有一定稳定性。中国计量科学研究院用一套装置来复现国际实用温标，并以此作为中国最高的温度标准。

在热力学中，温度、内能、熵是三个基本的状态函数，内能是由热力学第一定律确定的；熵是由热力学第二定律确定的；而温度是由热平衡定律确定的。所以热平衡定律如第一定律和第二定律一样也是热力学中的基本实验定律，其重要性不亚于热力学第一定律和第二定律，但由于人们是在充分认识了热力学第一定律和第二定律之后才看出此定律的重要性，故英国著名物理学家佛勒称它为热力学第零定律。

4.3.2　热力学第一定律与能量守恒定律

热力学第一定律是热力学的基本定律之一，是能量守恒和转换定律在一切涉及热现象的宏观过程中的具体表现。能量守恒和转换定律的内容是：自然界一切物质都具有能量，能量有各种不同的形式，能够从一种形式转换为另一种形式，从一个物体传递给另一个物体，在转换和传递的过程中，各种形式能量的总量保持不变。

1. 历史回顾

从 18 世纪末到 19 世纪中叶这段时期里，人类在积累的经验和大量的生产实践、科学实验基础上建立了热力学第一定律。在此过程中，德国医生迈尔和英国物理学家焦耳作出了重要贡献，他们各自通过独立地研究做出了相同的结论。1842 年迈尔在《论无机界的力》一文中，曾提出了机械能和热量的相互转换原理，并由空气的定压比热容同定容比热容之差计算出热功当量的数值。1845 年出版的《论有机体的运动和新陈代谢》一书，描述了运动形式转化的 25 种情况。焦耳从 1840 年起做了大量有关电流热效应和热功当量方面的实验，于 1840—1845 年间陆续发表了《论伏打电池所生的热》、《电解时在金属导体和电池组中放出的热》、《论磁电的热效应及热的机械作用》以及《论由空气的胀缩所产生的温度变化》等文章。他通过各种精确的实验直接求得了热功当量的数值，其结果的一致性给能量守恒和转换定律奠定了坚实的实验基础。除了迈尔和焦耳之外，还有许多科学家也对热力学第一定律的建立作出过贡献。如 1839 年塞甘发表了论述热化学中反应热同中间过程无关的定律的文章，1843 年焦耳发表了测定热功当量的实验结果，1847 年亥姆霍兹在有心力的假设下，根据力学定律全面论述了机械运动、热运动以及电磁运动的"力"互相转换和守恒的规律等等。在这段历史时期内，各国的科学家所以能独立地发现能量守恒和转换定律，是由当时的生产条件所决定的。从 18 世纪初到 18 世纪后半叶，蒸汽机的制造、改进和在英国炼铁业、纺织业中的广泛应用，以及对热机效率、机器中摩擦生热问题的研究，大大促进了人们对能量转换规律的认识。

2. 系统内能及其变化

热力学第一定律涉及内能同其他能量形式间的相互转换，它给出了系统在状态发生变化的过程中，从外界吸收的热量、对外界做的功以及系统本身内能的变化三者间的定量关系。

利用焦耳测定热功当量的实验装置，把装置中的水作为绝热系统，系统开始处于某一平衡状态 I，靠外界对水做功使之达到终了的平衡状态 II。实验结果表明，系统由态 I 经各种绝热过程到达态 II 时，外界对系统所做的功都相等。由此得到结论：绝热过程中外界对系统所做的功只同系统的初态和终态有关，而同中间经历什么状态无关。因此这个功的值必定等于一个态函数在终态及初态的差值，这个函数称为内能，用 U 表示，于是有

$$\Delta U = U_{II} - U_{I} = A \tag{4-3-1}$$

式中 A 为外界对系统所做的功，U_I、U_{II} 分别代表系统在态 I 与态 II 的内能值，

因而可以用 $U_{\mathrm{II}} - U_{\mathrm{I}}$ 表示系统经历一绝热过程由态 I 到态 II 时其内能的增加量。式（4-3-1）说明在绝热过程中，外界对系统所做的功等于系统内能的增加，这正是能量守恒与转换定律在绝热条件下的特殊情况。

3. 第一定律的数学表述

为建立第一定律的数学表述，可将式（4-3-1）推广到非绝热过程，以所研究的系统 M 同另一系统 N 一起构成一个大绝热系统 $M+N$，但 M 同 N 之间不绝热、不做功，大系统对外界所做的功仅由 M 来完成，即 $A = -A_M$，大系统的内能为 M 及 N 两者内能之和 $U_M + U_N$。当大系统经历一过程时，根据式（4-3-1）应有 $\Delta(U_M + U_N) = -A_M$。令 $\Delta U_N = -Q$，则

$$\Delta U_M = Q + A \tag{4-3-2}$$

Q 称为系统 M 所吸收的热量，它实质上是系统 N 所减少的内能。由于 N 对 M 和外界均没有做功，所以系统 N 减少的内能以传热方式传给了系统 M。因上式中的系统 M 是任意的，可去掉角标 M，则有

$$\Delta U = Q + A \tag{4-3-3}$$

这就是热力学第一定律的普遍数学表达式。它的物理意义为，在任一过程中，系统的状态函数内能的改变在数值上等于该过程中系统吸收的热量和外界对系统所做的功的总和。第一定律揭示了热量是被传递的能量，是与功相当的同过程有关的量，不是什么"热质"，也不是热力学系统的状态参量。上面的式子也称为热力学第一定律的积分形式，若考虑一无限小的过程，则等价的微分表达式为

$$\mathrm{d}U = đQ + đA \tag{4-3-4}$$

需要注意的是：其中 $\mathrm{d}U$ 是全微分，而 Q 和 A 前的 d 加上一横均表示小量，它们不是全微分，因为 Q 和 A 均同过程有关，它们是过程量，不是状态量。

式（4-3-3）表达的是封闭系统（同外界没有物质交换的系统）的热力学第一定律。如果系统是开放的，与外界既可以有功和热量的作用，还可以有交换物质的相互作用，则第一定律表示成为

$$\Delta U = Q + A + Z \tag{4-3-5}$$

式中的 Z 表示因有物质由外界进入系统而带入的能量数值。第一定律还可应用于化学反应的系统。

在热力学第一定律的公式（4-3-3）、（4-3-4）、（4-3-5）中，重要的是内能这个量，它是在平衡态条件下定义的，不能任意地把它应用于非平衡态。因此需作两点说明：①在公式中仅仅涉及初、终二态，所以仅要求系统的初态和终态是平衡的，而不论中间所经历的状态是否平衡。②这些公

式可以推广到处于局域平衡的系统。所谓局域平衡指的是就系统整体看处于非平衡态，而就其每一宏观小的局部看可近似地认为处于平衡态。因而整个系统的内能 U 在一定的条件下，等于各小部分内能 U_i 之和，即 $U = \sum U_i$。

"第一类永动机是不可能造成的"是热力学第一定律的另一种表述方式。在第一定律确立前，曾有许多人幻想制造一种不消耗能量但可以做功的机器，称为第一类永动机，但最终都以失败而告终。制造这种永动机的努力的彻底失败，从反面促进了能量守恒和转换定律的建立。由于机器必须能连续工作，即要求其工作物质（热力学系统）必须完成循环，因而工作物质的内能不变 $\Delta U = 0$，由式（4-3-3）得。这表明系统在一循环中，对外界做的功应等于在该循环中从外界吸收的热量。如果不吸热，$Q = 0$，则必有 $A = 0$。显然若不从外界吸热，却对外做了不等于零的功，这是违背能量守恒和转换定律的。实际上也违背了一个非常朴实的道理：无中生有是不存在的！热力学第一定律有广泛的应用，是一切热力学过程必需遵从的规律。能量转化与守恒定律，是反映物质运动及其转化的自然界的基本规律。它表明，自然界中各种不同的运动形式总是不断地相互转化，在转化过程中运动的量是守恒的。恩格斯对能量转化与守恒定律作过精辟的论述，深刻地分析了定律所包含的内容，第一次给出了这一定律科学的名称。

能量转化与守恒定律是在人类进入电气时代初期，随着生产不断发展、科学实验水平不断提高的前提下，科学家们不约而同地从物理学、化学、生命科学、哲学等各个方面攻关所获得的丰硕成果，各路科学大军胜利会师在追索自然界普遍法则的交汇点处。这表明在与自然界的奋战中，科学家们的群体力量是何等巨大！

能量转化与守恒定律的获得，是指宇宙是和谐的、统一的、简单的，自然规律是在可知的思想观念指引下实现的。这表明正确的哲学思想在自然科学发展过程中具有巨大的指导作用。

能量转化与守恒定律的获得，是自然科学领域中的一次重大突破。它为自然科学的发展提供了牢固的科学依据，恩格斯称它为"绝对的自然规律"，并将它与细胞学说、生物进化论合称为对建立辩证唯物主义世界观具有决定意义的"三大发现"。

4.3.3　热力学第二定律与熵

1. 热力学第二定律

热力学第二定律是指明一切涉及热现象实际宏观过程方向的热力学定律，它指出了宏观过程的不可逆性。

（1）发展简史

在制造第一类永动机的各种努力失败以后，人们希望能制造出工作效率达100%的热机。18世纪第一台蒸汽机问世以后，经过许多人的改进，特别是纽可门、瓦特的工作，热机的效率提高了很多，但继续提高效率的途径何在？效率是否有上限？一直是工程师们关心的问题。1824年法国青年工程师卡诺发表了《论火的动力》的论文，解决了上述两个问题。卡诺实质上已发现了热力学第二定律，但由于受热质说影响，使他未能彻底认清这一工作的意义。克劳修斯审查了卡诺的工作，于1850年提出热力学第二定律的定性表述。1851年开尔文也独立地从卡诺的工作中发现了热力学第二定律。1854年克劳修斯引入了后来定名为"熵"的热力学函数，赋予第二定律以数学的表述形式，使之便于和热力学第一定律联合起来，应用于各种具体问题。

（2）热机效率

热机的效率 η 定义为 $\eta = A/Q_1$，Q_1 为热机工作物质在一个循环中从外界吸收的热量，A 为系统对外做的有用功。热机中的工作物质经过一循环回到原来的状态，其内能不变；若机器吸收的热量为 Q_1，放出的热量为 Q_2，则所做的有用功 A 应为 $Q_1 - Q_2$，热机效率又可表示为 $\eta = (Q_1 - Q_2)/Q_1$。可见，如果放热 $Q_2 = 0$，就会得到 $\eta = 1$ 的热机，它的效率为100%。假若真能造出这种热机，就能够以大气或海洋为取之不尽、用之不竭的能源，因此人们称之为第二类永动机。但是种种努力最终都以失败而告终，这就表明第二类永动机的实际过程中违背了某一客观定律，这就是热力学第二定律。

（3）第二定律的表述

热力学第二定律有多种表述方式。最常用的表述是以下两种。

克劳修斯表述：不可能把热从低温物体传到高温物体而不产生其他影响。也就是说，不可能有这样的机器，它完成一个循环后唯一的效果是从一个物体吸热并放给高温的物体。

开尔文表述：不可能从单一热源取热，使之完全变为有用的功而不产生其他影响，又可表述为：第二类永动机是不可能造成的。

可以通过严格的逻辑推理证明，克氏及开氏两种表述是等价的。开氏表述的另一种形式是普朗克表述：不可能制造一个机器，在循环动作中把一个重物升高而同时使一热源冷却。这里普朗克把开尔文表述中的热和功具体化了，指明是焦耳热功当量实验中量热器的热和重物升高所需的功。因为循环动作中一切参与的物体都回复原状，所以没有其他变化。

热力学第二定律的克氏表述实质上说热传递过程是不可逆的，热力学第二定律的开尔文表述实质上说功转变为热的过程是不可逆的，两种表述的等效性实质上反映了各种不可逆过程的内在联系。正是这种内在联系使热力学第二定律有多种表述形式，只要挑选出一种和热现象有关的宏观过程，指出其不可逆性，就可作为第二定律的一种表述。也正是这种内在联系，使第二定律的应用远远超出了热功转化的范围。

根据热力学第二定律的定性表述，可以证明系统存在一个态函数——熵 S，从而得到第二定律的数学表述：$dS \geq \text{đ}Q/T$。dS 为无限小过程中熵的增量，是全微分。等号对应可逆过程，不等号对应不可逆过程。由此式又可得到熵增加原理：在一绝热或孤立的系统中进行一微小过程，必有 $\Delta S \geq 0$。可见，孤立系统中过程进行的方向是使熵的数值增大的方向，进行的限度由熵的最大值给出。熵增加原理包括第二定律的克劳修斯氏表述和开尔文氏表述。

（4）第二定律的统计意义

玻耳兹曼提出了熵 S 同宏观状态所对应的可能的微观态数 W 的关系 $S = k\ln W$，式中 k 是玻耳兹曼常数，W 也叫做热力学概率。孤立系统中过程进行的方向是沿熵增加的方向。从统计的观点看，就是由热力学概率小的状态向热力学概率大的状态进行。

功转变为热的过程是组成宏观物体的分子由定向运动转变为无规则运动，是由概率小的状态向概率大的状态的转变。反之，由热转变为功，则表示分子由不规则运动转变为有规则运动，是由概率大的状态向概率小的状态的转变。这种过渡并非绝对不可能，而是实现的概率太小，在实际上观测不到，因而可以说它实际上是不会实现的。

热力学第二定律是独立于热力学第一定律的又一自然规律。一个宏观过程必须遵从第一定律，但仅仅遵从第一定律的过程，在实际中并不一定能实现。例如，热从低温物体自发地传到高温物体并不违背第一定律，但它违背第二定律，所以根本不能实现。任何一个宏观过程必须同时遵从这两个定律。

（5）热力学方程及其应用

将这两个定律的数学表述联合起来，可以建立热力学基本方程：$dU \leq TdS - \text{đ}A$。等号适用于可逆过程，不等号适用于不可逆过程。温度 T、内能 U、熵 S 是热力学中函数。有了这个基本方程，原则上可以解全部平衡态热力学的问题。

热力学基本方程是热力学的核心。在自然科学的许多领域，如热工学、化学、生物学、冶金、气象、天体等方面都有重要应用。最重要的是，如果由实验确定了物体的某些性质，则仅根据热力学基本方程就可预言该物体的另一些性质。例如由实验测定冰的比容大于水的比容，则根据热力学基本方程可预言冰的熔点随压力的增大而降低等等。以上预言已为实验所证实，它既可说明第二定律应用的普遍性，又可作为验证第二定律正确性的实验依据。

（6）第二定律的适用范围

热力学第二定律不仅适用于实体，也适用于场（如辐射场）。另一方面，第二定律是在时间和空间都有限的宏观系统中由大量实验事实总结出来的，因而它既不能用于由少数原子或分子组成的系统，也不能用于时空都无限的宇宙。在历史上有些人曾错误地把第二定律推广到宇宙，提出所谓"热寂说"。克劳修斯曾表达了这样的思想，他说："宇宙的熵趋向于极大。宇宙越是接近于这个熵是极大的极限状态，进一步变化的能力就越小；如果最后完全达到了这个状态，那任何进一步的变化都不会发生了，这时宇宙就会进入一个死寂的永恒状态。"这种观点的错误主要在于把科学无根据地外推，并把宇宙看作孤立系统。

2. 熵与信息

1871 年，麦克斯韦给热力学第二定律出过一个难题，麦克斯韦提出了有趣的设想，即可能存在一个称之为麦克斯韦妖（简称麦妖）的小精灵（图 4-3-2），它可以破坏热力学第二定律。例如，在一个连通容器中，中间有一个小门，容器中两边的分子处在自由运动状态。事先小门关闭，两边达到热平衡。麦妖的工作是，当有快速运动的分子向另一边冲过去时，便立即适时打开小门，不一会儿，失去快速分子的那部分容器内温度降低，另一边则温度升高，系统便自动地由平衡态变成不平衡态，这是一个熵减小的过程。

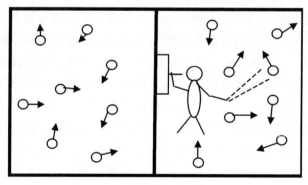

图 4-3-2

麦克斯韦妖的设想使我们把信息和熵联系起来。信息是什么？现代社会信息概念甚广，不仅包含人类所有的文化知识，还包括我们五官感受的一切。信息的特征在于能消除事情的不确定性，例如电视机出了故障，对缺少这方面知识的人来说，他会提出多种猜测，而对于一个精通电视并有修理经验的人来说，他会根据现象准确地说出毛病之所在。前者这方面知识（信息量）

少，熵较大，后者这方面知识（信息量）多，熵较小。因而信息就相当于负熵。

3. 生命赖负熵为生

既然信息相当于是负熵，我们也可以把负熵的概念应用到生物中去。DNA 分子在按照亲代的遗传密码转录、翻译并复制后代的蛋白质分子时造成信息量的欠缺，它造成生物体熵的减少，这就是生物中的负熵流，简称生物体的负熵。

生物体的富集效应[①]是生物中负熵（流）的典型例子。如海带能富集海水中的碘原子，若设想一个模型，海水中的碘原子是在海水背景中的理想气体分子，则海带富集碘相当于把碘"气体"进行等温"压缩"。显然在这样的过程中碘原子系统的熵是减少的（也就是说碘从无序向有序转化），这时海带至少必须向外释放 TdS 的热量。注意到理想气体等温压缩中外界要对系统做功，但在海带富集中外界并未做功，而是利用了一定的信息量（即造成信息的欠缺），从而使海带的熵减少。从海带富集碘这一例子可清楚地看到，生命体是吸取了环境的负熵（流）而达到自身熵的减少的。在这里"吸取环境的负熵"可理解为是向外界放热，也即形成负熵流。1938 年天体与大气物理学家埃姆顿（Emden）在"冬天为什么要生火？"一文中指出：冬季在房间内生火只能使房间维持在较高的温度，生火装置供给的能量通过房间墙壁、门窗的缝隙散逸到室外空气中去了……与我们生火取暖一样，地球上的生命需要太阳辐射。但生命并非靠入射能量流来维持，因为入射的能量中除微不足道的一部分外都被辐射掉了，如同一个人尽管不断地汲取营养，却仍维持不变的体重。我们的生存条件是需要恒定的温度，为了维持这个温度，需要的不是补充能量，而是降低熵。埃姆顿的这一段话道出了生命体要维持生命的关键所在——从环境吸取负熵。以人类为例，人可数天不吃不喝，但不能停止心脏跳动或停止呼吸。为了维持心肌和呼吸肌的正常做功，要供给一定的能量，这些能量最后耗散变为热量。而人体生存的必要条件是维持正常的体温，所以要向外释放热量（也即从环境吸取负熵）。人虽然能数天不吃不喝，但不能数天包在一个绝热套子内，既不向外散发热量，也不与外界交换物质（如呼吸）。这说明了，生命是一个开放的系统，它的存在是靠与外界交往物质和能量流来维持的，如果切断了它与外界联系的纽带，则无异于切断了它们的生命线。从外界吸取负熵就是一条十分重要的纽带。

---

① 生物富集效应（bio-enrichment）又叫生物浓缩，是指生物体通过对环境中某些元素或难以分解的化合物的积累，使这些物质在生物体内的浓度超过环境中浓度的现象。

薛定谔在《生命是什么?》一书中指出，生命的特征在于它还在运动，在新陈代谢。因此，生命不仅仅表现为它最终将死亡，使熵达到极大，也就是最终要从有序走向无序，更在于它要努力避免很快地衰退为惰性的平衡态，因而要不断地进行新陈代谢。薛定谔认为单纯地把新陈代谢理解为物质的交换或能量的交换是错误的。实际上生物体的总质量及总能量并不因此而增加。他认为，自然界中正在进行的每一种自发事件，都意味着它在其中的那部分世界（它与它周围的环境）的熵的增加。一个生命体要摆脱死亡，也就是说要活着，其唯一办法是不断地从环境中吸取负熵。新陈代谢的更基本出发点，是使有机体能成功地消除它所产生的熵（这些熵是它活着时必然会产生的，因为这是一个不可逆过程），并使自己的熵变得更小。吸取负熵的方法可有多种，除了上面提到的放热方式之外，也可从环境中不断地"吸取秩序"。例如高等动物的食物的状态是极其有序的，动物在利用这些食物后，排泄出来的是其有序性大大降低了的东西，因而使动物的熵减少，变得更有序。薛定谔把上述论点生动地以"生命赖负熵为生"这一句名言予以概括。

既然生命赖负熵为生，则如何去估算一个生物的熵呢？这是高压物理的开拓者——美国物理学家布里奇曼（Bridgeman，1882—1961）于1946年就热力学定律应用于生命系统的可能性问题提出的一个问题。布里渊的回答是，生命机体的熵含量是一个毫无意义的概念。要计算一个系统的熵，就要能以可逆的方式把它创造出来或破坏掉，而这都是没有实在意义的，也是不可能的，因为出生和死亡都是不可逆的过程。薛定谔指出，我们不可能用物理定律去完全解释生命物质，这是因为生命物质的构造同迄今物理实验过程中的任何一样东西都不一样。为此，我们必须去发现在生命物质中占有支配地位的新的物理学规律。

4.3.4　热力学第三定律与绝对零度

1. 热力学第三定律

能斯特总结大量实验资料于1906年提出了一个普遍的定理：凝聚系的熵在等温过程中的改变随热力学温度趋于零。这个定理后来被称为热力学第三定律。由能斯特定理可推出另一原理："不可能用有限个手段和程序使一物体冷却到绝对温度的零度"，这个原理叫做绝对零度不能达到原理。它是热力学第三定律的另一种表述。后来人们发现，能斯特定理只适用于晶体，对非晶体不适用，而绝对零度不能达到原理则更具有普遍性，所以把绝对零度不能达到原理作为热力学第三定律的标准说法，而把能斯特定理作为它的推论。

1911年普朗克提出绝对熵的概念，即规定绝对零度时熵本身等于零，而不是熵的改变等于零，即 $\lim\limits_{T \to 0} S = S_0 = 0$。在这样规定之后，熵的数值中就不再包含任意常数了。热力学第三定律本身不能用实验直接验证，其正确性是由它所得到的一切推论都与实验观测相合而得到了保证。

2. 低温物理

1784 年英国化学家拉瓦锡曾预言：假如地球突然进到寒冷的地区，空气无疑将不再以看不见的流体形式存在，它将回到液态。在拉瓦锡做出预言的 18 世纪末，科学研究的水平还非常低，而正是从那时起，拉瓦锡的预言就一直激励着人们去实现气体的液化。

19 世纪 30 年代，科学家发现通过加压可以使一些气体液化，而且确实使硫化氢、氯化氢、二氧化硫等气体变成液体，但是氧、氢、氮等气体却毫无液化的迹象。在后来的几十年间，人们的主要精力都集中于它们，埃梅曾将氧气和氮气密封在一个特制的圆筒中并沉入 1.6km 的海底，使压强超过 200 个标准大气压；维也纳的一位叫纳特勒的医生还制造了一个能耐 3000 个标准大气压的容器来液化空气，但都未获得成功。面对这样的现实，不少人感到人类将永远无法使这类气体液化，并认定它们是真正的"永久气体"。

但即使这样，人类并未停止液化"永久气体"的努力。1877 年法国物理学家盖勒德首先实现了"永久气体"中氧的液化，液体氧的温度低达 $-140℃$，1898 年，英国科学家杜瓦获得液化氢，液氢的温度为 $-252.76℃$，第二年杜瓦又成功地使液氢变为固体氢，固体氢的温度低到 $-260℃$。

在通过液化气体获得低温的同时，科学家也制定出另外一种测量温度的温标——开氏温标。平常我们使用的摄氏温标比开氏温标高 273.16 度，因而开氏温标中的零度就是 $-273.16℃$。1968 年，荷兰物理学家昂尼斯在气体液化研究中取得更大的突破，他成功地液化了最难冷凝的氦气，获得了几乎接近 0K，即 $-273.16℃$ 的低温。至此，人类终于全部实现了拉瓦锡的预言。我们今天根本无法想象当时科学家液化气体时遇到的困难有多大，许多人为此呕心沥血、殚精竭虑，贡献了毕生精力。使气体变成液体，这听起来如同神话一般，但是科学家不仅相信了这个神话，而且使它终于成为现实。

所谓低温通常是指低于液氮温度（77K）的状态，而更多更重要的低温现象则发生在液氦温度（4.2K）以下。在低温条件下研究物质的物理性质的学科称为低温物理。

人类通过液化气体获得了低温，科学家会利用低温做什么呢？他们要做的事情很多，其中最重要的是继续那个古老问题的探索，研究那些没有生命的物质在低温下会发生什么变化。

1908 年海克·卡末林·昂尼斯首次实现了氦气的液化。1910 年，昂尼斯开始和他的学生研究低温条件下的物态变化。1911 年，他们在研究水银电阻与温度变化的关系时发现，当温度低于 4K 时已凝成固态的水银电阻突然下降并趋于零，对此昂尼斯感到震惊。水银的电阻会消失得无影无踪，即使当时最富有想象力的科学家也没料到低温下会有这种现象。

为了进一步证实这一发现，他们用固态的水银做成环路，并使磁铁穿过环路使其中产生感应电流。在通常情况下，只要磁铁停止运动，由于电阻的存在环路中的电流会立即消失。但当水银环路处于 4K 之下的低温时，即使磁铁停止了运动，感应电流却仍然存在。这种奇特的现象能维持多久呢？他们坚持定期测量，经过一年的观察他们得出结论，只要水银环路的温度低于4K，电流会长期存在，并且没有强度变弱的任何迹象。

接着昂尼斯又对多种金属、合金、化合物材料进行低温下的实验，发现它们中的许多都具有在低温下电阻消失、感应电流长期存在的现象。由于在通常条件下导体都有电阻，昂尼斯就称这种低温下失去电阻的现象为超导。在取得一系列成功的实验之后，昂尼斯立即正式公布这一发现，并且很快引起科学界的高度重视，昂尼斯也因此荣获 1913 年诺贝尔物理学奖。

使空气、氢气和氦气液化的技术，以及各种超低温技术的发展，使人们获得了极低温和超低温的实验条件。在低温下物质的热学、电学和磁学性质均会发生巨大改变。例如固体比热容在某些温度下会突变；在足够低的温度下，原则上所有顺磁物质均可表现出铁磁性或反铁磁性；金属的导电性明显提高，而半导体的导电性则大大降低。这些现象均与低温下的量子力学效应有关。

3. 超导物理学

（1）低温超导

1908 年，荷兰科学家昂尼斯成功地获得了近 4K 的低温条件，使最难液化的气体氦变成了液体。3 年以后，昂尼斯发现了超导电性，即在 4.2K 附近，水银的电阻突然变为零。这一伟大的发现导致了一名新兴学科的崛起，诞生了超导物理学。

超导电性是如何发生的呢？1957 年，美国的巴丁、库柏和施瑞弗三位理论物理学家提出了 BCS 理论（以三人名字的第一个字母命名的理论），成功解释了有关超导电性的物理性质。从经典的金属电子论来看，超导电性简直不可思议。经典的金属电子论指出，当自由电子在由原子实组成的晶格中做定向运动时，由于原子实在做不停地无规则热振动，电子运动受碰撞而改变方向形成了电阻。但超导电性是一种宏观量子现象，只有用量子力学的语言才能给予正确的解释。在量子力学建立以后，人们很快认识到不能将电子看作在外场中运动的粒子，而应把电子看作是在原子实点阵的周期势场中的波。

一个重要的实验结果——同位素效应揭示出超导电性与电子和晶格的振动有关，同位素效应指出超导体的临界温度随同位素质量而变化。同时，经验公式也暗示出点阵振动对超导电性具有重大影响。正是从这一点出发，库柏首先认识到一对电子通过与晶格振动的相互作用而存在吸引作用从而形成电子对的束缚态。库柏还指出，只有两个电子具有大小相等而方向相反的动量和相反的自旋才能通过晶格振动结成电子对的束缚态——库柏对。在多电子系统的金属中，可能存在这种束缚电子对——库柏对的集合而导致了超导电性。这就是人们一直在寻找的超导态物理图像，也是建立超导电性微观理论最重要的物理概念。

库柏对发现不久，巴丁、库柏和施瑞弗三人将这一概念应用到超导问题，完成了现代超导微观理论，并成功解释了有关超导电性的物理性质。正所谓"单个前进有电阻，结伴成行才超导"。

经过科学家们在实验室里奋战，发现超导体有一个庞大的家族。但是，提高超导临界温度的工作却遇到了极大的障碍，直到 1986 年，人们所发现的具有最高超导临界温度的材料——铌锗合金的超导临界温度仅为 23K（－250℃）。面对浩瀚的材料家庭，经过无数的挫折和失败，研究工作似乎到了山穷水尽的地步。另一方面，对于超导体而言，只有零电阻现象是不够的，要判断材料是否处于超导态还必须判断其是否具有完全抗磁性——迈斯纳效应①（当施加一个外磁场时，样品内部的净磁通密度为零的特性称为完全抗磁性，磁悬浮实验可以演示这一效应）。只有同时具有零电阻现象和完全抗磁性的材料才有希望成为真正的超导体。

1986 年 7 月，瑞士物理学报上发表了一篇标题为《可能的高温超导体——镧钡铜氧化物》的文章，作者是国际商用机器（IBM）苏黎世研究室的米勒和贝德诺茨博士，文章中提到这种氧化物在 35K 时开始发生超导转变。这一划时代的发现，当时并没有引起低温物理学界的重视。但是，有一些物理学家从镧钡铜氧化物的工作中看到了进一步提高超导转变温度的途径，同时认识到，这一工作一旦被证实，将是对传统超导体的一个挑战。少数人开始在实验室里埋头苦干，首要的工作是重复和深化米勒和贝德诺茨的工作。人们在研究后发现，米勒和贝德诺茨在工作中使用了既包含非超导相又包含

---

① 当超导体冷却到临界温度以下而转变为超导态后，只要周围的外加磁场没有强到破坏超导性的程度，超导体就会把穿透到体内的磁力线完全排斥出体外，在超导体内永远保持磁感应强度为零。超导体的这种特殊性质被称为"迈斯纳效应"。

超导相的复相化合物，使材料的零电阻温度大大低于35K，而非超导相的含量不仅降低了零电阻温度，而且决定了能否测出完全抗磁性。

科学家们在各自的实验室里进行实验、研究，也相继利用媒体宣布他们的最新研究成果，超导转变温度的最高纪录一次又一次地被刷新，但是，在镧钡铜氧体系和镧钡铜氧系的氧化物超导体中，超导转变温度始终没有超过50K。

（2）高温超导

1987年2月，美国休斯敦大学朱经武领导的研究小组和中国科学院物理研究所赵忠贤领导的研究小组独立地、几乎同时获得了钇钡铜氧化物超导体，把超导转变温度一下子提高到90K。这意味着把在液氦温度（4.2K）下才能使用的超导体变到了很容易实现的液氮温度（77K）。为了与原有的、在液氦温度下的超导体相区别，人们把氧化物超导体（$T \geqslant 77K$）称为高温超导体。高温超导体的发现在科学界以及工业界产生了巨大的影响，人们开始更加关注超导的研究。

1987年3月，在纽约召开的美国物理年会上举办了一次高温超导特别专题讨论会，来自世界各地的约5000名学者会聚一堂，展开了热烈的讨论。五个处在高温超导研究最前列的研究单位宣读论文，分别介绍了各自的研究进展。高温超导的研究吸引了大量的研究人员，每个人都在竭尽全力地继续提高超导转变温度。当时，科学家们关心的是超导转变温度有没有上限？是否存在室温超导体？如果室温超导体的想法得以实现，那么可以将电力无损失地输送到远方，这将会是一场真正的工业革命。

媒体一次又一次地报道发现了室温超导体，第一次报道都引起一场狂热的研究浪潮。但是，科学就是科学，许多所谓的"室温超导体"都因为缺乏完全抗磁性的支持而被判了死刑。关于新超导体的四项判断准则被提了出来，并很快得到公认。这四项准则是：①必须在一个确定的温度实现零电阻转变；②在零电阻转变温度的附近必须观察到完全抗磁性（迈斯纳效应）；③这一现象必须具有一定的稳定性和再现性；④这一现象必须为其他实验室所重复和验证。

全球性的超导热在1988年达到了顶峰，当超导转变温度为90K的钇钡铜氧化物超导体出现以后，从事超导研究的人员激增，研究的领域迅速扩大。科学家们在实验室内不断改变配方，不断更换元素来合成可能的氧化物超导体，发现了第三代氧化物超导体（Bi系氧化超导体）。另外，法国科学家米歇尔和勒沃等人另辟蹊径，开发出一种无稀土的氧化物超导体。在米歇尔和勒沃等人的基础上，日本科学家马以达等人合成了另外两种新氧化物导体，这三种化合物被称为铋系氧化物超导体。同时，美国阿肯色州立大学的荷尔曼和盛中直发明了第四代氧化物超导体及铊系氧化物超导体，超导转变温度达到了 125K。到 1988 年底，开发新的氧化物超导体的研究达到高潮，在短短的两年内，不但开发出了新型氧化物超导体，而且把超导转变温度从 90K 提高到 125K。

寻找出室温能实现超导转变的材料就要在氧化物超导体上实现了，这一梦想具有不可抗拒的诱惑，几乎所有的科学家都表示："不能轻易否定室温超导体的存在。"在此期间还有过许多关于发现了室温超导体的报道，日本、前苏联和美国等多国科学家都曾宣称在室温附近观察到了显示出超导电性的迹象或某些反常，也有人根据量子化学估算出氧化物超导体的最高临界温度可达 200K－250K。尽管如此，在严格的推证之后，所有消息没有一条在科学上是成立的，也就是说，室温超导体的消息都被否定了。时至今日，仍然可以偶然听到有关室温超导体的报道。从米勒和贝德诺茨的发明开始至 1992 年初，有 70 余种氧化物超导体被开发出来，但所有的氧化物超导体的临界温度都低于 125K，室温超导仍是不解之谜。

（3）超导应用

目前已查明在常压下具有超导电性的元素金属有 32 种，而在高压下或制成薄膜状时具有超导电性的元素金属有 14 种。

①超导电子学。自 1962 年超导量子隧道效应（约瑟夫森效应①）发现以后，超导技术在电子学中的应用揭开了新的篇章，经过多年的发展，至今已有许多新型的超导电子器件研制成功，这些超导电子器件包括：超导量子干涉器（SQUID）、超导混频器、超导数字电路、超导粒子探测器等。

超导量子干涉器是一种磁通——电压转换器件，如果用一个简单的输入变压器，就转变成电流——电压放大器。这种放大器灵敏度极高，带宽能够达到兆赫，没有相位畸变，噪声极小。例如 SQUID 磁强计能够测量非常微弱的磁场，其分辨率能够达到 10^{-11} 高斯左右，可以用来测量人体的微弱磁场，描绘出心磁图和脑磁图。

超导混频器利用约瑟夫森结的变频作用，将高频信号转换成中频信号，主要应用于无线电技术中。

超导数字电路利用约瑟夫森结在零电压态和能隙电压态之间的快速转换

---

① 1962 年英国物理学家约瑟夫森在研究超导电性的量子特性时提出了量子隧道效应理论，也就是今天人们所说的约瑟夫森效应。该理论认为：电子对能够以隧道效应穿过绝缘层，在势垒两边电压为零的情况下，将产生直流超导电流，而在势垒两边有一定电压时，还会产生特定频率的交流超导电流。在该理论的基础上诞生了一门新的学科——超导电子学。

来实现二元信息。应用约瑟夫森效应的器件可以制成开关元件，其开关速度可达 10^{-11} 秒左右的数量级，比半导体集成电路快 100 倍，但功耗却要低 1000 倍左右，为制造亚纳秒电子计算机提供了一个途径。

超导粒子探测器具有很高的灵敏度和纳秒级的速度，可以用来检测从亚毫米波段到远红外波段的电磁信号。

②生物医学应用。超导技术在生物医学中的应用包括超导核磁共振成像装置（MRI）和核磁共振谱仪（NMR）。核磁共振成像的原理是基于被测对象的原子磁场与外磁场的共振现象来分析被测对象的内部状态。目前，核磁共振成像装置已广泛用于医学诊断中，例如用于早期肿瘤和心血管疾病等的诊断，它能准确检查发病部位，无损伤和辐射作用，并且诊断面非常广。

核磁共振谱仪是基于核磁共振原理而研制出来的，它目前已广泛用于物理、化学、生物、遗传和医药学等领域的研究中，具有高分辨率、高频率、高磁场等优点。

③科学工程和实验室应用。科学工程和实验室是超导技术应用的一个重要方面，它包括高能加速器、核聚变装置等。高能加速器用来加速粒子产生人工核反应以研究物质内部结构，是基本粒子物理学研究的主要装备。核聚变装置是人们长期以来梦想解决能源问题的一个重要方向，其途径是将氘和氚加热后，使原子和弥散的电子成为一种等离子状态，并且在将这种高温等离子体约束在适当空间内的条件下，原子核就能够越过电子的排斥而互相碰撞产生核聚变反应。在这些应用中，超导磁体是高能加速器和核聚变装置不可缺少的关键部件。

④交通应用。超导技术在交通方面的应用是随着国民经济的发展，社会对交通运输的要求而产生的。超导磁悬浮列车利用磁悬浮作用使车轮与地面脱离接触而悬浮于轨道之上，并利用直流电机驱动列车运动的一种新型交通工具。由于超导磁悬浮列车的时速高达 500km/h，并具有安全、噪音低和占地小等优点，因此被认为是未来理想的交通运输工具。

⑤电力应用。高温超导体的发现使得超导技术的应用进一步延伸到电力工业中，也使人们过去期待的那些无法实现的电力装备能够由于超导技术的应用而得到解决。超导技术在电力中的应用主要包括：超导电缆、超导限流器、超导储能装置和超导电机等。

另外超导还可应用于环保、材料变性、育种、超导扫雷等领域。

在高温超导体发展的初期，人们的确对超导体的迅速实用化寄予厚望，并指望高温超导体会和晶体管、激光一样成为近代的三大产业。在高温超导研究最热的年头，人们甚至认为它将比晶体管和激光实用化的过程更短。但是，很多有识之士对此提出了疑问，因为虽然高温超导的研究进展十分迅速，但仍没有在提高临界电流和线材方面取得实质性的突破。随着研究的深入，越来越多的人认识到，大规模应用超导体并形成一定的产业是一场艰巨的任务，可能还需要很长的时间。要完成科学到产品的转化是一场旷日持久的艰难历程，绝不是一蹴而就的。而科学技术的发展在历史上有许多相似之处，在半个世纪以前晶体管问世前后，人们一方面对这一发明寄予重望，一方面又担心成不了气候，当时半导体材料和半导体器件确实有许多不足之处。随着半导体科学的研究和材料制造工艺以及晶体管制造和设计的进展，半导体开始在收音机、录音机等设备上使用，并逐渐进入了人们的家庭生活，形成了巨大的产业。高温超导体的实用化也许正处于当年半导体实用化前的相似阶段。目前，各国都在进行超导磁体和超导电子学两方面的研究，人们估计这两方面将是高温超导体实用化的突破口，一旦出现突破，它将迅速渗透到能源、材料、激光、高能物理工程、空间技术、交通运输、计量技术、电子技术、医疗工程和地质科学等各个领域，人们将生活在真正的超导世界里。

§4.4　热的本质

4.4.1　热　量

热量的本质是什么？这曾是历史上长期讨论的问题。在 17 世纪，一些自然哲学家，如培根（Bacon）、波义耳（Boyle）、胡克（Hooke）和牛顿（Newton）等都认为热是物体微粒的机械运动。然而到 18 世纪，随着化学、计温学和量热学的发展，人们提出了"热质说"。这种学说认为热是一种看不见的、没有重量的物质，叫做热质，热的物体含有较多的热质，冷的物体含有较少的热质；热质既不能产生也不能消灭，只能从较热的物体传到较冷的物体，在热传递过程中热质量守恒是物质量守恒的表现。按照热质说，把固体熔化和液体蒸发都看作是热质与固体和液体物质间发生化学反应的结果。

1798 年，伦福德（Rumford）用实验事实揭示出热质并不守恒。他观察了用钻头加工炮筒时摩擦生热现象。按照热质说的解释，当金属被钻头切削成碎屑时，放出了一部分热质因而有热量产生。这样看来，被切削成屑的金属量越多，就应产生越多的热量。但是，伦福德发现用钝钻头加工炮筒比用锐利的钻头能产生更多的热量，同时切削出的金属碎屑却反而少，这显然和热质说相矛盾。另外，在伦福德看来，持续不断摩擦时产生的热量是取之不尽的，而若设想能从一物体中取出无穷无尽的热质是不可思议的，所以伦福德认为热并不是一种物质，这么多的热量只能来自钻头克服金属摩擦力所做的机械功。他还用具体的实验数据表明，摩擦产生的热近似地与钻孔机做的机械功成正比。

焦耳（Joule）深信热是物体中大量微粒机械运动的宏观表现，他认为应以大量确凿的科学实验为基础来建立这一新理论。从 1840 年到 1879 年，焦耳进行了各种实验，在实验中精确地求得了功和热量相互转化的数值关系（热功当量）。焦耳改进了摩擦生热的实验方法，从而能精确测量所做机械功与所产生的热量。焦耳的实验装置如图 4 - 4 - 1 所示，用重物下落做功（从而使重物的重力位能减少）去带动许多叶片转动，这些叶片搅拌水摩擦生热使水温升高，盛水的容器与外界没有热量交换。用这种装置经过大量实验后。焦耳证实，对于在

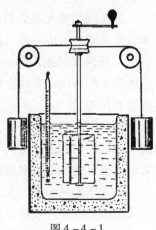

图 4 - 4 - 1

55°F 到 60°F 之间的水而言，在曼彻斯特（北纬 53.27 度）地点，使 1 磅水（合 0.4536 千克）升高华氏一度总是需要 772 呎磅的功。

焦耳还用其他类型的装置做了实验。一个很重要的实验是用电功使水温升高，图 4 - 4 - 2 是示意图。把水和电阻器 R 作为热力学系统与外界绝热，通过电源对系统做电功升高水温。结果发现，使水升高同样温度所需的电功，在实验误差范围内和前面装置的测量值相一致。焦耳做的其他类型的测热功当量的实验还有：使叶片搅拌容器中的水银摩擦生热而升温；在水银中两铁环互相摩擦生热；压缩或膨胀空气而做功；等等。所有的实验都在误差范围内得到了一致的结果。

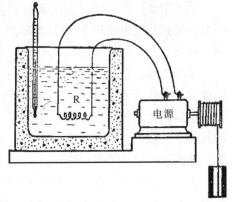

焦耳的实验工作以大量确凿的证据否定了热质说。一定热量的产生（或

图 4 - 4 - 2

消失）总是伴随着等量的其他某种形式能量（如机械能、电能）的消失（或产生）。这说明，并不存在什么单独守恒的热质，事实是热与机械能、电能等合在一起是守恒的，这为能量转化和守恒定律奠定基础。

综上所述，热量不是传递着的热质，而是传递着的能量。做功与传热是使系统能量发生变化的两种不同的方式。做功与系统在力作用下产生位移相

联系，而传热则是基于各部分温度不一致而发生的能量的传递。

4.4.2　热能　太阳能

能源问题是人类面临的重大课题之一，自然地，热能的研究和利用也是非常重要的。火力发电（或核电）站，化学能（或核能）先经过燃烧（或核裂变）转换成热能，再通过热机的工作转换成机械能，最后由发电机转换成电能为人们所用。实际上就是将和宏观温度相关联的分子热运动的能量转化成为有用的功。

在众多的热能源中，太阳能是一种清洁无害、贮量丰富的可持续发展能源。太阳能的利用已得到广泛的研究，但它的大规模应用还有待进一步开发。太阳能也可由太阳辐射能转换成的热能，下面举几个例子。

①太阳能热水器。太阳能热水器已在我国形成规模相当大的产业，中国的太阳能热水器产量居世界第一，我国研制的全玻璃真空管热水器处于国际先进水平。全玻璃真空管集热器就像一个细长的热水瓶胆，但材料和工艺的先进性远远超过后者。管的内、外壳是高硼硅玻璃，对太阳光的透射率极高。内壳的外表面有选择性吸收涂层，这种涂层对太阳光的吸收率在90%以上，而红外发射率不大于6%。两层玻璃间抽成高真空，$p \leqslant 5 \times 10^{-3}$Pa。因此，这种管子的集热效果很好，当以空气为介质时，空晒温度可达270℃以上。

②太阳炉。太阳炉是利用聚光器将太阳辐射集中在一个小面积上而得到高温的装置，它可获得3500℃的高温。太阳炉已用于冶金、耐火材料研究和高温科学。

③太阳池。太阳池是一种人造的盐水池，池内盐水的浓度有梯度，底层浓度大。太阳光射入池中，池水升温。因表层水向外散热，足够长时间后，下层水温高于表层。由于底层是密度大的浓盐水，这防止了对流的发生，水的热导率又较小，因此，上、下水层可保持较大的温差，底层温度可达90℃。太阳池贮存的热能可利用换热器提取。

④太阳能制冷。所谓太阳能制冷就是利用太阳辐射转换成的热能产生蒸汽或热水，然后用蒸汽或热水驱动制冷装置工作。

⑤太阳房。安装集热、蓄热装置，利用太阳能来供暖、供热水和驱动制冷空调的住房叫做太阳房。

⑥太阳能热发电。太阳能发电就是利用聚光装置将太阳光聚集在收集器上，由中间介质吸热产生了蒸汽，再经汽轮发电机组发电。不少国家已实现太阳能热发电的商业化运行，单台装机容量可达几十兆瓦。这方面的研究我国还未很好开展。

思考题

4－1　物质有哪几种形态？

4－2　物质尺度分为哪些范围？试分别列举出相应的物质。

4－3　试举出生活中常见的几种晶体和非晶体。

4－4　晶体的结合有哪些方式？

4－5　热缺陷主要有哪些种类？分别是如何形成的？

4－6　表面张力的微观机制是什么？如何测定表面张力？

4－7　何谓润湿和不润湿？列举几种润湿和不润湿现象。

4－8　橡皮艇在夜间位置上升还是下降？

4－9　简述理想气体状态方程和范氏气体状态方程的微观模型以及适用范围。

4－10　试述分子运动论的基本观点。

4－11　温度的实质是什么？

4－12　试述热力学第零、一、二、三定律的内容。

4－13　能否说"系统含有热量"？能否说"系统含有功"？

4－14　为什么热力学第二定律会有多种表达方式？克劳休斯表述是否就是说热量不能从低温物体传到高温物体？

4－15　什么叫熵？它的意义何在？

4－16　热的本质是什么？

阅读材料：水的结构与物理性质　水是生命之源

水是人们生活中最常见也是最重要的物质之一。水是最重要的溶剂，因而水是生物体中最主要的组成部分，水是生命之源。水也具有一些与其他液体不同的物理和化学性质，有关水的各种问题，值得大家去关心，故在本章中专列一节予以介绍。

1. 水的结构

在气态时，单个水分子的结构已准确测定。其中 O—H 键的键长为 95.72×10^{-12} m，两个 O—H 键之间夹角为 $104.52°$。但在液态时（水）以及固态时（冰）或水合物晶体中，水分子的结构与气态完全不同。水是极性分子，它的正电性一端（H）常和负离子或其他分子中的负电性结合形成氢键。负电性的一端（O）常和正离子或其他分子中的正电性一端结合成氢键（例如 O…H—O、O…H—N），或和 M^{n+} 配位，形成水合离子。日常生活中见到的冰、霜、雪均呈四面体的结构。至于水在液态时的结构，已研究得很多。

水中存在相当多的 O—H···O 氢键，也可存在类似于冰那样的四面体结构，这些均已被实验所证实，但水的真实结构图像目前尚不十分清楚。

2. 水的反常膨胀

人们都熟知，水有反常膨胀现象。冰熔解时体积反而变小，水的密度不是在0℃，而是在4℃时最大。这是因为冰和水中都有以氢键相结合的部分。当冰熔解为0℃的水时，热运动能破坏了部分氢键的结构，部分水分子填补了原来的四面体结构中的空隙，故0℃的水要比0℃的冰的密度大。水的温度从0℃逐渐升高时，有两种使其密度改变的因素：一是由于继续有部分氢键遭破坏，空隙继续被水分子填入而使密度增加；另一种是正常液体的热膨胀现象。在4℃以下第一种因素占优势，故在0℃—4℃间，其密度随温度升高而增加，这就是水的反常膨胀现象。4℃以上第二种因素占优势，发生正常膨胀。正因为冰的密度比水小，而水在4℃时密度又最大，因而江河湖海一般不致冻结到底，使水生生物得以越冬。除冰以外，铋、锑也有熔解时的反常膨胀。

3. 水的其他物理性质

（1）水有很高的摩尔热容，按能量均分定理，水蒸气（有6个自由度）的摩尔定体热容为3R，故其比热容

$$c_V = 3 \times \frac{8.31}{0.018} J \cdot kg^{-1} K^{-1} = 1.385 kJ \cdot kg^{-1} K^{-1}$$

实验测得水汽在0℃时的比热容为 $1.396kJ \cdot kg^{-1}$，说明符合较好。按杜隆－珀替定律，冰的定体摩尔热容也是3R，由于固体的 $c_p \approx c_v$，故其定压比热容 $c_p \approx c_v = 1.385kJ \cdot kg^{-1} K^{-1}$，实验测得在 0℃ 的冰的定压比热容为 $1.911kJ \cdot kg^{-1} K^{-1}$，虽然有明显差别，但数量级还是符合较好的。实验测出水在 0℃、25℃、100℃ 的 定 压 比 热 容 分 别 为 $4.217kJ \cdot kg^{-1}K^{-1}$、$4.168kJ \cdot kg^{-1}K^{-1}$、$4.19kJ \cdot kg^{-1}K^{-1}$，实验值与杜隆－珀替定律的结果相差较大，而且液态水的热容不随温度升高而单调变化（先降低后升高）。这一现象发生的主要原因仍然是氢键的作用。水在升温时不仅增加热运动能量，还要不断地破坏氢键。

（2）冰的熔解热较低，但升华热又较高。前者是因为冰熔解时只有15%的氢键被破坏；后者是因为冰中的水分子是按四面体结合的，在每一个共价键的另一侧又附加上一个氢键，升华时破坏的键能多。

（3）水的汽化热很高，甚至比任何氢化物都要高得多。这是因为当温度升高到沸点时，水中仍有相当数量的氢键。

（4）水的黏度和表面张力系数均较大，这也是因为水中存在氢键，使分子之间作用力加强的缘故。

（5）水是应用最广的极性溶剂。水是极性分子，所以水有很高的介电常数。水又可形成氢键，因而水对盐类有极高的溶解能力。水可溶解如氯化钠、硫酸那样的离子化合物，以及如氨、糖、氯化氢等许多有极性的共价键分子。在硫酸分子溶解于水的过程中，由于水分子的正负极分别与 SO_4^{2-} 离子及与 H^+ 离子之间的作用力均大于硫酸分子内部离子间作用力，所以当硫酸分子被加入水中时，具有极性的水分子会将硫酸分子拆开，使每个离子均被水分子所包围。水分子的负极性与 H^+ 离子结合，而水分子的正极性与 SO_4^{2-} 离子结合。在这种溶解过程中常伴有能量的释放和吸收，所释放的能量称为溶解热。例如未溶解前一个硫酸分子的能量要比溶解后硫酸离子的总能量高 $0.8eV$，所以硫酸溶解于水时要放热。像硫酸那样溶解于水时会产生离子的物质称为电解质。极性共价键分子溶于水时并不产生离子，不过它的正极性端也面对水分子的负极性端，它的负极性端也面对水分子的正极性端，这样同样能组成溶液。

（6）水对红外光的吸收能力特强。实验发现，纯水对波长在 $1.7 \times 10^{-5}m - 2.1 \times 10^{-5}m$ 范围内的红外光的吸收能力明显强于水对其他波长光的吸收，且明显强于一般的其他分子对该红外光的吸收。这一性质有很多实际应用。如工业上的低温高效干燥器的原理是，从红外辐射器辐射出来的红外光，照射在含水物体上，大部分为水所吸收，使水分子很快被蒸发掉，而整体温度并不高。在医疗上的红外治疗，是利用肌体中的水及其他蛋白质、糖和核酸等物质中的 O—H、N—H 键很容易吸收红外光的功能，从而增加活动机能。

水的其他物理性质为，水在 $20℃$ 时的等温压缩系数为 $4.5 \times 10^{-10}m \cdot N^{-1}$；在 $20℃$ 时的黏滞系数为 $1.01 \times 10^{-3}N \cdot s \cdot m^{-2}$；水在 $20℃$ 的体胀系数为 $0.207 \times 10^{-3}K^{-1}$。

4. 水是生命之源

众所周知，空气、阳光和水是生命存在的三个必要条件。虽然地球的总水量为 $1.4 \times 10^{21}kg$，但是淡水仅是地球总水量的 2.7%，其余 97.3 均为咸水，而且淡水的极大部分在南极洲（在两极、冰帽和高山上的淡水占 77.2%，土壤水、地下水占 22.4%，而湖泊、沼泽、河流的水仅占 0.36%，大气水占 0.04%）。随着经济的飞速发展，水资源紧缺已成为影响全球特别是我国可持续发展的一个十分突出的问题。我国水资源总量为 $2.8 \times 10^{15}kg$，人均水资源量远低于世界平均水平，这应当引起我们足够的重视。

第五章 电和磁

§5.1 古代东西方对电和磁的认识

5.1.1 古代西方对电和磁的认识

人类对电和磁现象的记载可追溯到公元前 6 世纪。在西方，古希腊人对电和磁的了解是很少的。据说，早在公元前 585 年，古希腊哲学家泰勒斯记载了用木块摩擦过的琥珀能够吸引草屑等轻小物体，天然磁石能吸铁。

5.1.2 我国古代对电和磁的认识

相比古代西方文明，我国古代较早地开始积累电和磁方面的知识，像雷电现象的观察和摩擦起电的经验、磁石吸铁和指南的研究与应用都是早期研究的重要内容。特别是磁的研究与应用对中国古代的生产、军事、航海测量等技术的发展起了重要作用。同时，在东西方科学与文化的交流上也发挥了巨大的作用。

1. 电的研究

中国古代关于电现象的研究内容是较为丰富的，其中关于摩擦起电和雷电现象的观察和解释尤为突出。

东汉王充（27—100）在其《论衡·乱龙》中对摩擦起电现象有这样的描述，"顿牟掇芥，磁石引针……他类肖似，不能掇取者，何也？气性异殊，不能相感到也。"即摩擦过的玳瑁可以吸引芥籽，磁石可以吸引铁针。而在解释为什么会出现这种现象时，王充将元气理论引入静电（静磁）现象的研究中，认为芥籽和玳瑁、铁针和磁石具有相同的"气性"，因而能够相互吸引。东晋时的郭璞（276—324）则将上述现象解释为"气有潜通"。三国时期的虞翻还注意到"琥珀不取腐芥"的现象。

而对自然界中的雷电现象，古汉语中将雷声解释为雷公作响，电闪解释为电母作划。我国史书中早已有雷电击中建筑的记载。沈括（1031—1095）

在其《梦溪笔谈》中对雷电现象也有记载，并注意到遭雷电击中的房屋中的木质器物平安无损，而金属却"熔流在地"或"熔为汁"。对于金属本来不易烧毁的这种自然现象，便涉及其解释。雷电是如何产生的？早在先秦时期，慎到（公元前395—前315）便提出"摩擦生成说"予以解释，大意为阴阳二气彼此撞击产生雷，相互渗透产生电。此后的王充等人也正是基于此"理论"从阴阳二气相互作用的角度进行了更为深入的研究。比如，宋明理学的代表人物朱熹认为雷电是"阴阳之气，闭结之极，忽然迸散出"，意为雷电的形成是一个瞬间的爆发过程。明代的刘伯温（1311—1375）认为，"雷，何物也？曰：雷者，天气之郁而激发也，阴气团于阳，必迫，迫极而进，进而声为雷，光为电。"

2. 磁的研究

对于磁现象的认识和研究要早于电现象，之所以这样是因为自然界中存在着天然磁体，这与人类社会由石器时代进入铁器时代的冶炼技术发展有关。我国最早记载磁石的文献是《管子·地数》，其中有这样的记载，"上有慈石者，下有铜金"。"铜金"应是一种铁矿或与铁矿共生的矿物，利用磁铁可以找到它的位置。

磁石可以吸引铁，而磁石与磁石之间的作用也被人们发现。而后，沈括在其《梦溪笔谈》中记录了将磁石磨成针状，研究并制成指南针，同时还发现磁偏现象。"方家以磁石磨针锋，则能指南，然常微偏东，不全南也。"这便是我们现在所说的指南针指示方向时的磁偏角。后来，关于磁作用的屏蔽现象也有相应的描述。

3. 电与磁的应用

雷电的破坏作用是明显的，如何消除它的破坏作用，至少是降低它的破坏程度呢？这涉及避雷技术。

我国古代《汉书》中有"矛端生火"的记载。矛即指尖端，当带电的云层经过时，矛端放电会产生微弱的亮光。但当时还没有将此技术用于建筑的防雷措施。

中国古代在磁的应用方面闻名世界的便是指南针技术。北宋时期，曾公亮（998—1078）曾利用地磁场作了磁化热铁片的实验。为了制作指南鱼，工匠利用磁化的方法把剪成鱼形的铁片磁化，适当调整鱼头和鱼尾接近地磁场的角度，可使磁化的强度加强。当然，前面提到的沈括运用"磁石磨针锋"的方法，则更简便易行，效果也更好。

我们知道的指南针的发明实则有一个较为漫长的历史。先秦时期的韩非子（公元前280—前233）曾经提到最早的磁性指向器，"故先王立司南，以端朝夕。"这里的"司南"就是指南的装置。通过这个方向的指示，可以不迷失方向。王充在《论衡·是应》中大致描述了司南的形状，"司南之杓，投之于地，其柢指南。"司南的形状是勺形的，使用时放在地盘上，司南稳定后，它的长柄（"柢"）指向南。

随着社会的发展，人们为改进司南的指向精度又创制出新的指南仪器——指南鱼和指南龟。这时要解决的问题主要集中在以下几方面：

第一，指南装置应有足够的磁性。显然，上述的指南鱼和指南龟磁性较弱。第二，指向要灵活。特别是像指南针这样的装置，在指向时不应因受到干扰而转动不灵活，或是极易受外界的干扰而转动不止。第三，指南装置的指向应当精准。这显然要从两个方面着手，其一是指南装置应成针状，其二是针的指向要与地盘结合起来。这就是后来逐渐形成的所谓罗盘。罗盘便是磁针与有分度的"地盘"组合起来的装置。明代巩珍在1434年说的"斩木于盘，书刻干支之字，浮针于水，指向行舟"就是将指南针技术应用于航海罗盘结构的最早描述。

自明代，我国古代的指南针这项先进技术通过海上和陆路"丝绸之路"便传入当时较为发达和活跃的阿拉伯地区，进而传到欧洲。这一方面极大地推动了欧洲航海业的发展，同时也使得欧洲人有机会在中国指南针技术的原型上改进指南针，极大地促进了指南针技术的普及和应用。可见，指南针为航海业的发展创造了条件，这为资本主义的发展带来了繁荣，为世界文明的发展做出了贡献。

§5.2　静电学与静磁学的建立

5.2.1　电学和磁学的早期研究

对电磁现象进行比较系统的研究，是从欧洲文艺复兴时期才开始的。英国科学家吉尔伯特（William Gilbert，1540—1603）做出了第一批系统的研究工作。1600年，吉尔伯特系统总结他长期研究的成果，出版了专著《磁石》，这是英国诞生的第一部科学著作，是把用实验方法探索自然和从理论上解释自然这两者结合起来的典范。

吉尔伯特做了许多揭示电和磁性质的实验。如图 5 - 2 - 1 所示，他用天然磁石磨制成一个大磁石球，用小铁丝制成小磁针放在磁石球上面，结果发现这些小磁针的行为与指南针在地球上的行为完全一样。因此，他设想地球是一块巨大的磁石，许多磁现象和这块大磁石有关。通过实验，他还发现，磁石吸引铁块的力与磁石的大小成正比。为了检验物体是否带电，吉尔伯特制作了第一个实验用验电器，如图 5 - 2 - 2 所示。他用一根极细的金属棒，中心固定在支座上可以自由转动，当摩擦后的带电体靠近它时，金属棒便被吸引而向带电体方向转动。通过大量细致的实验，吉尔伯特发现不仅摩擦后的琥珀有吸引轻小物体的性质，还有一系列其他物体如金刚石、蓝宝石、水晶、硫黄、明矾、树脂等也有这种性质，他把这种性质称为电性。当然，同时需要指出的是，鉴于当时的实际情况，吉尔伯特把电现象和磁现象进行比较，认为电和磁是两种截然无关的现象。这个结论对后来的电磁学的发展产生了重大的影响。

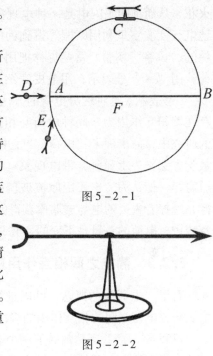

图 5 - 2 - 1

图 5 - 2 - 2

　　1660 年左右，德国人格里凯（Otto von Güericke，1602—1686）发明了能产生大量电荷的摩擦起电机，这或许可以称为是感应起电机的原型。1729 年，英国人格雷（S. Gray，1670—1736）仔细研究了电沿某些物体传播的事实，并引入导体的概念。他把物质分为两类，一类是非电性物体，是导体；另一类是电性物体，是非导体。并在实验中发现了导体的静电感应现象。

　　1733 年，法国人杜菲（C. F. Du Fay，1698—1739）发现绝缘的金属也可以通过摩擦的办法起电，他认为所有的物体都可以摩擦起电。他甚至用自己的身体，即他所谓的"非电的"物体，作带电实验。通过实验，他区分出两种电荷，并且发现同种电荷互相排斥，异种电荷互相吸引。

　　德国物理学家克莱斯特（E. G. von Kleist，1700—1748）和荷兰物理学家穆欣布罗克（P. wan Musschenbrock，1692—1761）分别于 1745 和 1746 年几乎同时发明了莱顿瓶。把带电体放在玻璃瓶内可以把电保存起来！莱顿瓶的发明为静电研究提供了一种储存电的有效方法，为进一步深入研究提供了一种新的强有力的实验手段，对电学知识的传播和应用起到了重要作用。

　　1746 年，美国著名的科学家、政治家、外交家富兰克林（Benjamin Franklin，1706—1790）无意之中得到了莱顿瓶等电学实验仪器，开始了他近 10 年的电学研究。富兰克林利用从雷云中收集的电荷给莱顿瓶充电而得到电火花，从而证明了闪电是一种电现象，证明天电（自然界中存在的电荷）和地电（实验室里利用摩擦等得到的电荷）的一致。这就是我们熟知的富兰克林的"风筝"实验。富兰克林把用丝绸摩擦过的玻璃棒所带的电荷叫做正电荷，用"＋"号表示；用毛皮摩擦过的硬橡胶棒所带的电荷叫做负电荷，用"－"号表示。这种区分电荷的方法，一直沿用到现在。实验发现，电荷之间存在着相互作用力，同种电荷互相排斥，异种电荷互相吸引。于是，在电学的研究中，便出现了"电荷""正电""负电"等术语，这使得人们有可能用数学方法来表示和研究带电现象。在研究过程中，富兰克林还发现了电荷守恒定律，他认为"电不因摩擦玻璃棒而创生，而只是从摩擦者转移到了玻璃棒，摩擦者失去的电与玻璃棒获得的电严格相同"。其意义表明，在任一封闭系统中，电荷的总量是不变的，它只能被重新分配而不能被创生。

5.2.2 静电之间相互作用规律的研究

有了"电荷"的概念，可以进行定量的研究了。在此基础上，人们开始尝试研究电荷之间的相互作用的规律。

1755 年，富兰克林曾做了一个有趣的实验，发现当用丝线吊起的小软木球放进带电的空金属桶时，软木球并没有受到金属桶电性的任何影响，即便是小软木球接触到金属桶的内壁，小球也没有带电。富兰克林意识到电荷只分布在金属桶的外表面。富兰克林把有关的实验现象和发现写信告诉了英国化学家和电学家普列斯特利（J. Priestley，1733—1804），并且请他重复验证和作出解释。普列斯特利于 1766 年底进行了实验，证明了富兰克林的结果，并在 1767 年出版的《电的历史和现状》一书中写道："我们可不可以由这一实验推断出，电的吸引遵从万有引力相同的定律，即按距离的平方而变化；因为容易证明，如若地球是一层球壳的形状，则在它里面的一物体所受到一侧的吸引力不会大于另一侧。"

关于静电之间的作用力的反平方规律的实验研究历经数位物理学家的努力，虽然已经看出苗头，但仍在实验的精确度和数学表述方面存在问题。

1. 库仑的工作

静电力的平方反比关系，是经过法国物理学家库仑（C. A. Coulomb，1736—1806）的实验测定，才得以流传于世的。

1750 年，剑桥大学的米切尔（J. Michell，1724—1793）出版了《人造磁体论》一书，在书中他记述到，把一块磁铁用线悬起，再用另一块磁铁排斥它，从线的扭转程度可以测定磁极间的斥力的大小遵从平方反比关系。这段描述说明了两个重要内容。其一便是磁体之间的相互作用关系与静止电荷之间的相互作用关系相似；另一个重要内容是米切尔用以测定磁体之间相互作用程度的扭秤方法。

库仑在法国科学院悬赏课题——"船舶用罗盘的最佳结构"的研究中，重新发现了这个扭秤方法，并注意到材料的强度，特别是抗扭转力的问题，通过研究他总结出扭转公式，发现扭转力同扭转角度成正比。

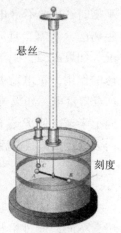

图 5 - 2 - 3

1785—1789 年，库仑发表了四篇关于电学研究的论文。论述了他用实验得出的电力作用的平方反比定律，其中一个实验就是后来为人们所熟悉的库仑扭秤实验，如图 5 - 2 - 3 所示。

库仑根据对称性利用相同的金属球互相接触的方法，巧妙地获得了各种大小的电荷，得出了电荷间的作用力与它们所带电量的乘积成正比的关系，从而完整地得出

$$F = K \frac{q_1 q_2}{r^2} \qquad\qquad (5 - 2 - 1)$$

这就是现在所说的电荷相互作用的库仑定律。

我们现在知道，上述公式中，电荷的单位是库仑，有一个基本电荷，但在当时，人们还没有掌握规定电量大小的方法。1839 年左右，高斯（C. F. Gauss，1777—1855）曾提出由库仑定律本身来定义电荷的量度，即两个距离为单位长度的相等电荷之间的作用等于单位力时，它们都具有单位电量。从高斯的说法中，我们可以发现库仑定律对于定量研究电荷相互作用的重要性。

2. 卡文迪许的工作

下面我们简单介绍早于库仑工作十几年，英国物理学家卡文迪许（H. Cavendish，1731—1810）对于电荷在导体上分布问题的研究。

1771 年，卡文迪许向英国皇家学会提交题为《用一种感性流体来解释电学基本现象的尝试》的论文，已由电荷只分布在带电体表面的事实，推测出电吸引力或排斥力"很可能反比于电荷间距离的平方"。他的论证和几年前普列斯特利的论证基本相同，但却更为严谨详细。

如图 5 - 2 - 4 所示，卡文迪许设想有一带电导体球面 abcd，用 ac 平面把它分为两半 abc 和 adc，P 点的电荷既受上半球电荷的作用，也受下半球电荷的作用。虽然 abc 部分的电荷比 adc 部分的电荷少，但是上部分离 P 点的距离比下部分要近些。如果元电荷的作用力反比于距离的平方，则上半球对 P 点的作用将准确地补偿下半球对它的作用。所以 P 点的电荷没有移动。在静电

平衡时，P 点不带电。如果电力作用反比于距离的 n 次幂，且 $n \neq 2$，就会出现另外的情况。如果 $n < 2$，则下半球的作用将大于上半球的作用，正电荷要从 P 点注射上半球，使 P 点带负电；如果 $n > 2$，P 点将有负电荷流向上半球，使 P 点带正电。因此当研究了球内 P 点的带电状态后，就能确定公式 $f(r) = \dfrac{k}{r^n}$ 中的 n 值。

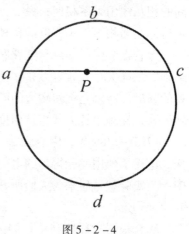

图 5 - 2 - 4

卡文迪许的实验装置与库仑的实验装置略有不同，通过给整个系统带电，从实验中他得出 $n = 2 \pm \dfrac{1}{50}$，即指数偏差不超过 0.02。 1971 年，他测量出的差值小于 3×10^{-16}。

后来，卡文迪许的绝大多数研究成果都没有发表。直到 19 世纪中叶，开尔文勋爵才在他的遗稿中发现了一些极有价值的资料，诸如平方反比关系、电势、电容，用导线连接起来的圆盘和半径相同的圆球所带电荷的正确比值等。1879 年，麦克斯韦整理出版了题为《尊敬的亨利·卡文迪许的电学研究》一书，才把卡文迪许的工作公布于世。在书中，麦克斯韦有这样的描述，"这些论文证明，卡文迪许几乎预料到了电学上所有的重大事实，这些重大事实后来通过库仑和法国哲学家们的著作而闻名于科学界。"

卡文迪许是一位贵族，很富有，当然也很聪慧，被称为"最富有的学者，最有学问的富翁。"他对财富和荣誉看得很轻，他本人进行科学研究的目的主要是为了满足个人的求知欲，绝大部分研究成果都没有发表。因此，卡文迪许对电学研究的历史发展没有起到实际的影响。

3. 库仑定律建立的意义

库仑定律是电磁学中的一个基本定律，它的建立也标志着电磁学进入到定量研究的阶段，数学和物理实验的进一步发展，使电磁学真正成为一门科学，并为其后的经典电磁理论体系的建立打下基础，也为发展电动力学奠定了基础。1828 年，英国数学家格林（G. Green，1793—1841）提出了"势"的概念，并推出静电学的不少重要结果。德国数学家高斯第一次为电量确定了一个单位，并进而创建了第一个合理的电磁单位制。1839 年，高斯还得出了真空中电通量的高斯定理，即

$$\oiint E \cdot \mathrm{d}S = \frac{1}{\varepsilon_0} \sum q \tag{5 - 2 - 2}$$

对静电学现象所进行的这一系列数学研究，使静电学有了系统的数学理论，开拓了一条通向理论电学研究的道路。

§5.3　电磁联系的发现

5.3.1　电流的发现

1780 年，意大利解剖学家伽伐尼（A. Galvani，1737—1798）在研究动物神经对刺激感受的实验中，发现当解剖青蛙时手术刀触及青蛙内侧的神经时，青蛙的四肢立即剧烈地痉挛起来，同时伴随着在起电机上发生了一个火花，而这与莱顿瓶通过导体放电相类似。

经过多次实验，伽伐尼基本上弄清楚了用绝缘体或单一导体的刺激并不能引起肌肉的收缩，只有使用两种连接起来的金属导体的两端分别与肌肉和神经接触时，才会引起青蛙四肢的痉挛。伽伐尼设想这是由神经传到肌肉的一种特殊电流体所引起的，金属起着传导的作用，他把这种来自青蛙身上的电流体称为"动物电"。

伽伐尼的发现引起了意大利物理学家伏打（A. Volta，1745—1827）的极大兴趣。1792 年春天，他成功地重复了这一实验，并且尝试用锡和银接触舌的不同部位，使它构成一个回路，产生了酸味的感觉。在以后的研究中，伏打认为关键在于两种不同金属的连接，只要将相连接的两种金属浸在液体或潮湿的物质中，就会出现电的效应，而这些用所谓的"动物电"是无法解释的。他通过实验决定了一个金属接触的序列：锌、锡、铅、铁、铜、银、金等，当任选两种金属接触时，在这个序列前面的金属总呈负电性，后面的则呈正电性。同时，他把金属称为第一类导体，即干导体，把潮湿的物体称为第二类导体，并指出必须有这两类导体同时参与，才能使电流体发生运动。

1800 年春，伏打公布了他所发明的"电堆"。即在一块锌片和一块铜片之间，夹上浸透了盐水或碱水的厚纸板、布片或皮革等潮湿的物质夹层，再把几十个这样的单元叠加起来，或者再将几个这样的"堆"连接起来，便可以在其两端引出强大的、稳定的电流，甚至可以引起像莱顿瓶放电时所感到的电击。伏打的电堆能够提供莱顿瓶无法给出的持续而强大的电流，同时也把电学的研究由静电引向动电的研究。

5.3.2　电流的磁效应的发现

正如前面所介绍的，吉尔伯特把电现象和磁现象看作截然无关的两种现象，电与磁所表现出的某种相似性似乎昭示着这两种自然现象之间可能存在着某种联系。库仑虽然确立了电力和磁力的平方反比定律，但他却从电荷可以从一个物体转移到另一个物体，而磁荷似乎永远固着在磁极上的现象断言，电流体和磁流体是两种完全不同的实体，它们之间不可能相互转化。法国物理学家安培（A. M. Ampère，1775—1830）在 1802 年宣称，他愿意去"证明电和磁是相互独立的两种不同的实体"，托马斯·杨也在 1807 年的《自然哲学讲义》中写道："没有任何理由去设想电与磁之间存在任何直接的联系"。直到 1819 年，实验物理学家毕奥（J. B. Biot，1774—1862）还坚持说磁作用与电作用之间的独立性"不允许我们设想磁与电具有相同的本质"。

可是，关于电和磁之间的相互联系的现象早已引起人们的注视。早在1735 年，就有记载雷电使刀、叉、钢针磁化的现象。1751 年，富兰克林也发现用莱顿瓶放电的方法可以使缝纫针磁化的现象。1774 年，德国一家研究所悬赏征文"电力和磁力是否存在着实际的和物理的相似性？"1800 年，伏打发明电堆，这使得人们有可能人为地产生和控制电流，为进一步研究电流的运动规律，特别是为研究电运动和其他运动形式的联系及转化创造了条件，使电学的发展进入了一个新的阶段。所有这些，进一步刺激了人们对电与磁联系的探索。

此后，关于电学的研究大体上是沿三个方向发展的。一是研究电池产生电流的原理；二是研究电在导体中的传导规律；三是研究电流的各种作用，或者说电与其他自然现象之间的关系。

随着电池的实际应用，原来的伏打电堆不能满足需要了，人们力求改进电池的同时，提出了电池如何产生电流的问题。关于这个问题，19 世纪前半期出现了两种不同的观点，一是所谓的"接触说"，伏打本人就持此观点；另一种是"化学说"，认为电流的产生源于电池中发生的化学反应，法拉第主张化学说，他认为"化学作用就是电，电就是化学作用"。这两种观点进行了长期争论。这个问题的争论和研究，成为物理学和化学的共同任务，导致了电化学的建立。

关于电的作用或效应，首先是对于电解作用的研究。伏打电堆传入英国后，1800 年，尼科尔森（W. Nickolson，1753—1815）利用伏打电堆进行了水的分解，发现在电堆的阳极出现了氧，在阴极出现了氢。英国化学家戴维（H. Davy，1778—1829）随即制造了一个当时堪称最强大的电池组，用来研究化学中的电解反应，并连续取得了一系列重要发现。1807 年，他用电解法制得了活泼的碱金属钠和钾。1808 年，他又制得了钙、锶、钡、镁和硼等。从此，电解法受到举世关注。与此同时，戴维也观察到磁铁能够吸引或排斥电极炭棒之间的弧光，并使弧光平动地旋转。看到科学界取得的这些成绩，一向我行我素的爱才之人拿破仑全然不顾英法战争的影响，在 1808 年授予戴维科学奖章。

可以预料，有关电与磁之间联系的研究特别是电与磁的效应的研究必然出现。

1. 奥斯特的电流磁效应研究

1820 年，丹麦物理学家奥斯特（H. C. Oersted，1777—1851）在给学生做电磁学演示实验时偶然发现，当导体通过电流时，与导线平行放置的磁针会偏转，如图 5 - 3 - 1 所示。同时还发

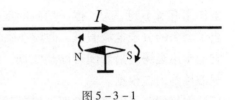

图 5 - 3 - 1

现，磁针于导线垂直放置时几乎不发生偏转。奥斯特这位富有哲学思想的自然科学家惊叹不已、激动万分，长期以来，有关电与磁的联系或许从此打开了一个缺口。他迅速地捕捉住这个机遇，进行了一系列的实验研究。通过 3 个月 60 多个实验的深入研究，终于在 1820 年 7 月 21 日以《关于磁体周围电冲突的实验》为题，发表了他极为简短的实验报告，叙述了实验结果。

当然，奥斯特关于电流磁效应的研究的意义远不止此，因为他的实验中隐含了电、磁、机械运动之间的联系，这也为后继的电动机的发明创造打下了扎实的基础。

2. 法国物理学家的工作

奥斯特的新发现的消息首先传到德国和瑞士，正在瑞士访问的法国科学家阿拉果（D. F. J. Arago，1786—1853）立即返回法国，在 1820 年 9 月 4 日法国科学院的例会上宣读了奥斯特的论文，9 月 11 日又做了实验演示，使一直

囿于库仑关于电与磁毫无联系的法国科学家大为震惊。安培、阿拉果、毕奥、萨伐尔（F. Savart，1791—1841）等人对此迅速作出反应，大伙全力以赴地投入到这一课题的研究中。

下面我们介绍这其中安培的工作。1820 年 9 月 18 日，安培向法国科学院提交了第一篇论文。提出了著名的确定磁针偏转方向的右手定则，如图 5 - 3 - 2 所示，同时提到磁铁类似于电流流

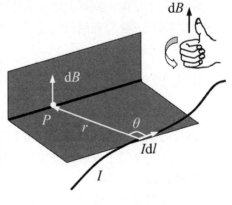

图 5 - 3 - 2

过的线圈，并用实验证明这种线圈对磁铁有作用，之后又考察了线圈之间的相互作用。在发现圆电流的相互作用后，安培继续研究线电流的相互作用。

9月25日，安培向法国科学院提交了第二篇论文，阐述了两平行载流导线之间的相互作用，指出电流方向相同时相互吸引，电流方向相反时相互排斥。

10月9日，安培提交的报告中，总结出电流之间的吸引和排斥作用与静电作用有所不同。为了把一切磁的现象都归纳为电流间的相互作用，安培提出了著名的分子电流假说。假设在磁性物质内存在无数微小的"分子电流"，它们永不衰竭地沿着闭合路径流动，从而形成一个小磁体，以此作为物体宏观磁性的内在根据。

安培的分子电流假说把一切磁效应都归功于电流与电流的相互作用，他的所谓分子，也并非指真正的分子，分子电流也不是指的微观带电粒子的运动，他的假说只不过是一种模型。磁性的本质，只有到20世纪才能在量子理论的基础上得到较为满意的解释。这里应当指出的是，安培的分子电流假说是个天才的模型，是一种超越了他的时代的假说。

在10月30日法国科学院例会上，毕奥、萨伐尔报告了他们发现的直线电流对磁针作用的定律，这个作用正比于电流的强度，反比于它们之间的距离。作用力的方向则垂直于磁针到导线的连线。拉普拉斯则进一步假设了电流的作用可以看作为各个电流元单独作用的总和，于是把这个定律表示为微分形式，这就是我们现在称为的毕奥－萨伐尔定律。其中，电流元 Idl 在真空中 P 点产生的磁场的大小为 dB，方向则由图5－3－2所示的右手定则确定。

$$dB = \frac{\mu_0}{4\pi} \frac{Idl\sin\theta}{r^2} \tag{5-3-1}$$

利用上述定律，原则上可以求出任意形状的截流导线所产生的磁场分布，其基本思路和方法与利用点电荷的电场强度求出任意带电体的周围的电场分布一致。

5.3.3 安培的工作

前面我们曾介绍了法国物理学家在电磁相互作用研究方面的工作，其中大致涉及的是法国著名物理学家安培的几篇论文和研究报告的情况，下面我们具体叙述安培关于电磁相互作用的规律的研究和他本人的基本观点。

1. 基本研究思想

为了解释奥斯特电流磁效应现象，安培通过"分子电流"假说把磁的本质归结为电流，认为所有电磁作用都是电流与电流的作用，他本人把这种作用力称为"电动力"。根据当时已经发现的电磁作用规律，安培考虑如何将这些规律综合成一个系统的理论体系的问题。由于安培十分欣赏牛顿把一切质点的运动都归结为万有引力的效应的这种高度简化的方法，从一开始就决心严格地参照牛顿力学的方法处理电磁现象。安培像牛顿把质量分解为无数质点那样，尝试着把电流设想为无数电流元的集合，认为只要找到电流元之间相互作用力的关系式，就可以通过数学方法推导出所有电磁现象的定量结果。

安培遵循牛顿的研究方法，从观察运动现象入手，通过精确的实验研究以找到关于力的规律，然后再以这些力的规律对有关自然现象作出解释和预测。所以，安培认为最核心的概念应该是与质点相对应的"电流元"以及它们之间超距作用的有心力，他本人把这种理论称为"电动力学"。

从1820年10月开始，安培花了几年的时间，全力去寻找"电流元"之间的相互作用的规律。尽管卡文迪许通过实验测定静电力，然后再通过理论进行分析和研究的方法和思想对安培有所启发，但他却遇到了意想不到的困难。

在牛顿的研究思想和方法中，质点是体积可以忽略、具有力的性质的物理模型，物体可以被划分为一个一个的质点，或物体可以被视为是由一个一个的质点所组成。而安培这里的电流元却不是独立存在的，因而也不可能对这种假想的实体的作用力进行直接的实验测定，而只能在假设的基础上，通过理论分析得出一些可供实际检测的结论，变换条件地去进行测量，然后再用这些实验结果去确证或修改原来的假设，直至建立起能与观察结果相符合的基本定律。

2. 精巧的实验设计

安培以高超的数学才能和实验技巧，设计了四个天才的"示零实验"。所谓"示零实验"是指两个电流同时作用于第三个电流而产生平衡的效果，或者两个电流不发生某种力的作用，从而揭示了电流之间相互作用力的某些特性。

第一个实验是"在一根固定的导体中，先让电流在一个方向通过，然后在相反方向通过，它们对方向和距离都保持不变的物体所产生的吸引力与排斥力绝对值相等。"且电流反向时它所产生的作用也反向。

第二个实验同样用无定向秤检验一个通电对折导线的作用，对折导线的一边是直的，返回的一边则绕成电螺旋线或任意波折线，实验同样得出零结果，从而说明直导线电流与波状导线电流产生的作用力相等，表明电流元的作用具有矢量性质。

第三个实验则要解决若视电流元的作用力为矢量，除了两两平行的部分外，相互垂直的电流元之间是否存在作用力的问题。安培通过实验证明作用于电流元上的作用力只存在于垂直于电流的方向上，因而可以不必考虑相互垂直的电流元的作用。

第四个实验则是为了唯一地根据实验结果确定作用力公式（即安培定律）中的相关常数，包括反比关系中的幂指数。

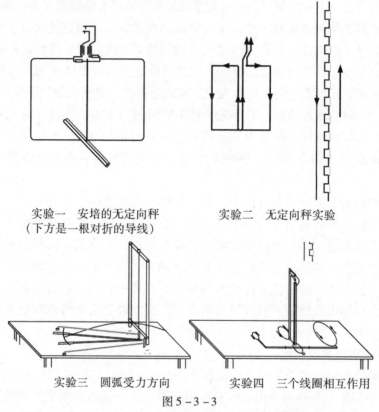

实验一　安培的无定向秤
（下方是一根对折的导线）

实验二　无定向秤实验

实验三　圆弧受力方向

实验四　三个线圈相互作用

图 5 - 3 - 3

安培从上述四个实验中得出二电流元相互作用的所谓电动力公式

$$F = \frac{i \cdot ds i' \cdot ds'}{r^2} (\sin\theta \cdot \sin\theta' \cdot \cos\omega + k\cos\theta \cdot \cos\theta')$$

式中 $k = 1/2$。这就是著名的安培定律的公式。安培的电动力公式从形式上看，与牛顿的万有引力定律非常相似。安培正是循着牛顿的路线，依照力学的理论体系，创建了电动力学。他认为电流元之间的相互作用力——电动力是电磁现象的核心，在他的理论中，电流元相当于力学中的质点，电流元存在电动力，而电动力是一种超距作用，就像牛顿力学中的万有引力一样。

安培对于载流导线之间的相互作用的规律的研究从理论（包括数学知识的运用）和实验两个方面进行，所得结论似乎无懈可击，但其中最重要的问题便是因实验上无法分离出独立的"电流元"而受到责难。另一方面，其公式本身只是在形式上与距离的平方成反比，还要经过积分才能解释有限长电流的相互作用，而这种作用则与距离的一次方成反比。而安培对此的解释是，"电流元"之间的相互作用只是一个数学模型，只要能够利用这个模型对所有的电磁现象提出解释，就说明它是正确的，而由它得到的公式也就"永远是事实的真实的描述"。

麦克斯韦对此给出高度评价，称安培是"电学中的牛顿"，其成果为"科学上最辉煌的成就之一，""整个的理论和实验在形式是完整的，在准确性方面是无懈可击的"。

5.3.4 稳恒电流的获得和电路的研究

有了伏打电堆，有了能够提供持续的、稳定的电流装置，使得物理学家有可能进一步研究导线中电流所遵循的规律，进而去研究电路的性质。

德国物理学家欧姆（G. S. Ohm, 1789—1854）于 1817 年开始电学研究。他首先从傅里叶建立的热传导理论中导热杆中两点之间的热流的大小与这两点的湿度差成正比的假设受到启发，然后用数学方法建立了热传导定律。欧姆认为，电流现象和热流现象相似，于是猜想导线中两点之间的电流的大小也可能正比于这两点之间的某种驱动力，他把这个驱动力称为"验电力"，即是今天所说的电势差。接下来，就要通过实验去验证自己的猜想了。起初他使用伏打电堆作为电源进行实验，但由于电流不稳定，实验效果并不好。

后来，在温差电现象发现的启发下，用铜和铋制成了一个温差电池，才得到了稳定的电流。但是，如何测定导线中的电流强度呢？这在当时还是一个未解决的难题。经过一段时间的紧张思考，他创造性地把奥斯特发现的电流磁效应和库仑的扭秤法结合起来，设计了一个电流扭秤，才得到了理想的结果。

1826 年，欧姆在他发表的论文中叙述了他的实验装置。一个电路中包含一个温差电池，一个自己设计的测定电流强度的装置，一个悬挂的小磁针。当接通电路时，电流产生的磁场将会引起磁针的偏转。欧姆假定了磁针的偏转角与导线中电流强度成正比，于是就把电流强度这个电学量变成力学量来测量。

欧姆选用粗细相同、长度不同的铜丝，分别接入电路，测出每次的磁针扭转的角度。通过对实验数据的分析，欧姆得出关系式

$$X = \frac{a}{b+x}$$

式中 a 和 b 是依赖于温度差和电路其余部分结构的两个参数。实际上在欧姆

所确定的公式中，X 对应于电流的强度，a 对应于电源电动势，x 和 b 分别对应于外电路的电阻和电源的内电阻。上式实际上就是全电路的欧姆定律，与我们在中学物理中学习的是一致的，我们现在的表示为

$$l = \frac{\varepsilon}{R + r} \qquad\qquad (5-3-2)$$

欧姆继续用不同尺寸的金属线，改变温差电池两端的温度，多次重复进行实验，都得到与上述公式同样的结果。此外，欧姆还得出了电阻与导线的长度成正比，与导线的横截面积成反比的结论，从而为物体的电导率概念建立了基础。实验证明，一段均匀导体的电阻 R 与导体的长度 l 成正比，与导体的横截面积 S 成反比，即

$$R = \rho \frac{l}{S} \qquad\qquad (5-3-3)$$

式中 ρ 是与导体的材料及温度有关的量，称为导体的电阻率，其倒数叫导体的电导率，用 σ 表示。ρ 的单位是欧姆·米，σ 的单位是西门子·米$^{-1}$。电阻率（或电导率）是描述构成导体材料性质的物理量，与导体的形态、大小无关。

1827 年，欧姆出版了《用数学推导的伽伐尼电路》一书，对他所发现的重要定律从理论上进行论证，并把这个定律表示为

$$X = \frac{a}{l'}$$

他明确表示，在伽伐尼电路中，电流的大小与总电压成正比。

欧姆的工作很快被一些年轻的实验物理学家所接受，并在研究磁棒对载流螺线管的作用、研究地磁和制造精密仪器方面得到重视。

1845 年，德国物理学家基尔霍夫（G. R. Kirchhoff，1824—1887）扩展了欧姆的理论，提出了计算分支电路中电流、电压和电阻的著名法则，我们现在称之为基尔霍夫定律。这些在电子线路和无线电基础知识学习中是重要的基本规律。

$\Sigma I = 0$ 基尔霍夫第一定律

$\Sigma U = 0$ 基尔霍夫第二定律

§5.4 电磁感应现象的研究

5.4.1 法拉第对电磁感应现象的研究

奥斯特关于电流的磁效应的发现（即电生磁），揭开了关于电与磁联系的

研究的序幕。普遍引起了这种对称的思考：能不能用磁体使导线中产生出电流？即磁能否产生电？

法国物理学家们同样在思考这个问题，并进行了相关的实验研究，但所得结论不足以说明问题。而与此同时，一位伟大的物理学家法拉第（M. Faraday，1791—1867）出现了。英国物理学家法拉第出生在一个贫穷的铁匠家庭，从小只受到一点读、写、算的初步教育，13 岁时到伦敦一家书店当装订书的学徒，这使他有机会接触到各类书籍，他从阅读科学书籍中获得了丰富的知识。靠自学热爱上了科学，受到当时英国化学界著名的化学家戴维的赏识成为戴维的研究助手，并由此走上了科学研究的道路。正当法拉第研究气体的性质时，他得知丹麦物理学家奥斯特关于磁针通过带电流的导体附近时会发生偏转的重大发现，便中止了有关气体性质的研究，转向研究电和磁的相互关系。

他在 1822 年的日记里写道"由电产生磁，由磁产生电"的大胆设想，并着手磁生电的艰苦探索。法拉第和奥斯特一样，笃信自然力的统一，很早就开始寻找"磁生电"的迹象。法拉第仔细分析了电流的磁效应，认为电流与磁的相互作用除了电流对磁、磁对磁、电流对电流，还应有磁对电流的作用。他想既然电荷可以感应周围的导体使之带电，磁铁可以感应铁质物体使之磁化，为什么电流不可以在周围导体中感应出电流来呢？

1821—1831 年，法拉第进行了无数次的实验和尝试，期间也因其他原因中断过对磁生电的探索，但还是不时地回到这项研究上。1831 年 8 月 29 日，法拉第在进行这一实验时偶然发现，当开关合上有电流通过线圈 A 的瞬间，小磁针发生了偏转，随后又停在原来的位置上；当开关断开切断电流时，小磁针又发生偏转，如图 5 - 4 - 1 所示。这表明，一个电流通过铁环介质而感应出另一个电流。法拉第把这一现象称为"伏打电感应"。这个实验通常被称为电磁感应的发现，但事实上并不完全如此。因此，法拉第虽然想到了这就是他

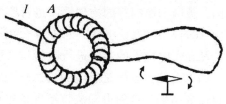

图 5 - 4 - 1

苦苦寻找了将近十年的由磁产生电流的现象，但还没有明确地领悟到这一现象的暂态性的本质特点。

在这个发现之后，法拉第立即想到，铁环和线圈 A 是不是产生这一效应的必要条件，他很快就用实验找到了答案。10 月 17 日他在一个圆纸筒上绕了多层线圈，将一个圆柱形的磁棒插入线圈的一端。然后把磁棒迅速地塞入螺线圈中，这时线圈所连的电流计的指针发生了偏转；抽出磁棒时，指针又偏

转了，但偏转的方向相反。

经过多次实验，法拉第不仅实现了由永久磁体产生电流的设想，而且完全弄明白了这种转化的暂态性。而与法拉第同时代的瑞士年轻人科拉顿（J. D. Colladon，1802—1892）在1825年曾试图用一块磁铁在螺线管中移动使线圈中产生出感应电流。他为了排除磁铁移动对灵敏电流计的影响，用了很长的导线把连接于螺线管的电流计放在另一个房间内，他在两个房间里跑来跑去进行实验和观察，这当然是观察不到感应电流的，因为他没有想到此效应的暂态性特点。

1831年11月24日，法拉第向皇家学会提交报告，把这种现象定名为"电磁感应"，并概括了可以产生感应电流的五种类型：变化着的电流，变化着的磁场，运动的稳恒电流，运动的磁铁，在磁场中运动的导体（如图5-4-2、5-4-3、5-4-4所示）。后来他用导体切割磁力线的概念，统一了包括随时间变化的电流，在空间中运动的电流，以及磁铁和导体的相对运动等所产生的感应现象，统称为电磁感应。法拉第在1851年发表论文《论磁力线》，系统地阐述了他所用到的概念，总结了电磁感应定律。

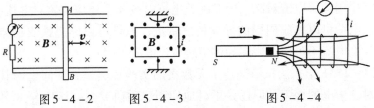

图5-4-2　　　　图5-4-3　　　　　　图5-4-4

关于电与磁联系特别是电磁感应的研究在当时是物理学发展的一个前沿，许多物理学家积极投身到电磁现象规律的研究之中，这时除了欧洲大陆的法国、英国和德国等的物理学家进行实验和理论研究之外，美国物理学家亨利（J. Henry，1799—1878）也在思考和研究电磁现象之间的联系。1829年8月，亨利在用电磁铁的装置进行电报机实验时，发现通电线圈在断开时会产生强烈的电火花。这就是所谓的自感现象，但他无法作出解释，就没有公开发表自己的结果。直到得知法拉第发现电磁感应后，才明白了其中的道理。客观地说，他的研究实验已展现出电磁感应现象，但对此却没有进一步深入。

在法拉第发现电磁感应现象后，开展有关感应电流的方向的探讨并最后给出基本规律的是俄国物理学家楞次（H. F. E. Lenz，1804—1865）。楞次于1832年11月，得出了感应电动势与绕组导线的材料和直径无关，与线圈的直径无关的结论。1833年11月，楞次提出了著名的"楞次定律"，明确了确定电流方向的基本法则。这个定律表明，感应电流所产生的磁场的作用，总是补偿原磁场的变化，即阻碍磁体的运动。1847年，亥姆霍兹（H. von Helmholtz，1821—1894）从能量转化与守恒的角度出发，揭示了楞次定律实际是电磁感应现象中能量转化与守恒定律的具体表现。

5.4.2　经典电磁理论的初步形成

围绕着奥斯特有关电流的磁效应现象的发现，欧洲大陆的物理学家们开展了一系列的实验研究和理论探讨，逐渐形成了对电磁现象研究的两个大的派别。其中有一派从数学知识的应用入手，对电磁现象的研究持所谓的"超距"作用的观点。而在英国，以法拉第为首的物理学家则以物理直观形式为主，形成了所谓"近距"作用的场论思想，这在物理学界引发了一场观念和理论的重大变革。

电流的磁效应和电磁感应现象的发现，对法拉第有关"场"的思想的形成产生了重要的直接影响。对于所看到的物理现象，如何去解释？如何去理解？又如何用相关的物理概念和规律去进行理论探索？进而能否用这些概念和规律构建理论体系？这些问题摆在人们的面前。法拉第从广泛的实验研究中构想出描绘电磁作用的"力线"图像。他认为电荷和磁极周围的空间充满了力线，靠力线（包括电力线和磁力线）将电荷（或磁极）联系在一起。力线就像是从电荷（或磁极）发出、又落到电荷（或磁极）的一根根皮筋一样，具有在长度方向力图收缩，在侧向力图扩张的趋势。他以丰富的想象力阐述电磁作用的本质。

从 1831 年底，法拉第就电磁现象提出了"电紧张态"和"磁力线"两个新概念。他认为，"电紧张态"是由电流或磁体产生的存在于物体和空间中的张力状态，这种状态的出现、变化和消失，都会使处于这种状态中的导体感应出电流来。"磁力线"是为了对磁体和螺线管之间的相对运动产生感生电流的现象进行解释而提出的一个概念。而考虑到电流的变化也会引起磁力线的变化，因而磁力线也就成了对"电紧张态"作定量描绘的一个工具。磁力线的多少表示这种状态的强弱，磁力线数量的变化表示这种状态的变化，这就为感应电流找到了一种量度方法，并通过磁力线概念把"伏打电感应"和"磁电感应"统一起来，用"切割磁力线产生电流"对电磁感应定律做出了物理的概括和解释。"磁力线"概念的提出成为他发展力场理论的立足点。

1832 年 3 月，法拉第从运动导线穿过恒定均匀磁场时也能产生出感应电流的现象想到，这种效应只能是由于导线一侧与另一侧紧张状态的程度不同引起的，这就意味着产生紧张状态的力或磁力线的传播是需要时间的。而从载流导线向四周散发出来的力线只能以有限的速度向空间传播，而不可能是瞬时的。考虑到这些，法拉第又引入了"电力线"的概念，设想电力也像磁力一样是通过力线传播的。1833 年，法拉第又发现了一个重要的关于电解的实验规律。

1837 年，法拉第在研究介质如何影响电力时发现，两个导体板组成的电容器如果中间夹有绝缘材料时所带电荷量比由真空隔开时要多，绝缘材料不同电容器容纳的电量也不同。他设想，在电容板之间的绝缘介质中，电力线要比真空中稠密一些，其稠密程度与材料的电容率成正比，因此就在电力线尽头的电容板上容纳较多的电荷。由此可以看到，法拉第的"力线"的概念具有明确的物理意义，它的运用也更加明晰。

1845 年 9 月，法拉第在用强磁场作用于物质研究光的偏振平面发生偏转的实验时发现，物质对磁力的作用类似于介质对电力的作用。实验中他发现，多数物质（如玻璃、铜棒、橡皮等）转向与磁力线交叉的方向，并且移向磁力较弱的地方；只有铁、镍等物质，则取与磁力线一致的方向，并移向磁力最强的地方。他把前者称为"抗磁体"，后者称为"顺磁体"，认为在顺磁体和抗磁体中都不存在作为磁力线的终点的"磁极"，而只是对磁力线的不同的反应。磁力线很容易通过磁性物质，所以在顺磁体中是密集的；而抗磁体则是磁力线的不良导体，所以磁力线趋于绕过抗磁体，使其中的磁力线变得稀疏。他坚信，电和磁的作用不是没有中介地从一个物体传到另一个物体。进而设想在带电体、磁体和电流周围的空间存在着某种由电或磁产生的像以太那样的连续介质，起着传递电力和磁力的媒介作用，他把它们称为"电场"和"磁场"。这是物理学中第一次提出的作为近距作用的"场"的概念。如图 5-4-5 所示。

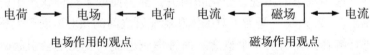

电荷 ⟷ 电场 ⟷ 电荷　　　电流 ⟷ 磁场 ⟷ 电流

电场作用的观点　　　　　　　　磁场作用观点

图 5-4-5

1851 年 12 月，法拉第发表的《论磁力线》一文中对场的物理图像作了直观的描述。他认为，场是由力线组成的，许多力线组成一个力管，它们将相反的电荷和磁极联系起来。力线上任一点的切线方向就是该点场强的方向，力线的疏密程度则表示不同点场强的大小。力管有纵向收缩的趋势和横向扩张的趋势，他以力管的这种机械性质解释了异性相吸和同性相斥的现象。因此，法拉第认为，力线具有物理实在的性质，它是场的表象。他曾在一张纸上撒上铁屑，用磁棒在其下面轻轻振动，铁屑就清楚地连接成规则的曲线，以此来证明力线和力管的实在性。

法拉第从电场和磁场的观点出发去考察一切电磁作用过程，运用"力线"

和"场"的概念把近距媒递作用观念引入物理学中，对于电磁学以及整个物理学的发展都产生了深远的影响。

下面我们运用"场"的概念来简单解释电磁学理论中的一些基本规律及其应用。

1. 静电场的基本规律及其应用

如图 5 - 4 - 6 所示，设有一个静止的点电荷 Q 位于空间某处，按照法拉第的场的思想，则点电荷 Q 周围的空间将有电场存在。当我们将一个试探电荷 q_0 放入电场中，q_0 将受到由点电荷 Q 激发的电场的力的作用 $\boldsymbol{F}$。

图 5 - 4 - 6

根据库仑定律可知，$\boldsymbol{F}$ 的大小 F 与点电荷 Q 和试探电荷 q_0 所带电量正比，与两电荷之间的距离的平方成反比。

如果增加试探电荷所带电量，即 $2q_0$，$3q_0$，……我们发现，试探电荷所受到电场力 F 则变为 $2F$，$3F$，……而 $\dfrac{F}{q_0}$ 的比值保持不变。看来，试探电荷所处电场中的某点可用此比值来确定电场的性质。

由点电荷的库仑定律，有

$$F = k\frac{Qq_0}{r^2}$$

$\dfrac{F}{q_0} = k\dfrac{Q}{r^2}$，将此比值定义为 E，则有

$$E = \frac{F}{q_0} = k\frac{Q}{r^2} = \frac{1}{4\pi\varepsilon_0}\frac{Q}{r^2}$$

上式即为点电荷电场强度的定义式。对于点电荷所产生的静电场而言，电场中某点的电场强度大小等于单位电荷在该点所受电场力的大小；其方向与正电荷在该点所受电场力的方向一致。

电场的基本性质之一是对处于其中的电荷有力的作用。显然，电场强度（简称场强）的大小与试探电荷所带电荷的多少或电性无关，它是描述电场性质的基本物理量。换句话说，有无试探电荷并不影响该电场的存在，之所以放置试探电荷，其目的是用以探测电场对试探电荷存在的力的作用。有了这个规律，对于一般的带电体，我们可以将其视为是许许多多点电荷组成的体系，然后用高等数学的知识求解带电体所产生的电场分布情况。

下面我们再讨论电场的另一个基本性质，即电场具有能量。在电场中移

动电荷，电场力会做功，或外力克服电场力做功。

设在一个静止的点电荷 Q 产生的电场中，在外力和电场力的共同作用下沿图 $5-4-7$ 所示的 ab 曲线移动一个试探电荷 q_0，我们讨论电场力对试探电荷做功的情况。

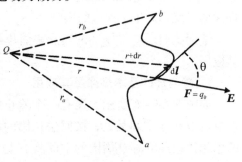

设在曲线上某点处，q_0 距 Q 为 r，移动的位移为 $\mathrm{d}l$，则由功的定义可知

图 $5-4-7$

$$\mathrm{d}A = \boldsymbol{F} \cdot \mathrm{d}l = q_0 E\mathrm{d}l\cos\theta = q_0 E\mathrm{d}r = \frac{1}{4\pi\varepsilon_0}\frac{Qq_0}{r^2}$$。则当 q_0 由 a 到 b 时，电场力做功为 A

$$A = \int_a^b \mathrm{d}A = \int_a^b \frac{1}{4\pi\varepsilon_0}\frac{Qq_0}{r^2}\mathrm{d}r = \frac{Qq_0}{4\pi\varepsilon}\left(\frac{1}{r_a} - \frac{1}{r_b}\right)$$

此结果亦表明，当试探电荷 q_0 在点电荷 Q 的电场中移动时，电场力做的功 A 只与 Q 和 q_0 及其始末位置有关，而与路径无关。这与我们在前面讨论的在重力场中，重力做功的特点非常相似。

在上面讨论中，如果我们定义静电场中，a 点处 q_0 所具有的电势能（Q 与 q_0 相互作用能）为 W_a，则

$$W_a = \frac{Qq_0}{4\pi\varepsilon_0}\frac{1}{r_a} \tag{$5-4-2$}$$

所以，$A = W_a - W_b$，即电场力做功等于系统电势能的变化量。

我们再看公式（$5-4-2$），发现 $\dfrac{W_a}{q_0}$ 这个比值与 q_0 无关，而只与点电荷 Q 产生的电场的具体位置有关。将此比值定义为 U_a，即

$$U_a = \frac{W_a}{q_0} = \int_a^b \boldsymbol{E} \cdot \mathrm{d}l \tag{$5-4-3$}$$

我们称上式为电场中 a 点的电势。显然，它也是描述电场性质的一个基本物理量。其物理意义是，单位正电荷在 a 点的电势能，或将单位正电荷从 a 点移到无限远点的过程中，电场力做的功。电势的单位为 $\mathrm{J \cdot C^{-1}}$，称为伏特，符号为 V。

从前面讨论中，我们发现既然电场和电势都是描述电场性质的物理量，虽然一个是从力的角度进行研究，得到场强的概念，是一个矢量；另一个则是从能量角度等到电势的概念，是一个标量。但同是描述电场的性质，那么

这两者之间又有什么关系？我们还是讨论一个最简单的情况，即大家熟悉的所谓匀强电场的情况，看看这两者之间的关系到底如何。

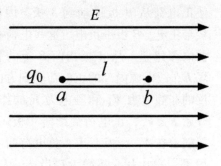

图 5 - 4 - 8

若 a、b 两点的电势差为 U，则

$$U = U_a - U_b = \int_a^b \boldsymbol{E} \cdot \mathrm{d}\boldsymbol{l} = E \cdot l$$

2. 电路的基本知识

（1）电流强度

正如日常生活中看到的水流一样，电荷定向运动就形成电流。而要产生电流需具备两个条件：①有可以运动的电荷；②存在使电荷运动的力。金属导体是一种产生电流的理想物体，只要其内部有电场存在，自由电子就会在电场力的作用下作定向运动而形成电流。描述电流强弱的物理量称为电流强度。定义单位时间内通过导体任一横截面的电量，叫做通过该截面的电流强度，简称电流，用 I 表示。若在 $\mathrm{d}t$ 时间内通过某一横截面的电量为 $\mathrm{d}q$，则电流强度为

$$i = \frac{\mathrm{d}q}{\mathrm{d}t} \tag{5-4-4}$$

在 SI 中，电流强度是基本量之一，其单位为安培（A）。

电流强度是一个标量，本无方向可言，但在实际应用中，通常是要知道电流在电路中的流向，按照传统的习惯，把正电荷运动的方向规定为电流的方向，但不能因为电流强度既有大小又有方向就误认为 I 也是矢量，它不满足矢量运算法则。

（2）电　源

在电路中，若电流保持不变，则该电流称为稳恒电流。能形成稳恒电流的电路一定是闭合的，这意味着在稳恒电路中，正电荷不仅能从高电势处流向低电势处，还必须能从低电势处再回到高电势处。因而只有静电力的作用是不可能产生稳恒电流的，电路中必须有非静电性质力的存在。

能提供非静电力，使正电荷从低电势处移到高电势处的装置都叫做电源。从能量观点来看，电源是一种能量转换器，能产生稳恒电流的电源叫做稳恒电源，通常称为直流电源。电源的种类很多，在不同种类的电源中产生非静电力的起因不同，如干电池和蓄电池中，非静电力来自化学作用，在普通的发电机中非静电力来自电磁感应作用，等等。

图 5 - 4 - 9 是稳恒电源的原理图。在电源未和外电路接通时，非静电力

使正电荷从 B 板运动到 A 板，因此 A 板带正电，B 板带负电。这些电荷在电源内部建立一从 A 板指向 B 板的静电场 E，故电源内部的正电荷受到方向相反的非静电力 F_K 和静电力 F 的作用。开始 $F < F_K$，正电荷继续向 A 板运动，但随着在 A、B 板上正、负电荷的不断积累，静电力不断增大最后 $F = F_K$ 而达到平衡状态，A、B 板上的正、负电

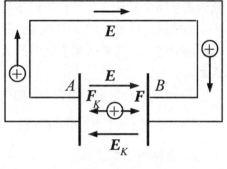

图 5 - 4 - 9

荷就不再增加了，电源内部静电场亦不再变化，两板之间的电势差保持一恒定值。高电势的 A 板称为电源的正极，低电势的 B 板叫做负极。若接通外电路，则 A、B 板上的正负电荷将在外电路中建立起静电场，外电路中的正电荷在此静电场作用下作由 A 板经外电路向 B 板的运动，结果 A、B 板上的电荷减少，电源内部的静电场随之减弱，使得电源内部的正电荷所受的静电力小于其非静电力，正电荷又将从 B 板向 A 板运动，从而在整个电路中形成稳恒电流。

（3）电动势

与描述静电场的方法相似，可引入 E_K 来描述电源的非静电力的作用

$$E_K = \frac{F_K}{q} \qquad (5 - 4 - 5)$$

E_K 表示作用在单位正电荷上的非静电力，称为非静电场强度。而更方便的是从能量的观点来表征电源本身的特征，为此引入一个新的物理量。我们把单位正电荷从负极经电源内部搬到正极非静电力所做的功，叫做电源的电动势，其数学表示式为

$$\varepsilon = \int_{(电源内)} E_K \cdot \mathrm{d}l \qquad (5 - 4 - 6)$$

而对于闭合电路，由于外电路没有非静电力作用，因此上式又可表示为

$$\varepsilon = \oint_{(导体回路)} E_K \cdot \mathrm{d}l \qquad (5 - 4 - 7)$$

即电源的电动势为把单位正电荷沿闭合电路一周非静电力所做的功。

应该指出的是，①电动势 ε 是描述电源本身特征的物理量，是电源非静电力做功本领大小的标志，与外电路的性质及其接通与否无关。②通常规定从负极经电源内部指向正极的方向作为 ε 的方向，但 ε 是标量，从它的定义

中不难看出这一点。

（4）欧姆定律

德国物理学家欧姆通过大量的实验于 1826 年总结出：通过一段导体的电流强度 I 与该段导体两端的电压 U 与导体电阻 R 的关系为

$$I = \frac{U}{R} \qquad (5-4-8)$$

上式称为欧姆定律。

电阻或电导是描述导体对电流阻碍程度的物理量，其量值取决于导体的材料、几何因素及其温度。在 SI 中，R 的单位叫欧姆（Ω），G 的单位为西门子（S）。

实验证明，一段均匀导体的电阻 R 与导体的长度 l 成正比，与导体的横截面积 S 成反比，即

$$R = \rho\,\frac{l}{S} \qquad (5-4-9)$$

上式称作电阻定律。

（5）电流的功和功率

在一段电路的两端加一电压 U，则在组成电路的导体中便建立了电场，在此电场的作用下导体中的自由电荷就作定向运动而形成电流（图 5-4-10）。电流自 A 指向 B，即电场把正电荷自高电势的 A 端搬向低电势的 B 端，故电

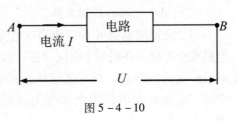

图 5-4-10

场力做功，习惯上称此功为电流的功，简称电功。在 t 时间内电场力所做的功为

$$A = qU = IUt \qquad (5-4-10)$$

也就是电流在时间 t 内所做的功。电流在单位时间内所做的功称为电功率，记作 P，即

$$P = \frac{A}{t} = IU \qquad (5-4-11)$$

上式表明，电功率等于通过电路的电流和电路两端的电压之积。

（6）焦耳定律

做功是能量转换的一种方式，如果这段电路是由导线和电阻性元件组成的纯电阻性电路，电流的功将全部转化成热。根据能量转换和守恒定律，式（5-4-10）表示电流通过这段电路时在时间 t 内所放出的热量 Q。对于纯电

阻性电路 $U = IR$，则有

$$Q = IU \cdot t = i^2 R \cdot t = \frac{U^2}{R} t \tag{5-4-12}$$

上式所表示的规律是焦耳从实验首先总结出来的，故称之为焦耳定律，这种热即叫做焦耳热。

因此，电流 I 通过电阻 R 产生的热功率为

$$P = IU = I^2 R = \frac{U^2}{R} \tag{5-4-13}$$

特别需要说明的是，上式中电功率 P 的三个表示形式并非是完全等价的。$P = IU$ 表示对电路输入的电功率，对纯电阻性电路和非纯电阻性电路（例如含有电源或直流电动机、电解槽的电路等）都是适用的，是一个普遍的表示式。然而，对一段电路输入的电功率即电场在单位时间内对电路输入的电能，究竟在电路中转换成什么形式的能量就取决于电路的性质了，即和电路的组成有关，一般情况下 $I^2 R \neq IU$，只有对纯电阻性电路 IU、$I^2 R$、$\frac{U^2}{R}$ 三者才是等价的。

（7）闭合电路的欧姆定律

用导线把用电器 R 和电源连成电流的闭合通路（图 5-4-11）叫做闭合电路或全电路。在时间 t 内流过任一截面的电量为 $q = It$，由电动势的定义知，电源所做的功为 $q\varepsilon$。根据能量转换和守恒定律，电能将在电路中全部变为焦耳热，因此有

$$q\varepsilon = It\varepsilon = I^2 Rt + I^2 rt$$

所以

$$I = \frac{\varepsilon}{R + r} \tag{5-4-14}$$

上式称为闭合电路的欧姆定律，它表明闭合电路中的电流正比于电动势，而反比于电路中的总电阻。

从外电路来看，R 两端的电压为

$$U_A - U_B = IR$$

把上式和（5-4-14）式联立，则有

$$U_A - U_B = \varepsilon - Ir \tag{5-4-15}$$

上式表示在计算电源两极间的电势差时，一个实际电源（ε，r）等效于一个理想电源 ε（内阻为零的电源）和一个电阻 r 的串联（图 5-4-12 所示）。从

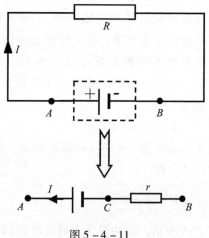

图 5-4-11

电势降落的观点来看，电源的端电压 U_{AB} 是从 A 经电源到 B 的电势降落（简称电压降），它由两部分组

图 5 - 4 - 12

成，从理想电源的正极到负极电势降低 ε 伏，在电阻 r 上从 C 到 B 电位升高 Ir 伏，即电位降低 "$-Ir$" 伏，因此电压降 U_{AB} 为

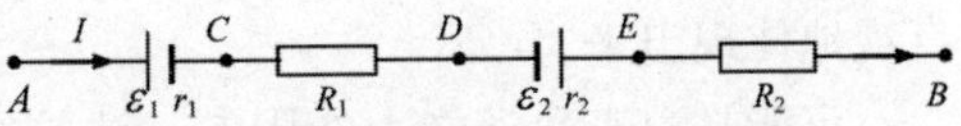

$$U_{AB} = U_A - U_B = \varepsilon + (-Ir) = \varepsilon - Ir$$

和式（5 - 4 - 15）相同。

（8）一段含源电路的欧姆定律

在实际应用中常常会遇到既含电阻器又含电源的一段电路（图 5 - 4 - 12），这样的电路叫一段含源电路，我们把 A、B 障的电路分成四段，各段的电位降分别为

$$U_A - U_C = \varepsilon_1 + Ir_1$$
$$U_C - U_D = IR_1$$
$$U_D - U_E = -\varepsilon_2 + Ir_2$$
$$U_E - U_B = IR_2$$

则 $U_{AB} = U_A - U_B = \varepsilon_1 + Ir_1 + IR_1 - \varepsilon_2 + Ir_2 + IR_2 = \varepsilon_1 - \varepsilon_2 + Ir_1 + IR_1 + Ir_2 + IR_2$

上式可以写成一般形式，为

$$U_{AB} = \sum \pm \varepsilon + \sum \pm IR \tag{5 - 4 - 16}$$

通常称上式为一段含源电路的欧姆定律。它表明，在一段含有电源的电路中，电路两端的电压不仅与通过它的电流 I 及电路中各个电阻有关，还与电路中各个电源电动势的代数和有关。其中的符号有如下规定，在 $\sum (\pm IR)$ 中，当 I 的方向与从 A 到 B 的进行方向相同时，电流 I 取 "$+$"，反之取 "$-$"；而在 $\sum (\pm \varepsilon_1)$ 中，由于电动势 ε 的方向从负极指向正极，故当 ε 的方向与从 A 到 B 的进行方向相同时，ε 前取 "$-$"，反之取 "$+$"。弄清这些正负号的规定，可以为解决复杂电路问题时带来方便。

§5.5　经典电磁场理论的建立

5.5.1　W. 汤姆孙关于电磁场的类比研究

我们从法拉第关于电磁感应现象的研究中不难发现，法拉第不愧为伟大的实验物理学家，具备高超的实验技巧和丰富的想象力。同时，我们还看到，在电磁理论体系构建过程中，他提出的"力线"和"场"的概念，不仅为经典电磁理论的建立打下了扎实的基础，还将其深刻而伟大的研究思想形象、

直观地体现出来。

可能是由于数学能力的限制，法拉第未能把他的成果用数学术语概括为精确的定量理论，也许正是他形象直观的表述却被科学界看做是缺乏理论的严谨性。只有 W. 汤姆孙（W. Thomson，1824—1907，即开尔文勋爵）对它表示赞赏，并以理论物理学家的素养，对法拉第的理论进行了类比研究和数学概括，有力地支持了法拉第通过力线表达出来的近距作用观点，为麦克斯韦（J. C. Maxwell，1831—1879）电磁学数学理论的研究提供了方向性和方法论的启示。

1842 年，汤姆孙在对热在均匀介质中的传递与法拉第电感应力在介质中的传递两种现象进行类比研究时，认为法拉第的电力线与热流线的性质是类似的，电的等势面对应于热的等温顷，而电荷对应于热源，因而可以借助傅里叶的热分析方法和拉普拉斯的引力势的概念，将法拉第的静电感应理论与泊松等人的静电势理论结合起来，开拓了热与电的数学理论的对比研究。

1847 年，汤姆孙进一步研究了电现象与弹性现象的相似性，指出表示弹性位移的矢量的分布可与静电体系的电力分布相似。1847 年，又论述了电磁现象和流体力学现象的类似性。在 1851 年发表的《磁的数学理论》著作中，给出了磁场的定义，并把磁场强度 H 与具有能量意义的 B 区别开来，还得到了 $B = \mu H$ 的关系。1853 年，给出了静磁场能量密度公式，1856 年，根据磁致旋光效应提出磁具有旋转的特性，为进一步借用流体力学中关于涡旋运动的理论打下了基础。所有这些工作为麦克斯韦建立电磁场理论提供了重要的启迪。

5.5.2 麦克斯韦的研究

随着自然科学的飞速发展，数学知识的运用和表示不仅是一种形式，而且是一种思维。当这些与物理学特别是电磁理论的发展相结合时，数学的表现形式可以与物理学的思想完美地结合起来。这方面，麦克斯韦的电磁理论研究工作无疑是一个典范。

麦克斯韦在着手研究电磁学时，深入钻研了法拉第的研究论文集《电学实验研究》，立即被法拉第深刻的物理学思想所吸引，意识到法拉第的"力线"和"场"的概念正是建立新的物理理论的重要基础。而对于法拉第定性表述的弱点，麦克斯韦却是这样认识的，他说："当我开始研究法拉第时，我发觉他考虑现象的方法也是数学的，尽管没有以通常的数学符号的形式来表示；我还发现，它们完全可以用一般的数学形式表示出来，而且可以和专业数学家的方法相媲美。"于是他抱着给法拉第的这些观念"提供数学方法基础"的愿望，决心把法拉第的天才思想以清晰准确的数学形式表示出来。

1855—1856 年，麦克斯韦发表了电磁学的第一篇论文《论法拉第力线》。在论文的开头部分，麦克斯韦综述了当时电磁学的研究状况，认为必须把已有的研究成果"简化概括成一种思维易于领会的形式"。

论文的第一部分，则从汤姆孙的类比研究发展成为研究法拉第力线为出发点。他有这样的描述，"为了采用物理理论而得到物理思想，我们就应当熟悉物理类比的存在。所谓物理类比，我认为是一种科学定律与另一种科学定律之间的部分相似性，它使得这两种科学可以互相说明。这样，所有数学的科学都是建立在物理定律和数的定律的关系上，因而精密科学的目的就是要把自然问题简化为通过数的运算来确定各个量。"

麦克斯韦从描述电磁现象的物理概念和物理规律中看出两类不同性质的矢量，他分别称之为"量"（quantities）和"强度"（intensities），后来改为"通量"（fluxes）和"力"（forces）。比如，对于静电场，D 属于"量"，E 属于"强度"；对于磁场，B 属于"量"，H 属于"强度"，这两类矢量之间存在着线性关系。麦克斯韦的论述不仅使电现象和磁现象的描述中两类矢量的区分变得非常明晰，而且也得到物理场的清晰图像：从空间的"通量"来显示"力"，表明只当存在着"通量"时才能产生"作用"。

在论文的第二部分，麦克斯韦试图为法拉第的"电紧张态"找到一个数学表述。他指出，在电磁感应现象中，感应电动势起源于磁或电流"状态"的变化，这种"状态"就是法拉第所说的"电紧张态"。麦克斯韦通过表征电磁场运动性质的基本量，概括了已经发现的 6 个电磁学基本定律，用现在通常的表示方法表示出来，即

①闭合环路中矢势的线积分等于穿过该闭合环路所围成的曲面上的磁通量，即

$$\oint A \cdot \mathrm{d}l = \Phi \tag{5-5-1}$$

②磁感应强度等于磁场强度与磁导率的乘积，即

$$B = \mu H \tag{5-5-2}$$

③闭合环路中磁场强度的线积分等于穿过该环路所围成的曲面上的电流，即

$$\oint H \cdot \mathrm{d}l = \Sigma I \tag{5-5-3}$$

④导体中的电流密度与电场强度成正比，即

$$j = \sigma E \tag{5-5-4}$$

⑤电磁系统的总能量与电路中的电流和感应所生的磁通的乘积成正比，即

$$W = \oint \boldsymbol{j} \cdot \boldsymbol{A} \mathrm{d}l \tag{5-5-5}$$

⑥磁场变化所引起的电场强度等于矢势对时间的导数的负值，即

$$\boldsymbol{E} = \partial \boldsymbol{A}/\partial t \tag{5-5-6}$$

1861—1862 年，麦克斯韦发表第二篇电磁学论文《论物理力线》，开始尝试从物理的角度去研究法拉第力线，并取得了对电磁现象认识的决定性突破，为最终创立电磁场理论奠定了基础。同时也构建了一个场的力学模型——电磁以太模型。

在此论文的第三部分，麦克斯韦引出了一个惊人的假设：对于受到电力作用的绝缘介质，它的粒子将处于极化状态，虽然它的粒子不能作自由运动，但电力对整个电介质的影响是引起电在一定方向上的一个总位移 $\boldsymbol{D}$，它意味着荷电粒子的弹性移动，这已经非常接近于电流概念了。"这种电位移还不是电流，因为当它达到一个确定的值时，就会保持不变。然而，它却是电流的开始，它的变化可以随着位移的增减而构成正负方向的电流。"这就是麦克斯韦电磁理论中重要的"位移电流"假设。并由此预言了电磁波的存在和传播速度。

1864—1865 年，麦克斯韦发表了第三篇著名的论文《电磁场的动力学理论》。整个理论体系中，只以几个基本的实验事实为基础，以场论的观点对自己的理论进行了重新构建。他指出，"电磁场就是包含和围绕着处于电磁状态的物体的那一部分空间"。注意到电磁场既可存在于普通物体中，也可以存在于真空中，因而对于电磁现象也要像对光和热那样，应该肯定是以同样的以太作为媒质的。

他在论文中，直接根据电磁学实验事实和普遍原理，给出了电磁场的普遍方程组，这些方程组表示了如下信息：

电位移、电传导和由两者构成的总电流之间的关系；磁力线和由感应定律导出的电路感应系数之间的关系；等等。对场对运动载流导体、磁体以及带电体的机械作用力，静电效应的测量，电容器的静电容，电介质的介电常数，以及从方程组中导出的电磁波的波动方程和传播速度等共 20 个方程，包括 20 个变量。现在物理教科书中的麦克斯韦方程组是经过赫兹（H. Hertz, 1857—1894）等人的整理和简单化的，其微分形式是

$$\mathrm{div}\boldsymbol{E} = 4\pi\rho$$

$$\mathrm{div}\boldsymbol{B} = 0$$

$$\mathrm{curl}B = \frac{1}{c}\frac{\partial E}{\partial t} + \frac{4\pi}{c}j$$

$$\mathrm{curl}E = \frac{1}{c}\frac{\partial B}{\partial t}$$

1873 年，麦克斯韦出版了巨著《电磁通论》，对电磁场理论进行了全面、系统和严密的论述，以场作为基本概念使接触作用思想在物理学中深深扎下根，引起了物理学理论基础的根本性变革，在物理学发展史上树立了又一座伟大的丰碑。

5.5.3　电磁场与电磁波

1. 麦克斯韦电磁场理论的基本思想

麦克斯韦电磁场理论的基本思想是随时间变化的磁场会产生感应电场，而随时间变化的电场又会产生磁场。按照这一思想，如果空间某一区域内，有变化的电场（如电荷作加速运动），那么在邻近区域内就会产生变化的磁场。这变化的磁场又会在较远处产生变化的感生电场。这样产生出来的电场也是随时间变化的，它必定要产生新的磁场。这样，在充满变化的电场的空间，同时也充满变化的磁场，二者相互联系、相互转化，电场和磁场的统一体叫做电磁场。如果介质不吸收电磁场的能量，则电场与磁场之间的相互转化过程就会永远循环下去，形成相互联系在一起的不可分割的统一电磁场，并由近及远地传播出去形成电磁波。大量的实验和事实证实电磁场具有能量、动量和质量，它和实物一样是客观存在的物质形式。

2. 电磁波的基本性质

（1）电磁波是横波

E 和 B 相互垂直，且都与传播方向垂直。令 k 为电磁波传播方向的单位矢量，则有 $E \perp k$；$B \perp k$；$E \perp B$。因此，电磁波在任何时刻、任何地点 E、B、k 总是构成一个右旋的直角坐标系，如图 5-5-1。

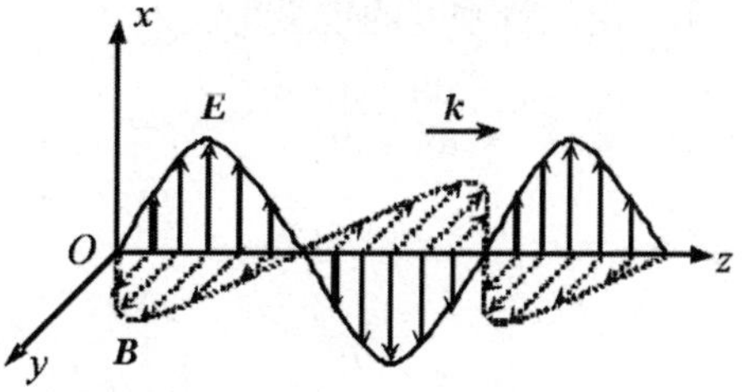

①E 和 B 同相位即同时达最大，同时为零。

②E 和 B 的幅值成正比

令 E_0 和 B_0，分别表示 E 和 B 的幅值，理论计算表明它们有如下关系：

$$\sqrt{\varepsilon}E_0 = \frac{B_0}{\sqrt{\mu}} \tag{5-5-7}$$

图 5-5-1

由于 E 和 B 同相位，上式也可写成：

$$\sqrt{\varepsilon}\,E = \frac{B}{\sqrt{\mu}},$$

$$\varepsilon = \varepsilon_r\varepsilon_0, \ \mu = \mu_r\mu_0$$

ε 和 ε_r 分别为介质中的电容率和相对电容率，μ 和 μ_r 介质中的磁导率和相对磁导率。

对于真空介质，$\varepsilon = \varepsilon_0$，$\mu = \mu_0$，故电磁波在真空中的传播速率为

$$c = \frac{1}{\sqrt{\varepsilon_0\mu_0}} \approx 3.0 \times 10^8 \, \text{m/s}$$

这一结果与真空中光速的实验值相等，说明光波是一种电磁波。

3. 电磁波的能量

电磁波是变化的电磁场的传播。由于电磁场具有能量所以伴随电磁波的传播，也有能量的传播，这种以波的形式传播出去的能量称作辐射能。

电场和磁场的能量体密度分别为

$$w_e = \frac{1}{2}\varepsilon E^2 \, ; \ w_m = \frac{1}{2\mu}B^2$$

电磁场的总能量密度为

$$w = w_e + w_m = \frac{1}{2}\left(\varepsilon E^2 + \frac{B^2}{\mu}\right) \qquad\qquad (5-5-8)$$

为了衡量波的强弱，与机械波相似我们定义电磁波的能流密度是单位时间内通过与波的传播方向垂直的单位面积的能量。我们常用 S 表示，它是一个矢量，下面讨论它的大小和方向，如图 $5-5-2$ 所示。

设 dA 为垂直于电磁波传播方向的截面积，若介质不吸收电磁能，则在 dt 时间内通过 dA 的辐射能量为 $W \cdot dA \cdot vdt$。由能量密度的定义得：

$$S = \int \frac{w \cdot dA \cdot v \cdot dt}{dA \cdot dt} = w \cdot v$$

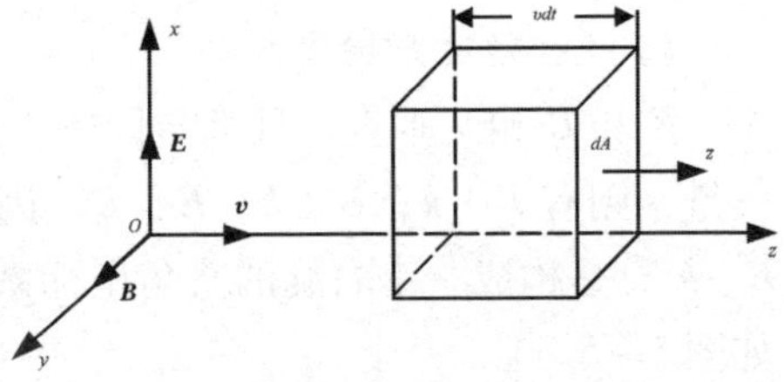

图 $5-5-2$

将 $v = \dfrac{1}{\sqrt{\mu\varepsilon}}$ 代入上式可得：

$$S = \frac{v}{2}\left(\varepsilon E^2 + \frac{B^2}{\mu}\right) = \frac{1}{\sqrt{\mu\varepsilon}}\left[\frac{1}{2}\sqrt{\varepsilon}\,E \cdot \frac{B}{\sqrt{\mu}} + \frac{1}{2}\sqrt{\varepsilon}\,E \cdot \frac{1}{2}\sqrt{\varepsilon}\,E \cdot \frac{B}{\sqrt{\mu}}\right] = \frac{1}{\mu}EB$$

因能流密度方向就是电磁波的传播方向，又由于 E 和 B 互相垂直，且都与 E 和 B 传播方向垂直，$E \times B$ 的方向就是 v 的方向，如图 $5-5-2$，所以上式可以写作矢量形式：

$$S = \frac{1}{\mu}\boldsymbol{E} \times \boldsymbol{B} \tag{5-5-9}$$

S 为电磁波的能流密度矢量，也称坡印廷矢量，是描述电磁波能量传播的重要物理量。

4. 电磁波谱

电磁波在真空中传播时其速率 c（在介质中等于 v）与频率 ν 及波长 λ_0 的基本关系是

$c = \nu \cdot \lambda_0$

介质中为

$v = \nu \cdot \lambda$，λ 为电磁波在介质中的波长。

按照频率或波长的顺序把各种电磁波排列起来，就构成了电磁波谱，图 5-5-3 是已知各种电磁波谱的图解。

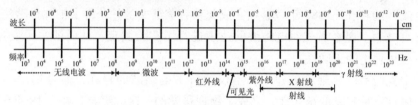

图 5-5-3

电磁波谱中频率最低（因而波长最长）的是无线电波，电视的频率通常略高。无线电及电视的频率在 $10^3 \sim 10^8$ Hz 范围内。

电磁波谱中频率由低至高依次是无线电波、微波、红外线、可见光、紫外线、X 射线及 γ 射线。频率最低（因而波长最长）的是无线电波，电视的频率通常略高。在电磁波谱中，在 $10^8 \sim 10^{12}$ Hz 范围内的叫微波，微波用于雷达系统和微波炉。由天线发出的波长为几厘米的电磁波，遇到浓厚的云团反射回来被接收天线接收。通过电磁波从发射到接收的时间差 Δt 可以由 $2s = c\Delta t$，直接测出天线到云团目标的距离 s，因为电磁波的传播速度在空气中接近于 c，它是一个常量。

电磁波谱的红外部分频率范围在 $10^{12} \sim 10^{14}$ Hz，是使我们感觉热的辐射。其频率范围略低于可见光中的红光。可见光谱在电磁波谱中是能引起人眼视觉的频率，可见光频率范围较窄，在 $10^{14} \sim 10^{15}$ Hz，红光频率较低，紫光频率较高。频率大于紫光的电磁波叫紫外线，频率范围在 $10^{15} \sim 10^{17}$ Hz，它有杀灭细菌的功能，医学上常用作消毒的光源。X 射线（频率范围 $10^{16} \sim 10^{20}$ Hz）的特点是能穿透软组织并使照相底片感光，γ 射线频率在 10^{19} Hz 以上，由原子核结构变化引起，在电磁波谱中频率最高的一端。

5.5.4 麦克斯韦的科学研究思想和方法

麦克斯韦电磁场理论所包含的深刻和新颖的思想，当时还难以被物理学家们所理解和接受。当然，这其中最为关键和核心的问题便是"位移电流"假设。当时，亥姆霍兹经过几年的研究后发现，只需要证明"位移电流"的存在。1879 年，德国柏林科学院以"用实验建立电磁力和绝缘体介质极化的关系"为悬赏论文，要求解释三个问题：第一，如果"位移电流"存在，必定会产生磁效应；第二，变化的磁力必定会使绝缘体介质产生"位移电流"；第三，在空气或真空中，上述两个假设同样成立。

作为亥姆霍兹的学生，赫兹对电磁场理论作了深入的研究，已经逐渐认识到麦克斯韦理论的实质和精髓。1885—1887 年，赫兹通过多次实验研究，终于想到，只要证明电磁波与光波的一致性，便能证明电磁波的存在和"位移电流"的存在。1887 年，赫兹完成此项有奖征文，并获得了柏林科学院奖。1888 年 3 月，赫兹首先对电磁波的速度进行了实验测定，从而证实了麦克斯韦电磁场理论的正确性。

麦克斯韦电磁理论的建立，不仅预言了电磁波的存在，而且揭示了光、电、磁这三种现象的统一性，完成了物理科学的一次大综合，并为 19 世纪 70 年代开始的、以电力的应用为中心的第二次技术革命奠定了理论基础。

1. 用类比方法揭示物理现象的内在联系

麦克斯韦通过对电场和流速场进行类比，在对法拉第力线作出精密的数学处理的基础上，依据电磁学的一些基本原理（如欧姆定律、安培环路定律等）确立了各电磁量之间的相互联系，采用通量、环流、散度、旋度等具有明确定义的量，来描述电场和磁场在空间中的变化情况，并建立起电磁场理论。

2. 用精确的数学语言建立电磁场理论

简明精确的数学语言是表述科学概念、科学理论的重要形式，是科学发展的要求，也是科学成熟的标志之一。马克思说："一门科学只有成功运用数学时，才算达到了完善的地步。"

3. 加强数学与物理实验的联系

作为数学物理学大师，麦克斯韦非常重视数学理论与物理实验的结合。1874 年，他创建了世界上著名的"卡文迪许实验室"，并亲自担任首届实验室主任。他在就职演说中说道，"习惯的用具——钢笔、墨水和纸张——将是不够的了，我们将需要比教室更大的空间，将需要比黑板更大的面积。"在任期间，已是著名的理论物理学家的麦克斯韦非常重视物理实验的研究，在实验室树立起良好的学风，使得卡文迪许实验室成为世界著名的物理科学研究圣地，培养了一大批著名的物理学家，直到现在仍然是年轻人向往的物理学研究殿堂，为近代物理学的发展做出了巨大的贡献。

麦克斯韦与法拉第是近代电磁学史上的两位巨星，他们都在电磁学领域取得了极大的成功，虽然两人的科学方法与科学风格迥然不同，然而麦克斯韦并不因此贬低法拉第的风格。他曾说，"因为人们的心灵各有不同的类型，科学的真理也应当以各种不同的形式来表现，不管他以粗豪的物理方式说明其生动的颜色也好，还是以一种朴素无味的符号表现也好，都应当被当作是同样科学的。"

麦克斯韦终身保持着谦逊谨慎的高尚风格。他曾说，他自己与法拉第相比，只不过是一支笔，写出了法拉第那些杰出的科学思想。爱因斯坦曾把他们两人称作"科学上的伴侣"，就像当年天文学上的第谷和开普勒。德国著名物理学家普朗克说："麦克斯韦的名字将永远镌刻在经典物理学家的门扉上，永放光芒。从出生地来说，他属于爱丁堡；从个性来说，他属于剑桥大学；从功绩来说，他属于全世界。"

思考题

5-1　玻璃棒与丝绸相摩擦，玻璃棒是否一定带正电？为什么？

5-2　带电的胶木棒有时吸住小纸屑，有时又排斥，为什么？

5-3　人触电时，为什么有时被吸住，有时被打开？

5-4　人在树下不靠树避雨，为什么也会遭雷击？

5-5　打雷时，能看电视吗？

5-5　在静电情况下，为什么一条电力线的两端不能在同一导体上？

5-7　为什么闪电对运载工具没有多大影响，乘客不会受伤？事实上，乘坐者甚至永远也不会感觉到闪电。

5-8　请您用自己的语言分别给（1）重力势能；（2）弹性势能；（3）静电势能下定义。从中能否得出一个统一的势能定义，使其对三种情况都适用？

5-9　鸽子怎样认识归家之路？

5-10　一块马蹄形的磁铁是不会吸引铝的，请设计一种装置，磁铁能够使铝移动。

5-11　用简单的例子说明：楞次定律是能量守恒所必需的，换句话说，如果电磁感应的规律正好与楞次定律相反，则能量守恒定律便不成立。

5-12　变化电场所产生的磁场，是否也一定随时间而变化？反之，变化磁场所产生的电场，是否也一定随时间而变化？

阅读材料　电磁辐射的危害与个人防护

随着现代科技的高速发展，电子技术得到越来越广泛应用，越来越多的电子、电气设备的投入使用使得各种频率的不同能量的电磁波充斥着地球的每一个角落乃至更加广阔的宇宙空间。对于人体这一良导体，电磁波不可避免地会构成一定程度的危害。近年来，电磁波对人体危害的例子多有发现，只不过其影响程度与所受到的辐射强度及积累的时间长短有关，目前尚未较大范围地反映出来，所以还没有引起人们的普遍重视。有关研究表明，电磁波的致病效应随着磁场振动频率的增大而增大，频率超过 10 万赫兹以上，可对人体造成潜在威胁。在这种环境下工作生活过久，电磁波的干扰，使人体组织内分子原有的电场发生变化，给组成脑细胞的各种生物分子以一定程度的破坏。产生过多的过氧化物等有害代谢物，甚至使脑细胞的 DNA 密码排列错乱，制造出一些非生理性的神经递质。

1. 什么是电磁辐射

电磁辐射指电磁波波源向周围空间发射电磁波的形式。电磁辐射根据能量大小不同，一般可以分为电离辐射和非电离辐射两种。

①电离辐射：指辐射电磁波的能量足以破坏分子的化学结构，形成了带电离子，例如 X 射线，γ 射线等；

②非电离辐射：指电磁波能量不足以破坏分子的化学结构，辐射的能量通常以热能的方式出现，例如通常所说的手机的辐射，电脑的辐射等。

2. 电磁辐射的危害

（1）电磁辐射的危害机理

电磁辐射危害人体的机理主要是热效应、非热效应和累积效应等。

①热效应：人体 70% 以上是水，水分子受到电磁波辐射后相互摩擦，引起机体升温，从而影响到体内器官的正常工作。

②非热效应：人体的器官和组织都存在微弱的电磁场，它们是稳定和有序的，一旦受到外界电磁场的干扰，处于平衡状态的微弱电磁场即将遭到破坏，人体也会遭受损伤。

③累积效应：热效应和非热效应作用于人体后，在人体对伤害尚未来得及自我修复之前（通常所说的人体承受力），再次受到电磁波辐射的话，其伤害程度就会发生累积，久之会成为永久性病态，危及生命。对于长期接触电磁波辐射的群体，即使功率很小，频率很低，也可能会诱发想不到的病变，应引起警惕。

（2）人体受电磁辐射的危害后表现的症状

人体如果长期暴露在超过安全的电磁辐射剂量下，人体细胞就会被大面积杀伤或杀死。一些受到较强或较久电磁波辐射的人，主要症状有：

①对心血管系统的影响：表现为头痛，心悸，心动过缓，心搏血量减少，窦性心率不齐，白细胞和血小板减少，免疫功能下降等症状。

②对神经系统的影响：表现为记忆力减退，容易激动，失眠等症状。

③对视觉系统的影响：表现为使眼球晶体混浊，严重时造成白内障，是不可逆的器质性损害，影响视力；

④长期处于高电磁辐射的环境中，会使血液、淋巴液和细胞原生质发生改变；影响人体的循环系统、免疫、激素分泌、生殖和代谢功能，严重的还会加速人体的癌细胞增殖诱发癌症，以及糖尿病，遗传性疾病等病症，对儿童还可能诱发白血病的产生。

长期受到电磁辐射的干扰，不仅对人体有危害，而且对植物、建筑物、电气设备的危害也非常明显。

电磁辐射对人体的健康造成的是一种潜在的积累型危害。如不重视，不仅对这一代人，而且对后代也可能产生不利影响。因此，增强人们的自我保护意识，从劳防用品这一方面入手，以"防微杜渐"，具有极为重要的意义。

3. 电磁辐射的个人防护

①注意室内办公和家用电器的摆设。不要把家中电器摆放得过于集中，使自己暴露在超剂量辐射的危险中。特别是一些易产生电磁波的家用电器，如收音机、电视机、电脑、冰箱等电器，更不宜集中摆放在卧室里。

②注意使用办公和家用电器时间。各种家用电器、办公设备、移动电话等都应尽量避免长时间操作，同时尽量避免多种家用电器同时启用。电视、电脑等电器需要长时间使用时，应注意至少每一小时离开一次，以减少眼睛的疲劳程度和所受辐射的影响。当电器暂停使用时，最好不处于待机状态，因为此时仍会产生较微弱的电磁场，时间一长造成辐射积累。

③注意人体与办公和家用电器距离。对各种电器的使用应保持一定的安全距离，与电器越远，受电磁波侵害越轻。彩电与人的距离应在 4~5 米，人与日光灯的距离应有 2~3 米，微波炉在开启之后至少离开 1 米远，孕妇和小孩应尽量远离微波炉。手机接通瞬间释放的电磁辐射最大，在使用时应尽量使头部与手机天线的距离远一些，最好使用分离耳机和话筒接听电话。

④五类人特别要注意对电磁辐射污染。一是生活和工作在高压线、变电站、电台、电视台、雷达站、电磁发射塔附近的人员；二是经常使用电子仪器、医疗设备、办公自动化设备的人员；三是生活在电器自动化环境中的工

作人员；四是佩戴心脏起搏器的患者；五是生活在以上环境里的孕妇、儿童、老人及病患者等，都应该了解室内电磁辐射污染的程度，如果环境中电磁辐射污染比较高，就必须采取相应的措施。

⑤在离电磁辐射源较近的房间安装不锈钢纱窗，屏蔽效果较好，可以将辐射降低数十倍。另外，多吃一些富含维生素 A、维生素 C 和蛋白质的食物，如胡萝卜、海带、卷心菜及动物肝脏等，加强身体抵抗电磁辐射的能力。

第六章　波动和光

§6.1　波的概念

在介绍波的概念之前，我们首先讨论振动问题。物体在一定位置附近所做的来回往复的运动称为机械振动，它是物体的一种重要运动形式。自然界、生产技术和日常生活中到处都存在着振动。

振动是常见的周期性运动。不仅在力学中广泛存在着振动现象，而且在电磁学、光学、原子物理学中也存在类似的振动现象。所以，广义地说，任何一个物理量在某一个定值附近的周期性变化都可以称为振动。从运动形式上看，各种振动遵从相似的规律。我们便首先研究最普通的振动形式，讨论力学中机械振动的规律。

由于振动和波动的关系十分密切。振动是产生波动的根源，波动是振动的传播。而在不同的振动现象中，最基本最简单的振动是简谐振动。

6.1.1　简谐振动的描述

如图 6 – 1 – 1 所示，一根弹簧的左端固定，右端系一物体，并限制在光滑水平面内运动。把物体向左或向右略加移动，然后放开，物体将在弹簧的弹性力作用下作左右来回的振动。以物体的平衡位置 O 为坐标原点，Ox 轴沿弹簧轴线方向。由胡克定律可知，物体所受的弹性力可表示为

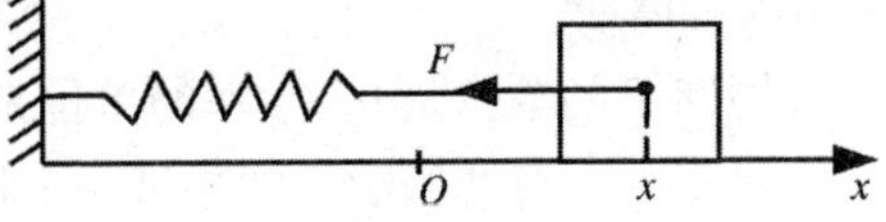

图 6 – 1 – 1

$$F = -kx \qquad (6-1-1)$$

式中 k 是弹簧的劲度系数，负号表示力 F 与位移 x（弹簧的伸长量或压缩量）的方向相反，总是指向平衡位置，所以 F 又叫弹性回复力。根据牛顿第二定律，物体在弹力 F 的作用下的运动方程为

$$m \frac{\mathrm{d}^2 x}{\mathrm{d}t^2} = -kx$$

令　$\omega^2 = \dfrac{k}{m}$，则

$$\frac{\mathrm{d}^2 x}{\mathrm{d}t^2} + \omega^2 = 0 \qquad\qquad (6-1-2)$$

方程的解为

$$x = A\cos(\omega t + \psi) \qquad\qquad (6-1-3)$$

这就是简谐振动的表达式，它表示物体的位移 x 按余弦的规律随时间 t 变化。这种运动叫简谐振动，简称为谐振动。

式（6-1-3）中，A 为振幅，表示质点离开平衡位置的最大位移的绝对值。$\omega t + \psi$ 为谐振动在 t 时刻的相位，其 ψ 叫做初相。当 $t = 0$ 时，$x_0 = A\cos\psi$，$v_0 = -\omega A\sin\psi$，所以

$$A = \sqrt{x_0^2 + \left(\frac{v_0}{\omega}\right)^2}, \quad \psi = \arctan\left(\frac{-v_0}{\omega x_0}\right) \qquad\qquad (6-1-4)$$

由于余弦函数的周期是 2π，所以有 $\omega T = 2\pi$。T 为谐振动的周期，即完成一次全振动所需的时间。如果定义单位时间内振动往复的次数，即振动的频率，以 ν 表示，则有

$$\nu = \frac{1}{T} = \frac{\omega}{2\pi}$$

ω 称为振动的圆频率，由前面定义知

$$\omega = \sqrt{\frac{k}{m}}, \quad T = \frac{2\pi}{\omega} = 2\pi\sqrt{\frac{k}{m}} \qquad\qquad (6-1-5)$$

ω 和 T 完全由振动系统本身的性质所决定，所以 ω 叫做振动系统的固有频率，T 叫固有周期。

周期 T 的单位是 s，频率的单位是 Hz 或 s^{-1}，圆频率 ω 的单位是 $\mathrm{rad/s}$。

对于一个简谐振动，如果 A、ω 和 ψ 知道，就可以写出它的完整的表达式，也就掌握了该谐振动的特征了，所以这三个量是描述谐振动的三个特征量。

由式（6-1-3），可求得任意时刻质点的速度和加速度的表示式：

$$v = \frac{\mathrm{d}x}{\mathrm{d}t} = -\omega A\sin(\omega t + \psi) = \omega A\cos\left(\omega t + \psi + \frac{\pi}{2}\right)$$

$$a = \frac{\mathrm{d}v}{\mathrm{d}t} = -\omega^2 A\cos(\omega t + \psi) = \omega^2 A\cos(\omega t + \psi + \pi) \qquad\qquad (6-1-6)$$

可见，谐振动的速度与加速度也是谐振动，是与位移同频率的谐振动。

可以证明，任何复杂的振动都可以是由几个或很多个简谐振动的合成，因此简谐振动是振动学最基本的内容，也是我们讨论波的干涉、衍射理论的重要基础。

6.1.2　有关实际振动的研究

1. 阻尼振动

简谐振动是理想化的，称为无阻尼的自由振动，而实际上任何振动系统总是要受到阻力的作用，这时振动称为阻尼振动（或减幅振动）。

振动系统受到阻尼的方式有两种，一种是由于摩擦，如摆的运动，称为摩擦阻尼；另一种是由于振动系统引起邻近质点的振动，使系统能量逐渐向四周辐射，如声波的传播，称为辐射阻尼，一般情况下，阻尼力的大小与速度成正比。阻尼振动的位移——时间曲线如图 6-1-2 所示，阻尼振动的振幅逐渐减小，周期比无阻尼时稍长。实验及理论表明，阻尼越小，每个周期内的能量损失越少，振幅的变化越慢，振动周期也接近无阻尼自由振动时的情况，即整个运动接近简谐振动；阻尼越大，振幅减小越快，周期比无阻尼时延长更多；若阻尼过大，将出现振动还未完成一次振动时，能量就完全耗尽，则振动系统通过非周期运动方式回到平衡位置。

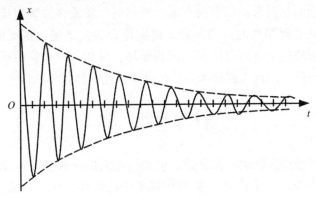

图 6-1-2

2. 受迫振动

振动系统在周期性外力持续作用下的振动叫做受迫振动。这种周期性外力叫做驱动力或强迫力。实验表明，受迫振动开始时的状态比较复杂，但在经过一段时间后，可以达到一种稳定状态。如果外力的规律是简谐振动形式，当振动达到稳定状态时也将是简谐振动，且振动周期与外力的周期一致，振动的振幅保持恒定。这是日常生活中最常见的振动方式，如钟摆、机械表的运动，等等。如果撤去外力，振动的振幅又将会逐渐减小成为阻尼振动。

3. 共　振

进一步的研究表明，受迫振动的振幅与驱动力的频率有关。当驱动力的频率为某一值时，受迫振动的振幅达到最大值，这种现象叫做共振。

物体在受迫振动状态下，虽然稳定状态时的频率与周期性外力的周期一致，但稳定的受迫振动的振幅并不等于驱动力的振幅，由于它仍受到驱动力和回复力的共同作用，其振幅应由初始条件决定，稳定的受迫振动的振幅由振动系统的质量、固有频率及驱动力的频率共同决定，且随着驱动力频率的变化而变化，如图 6 - 1 - 3 所示。当驱动力的频率（或周期）达

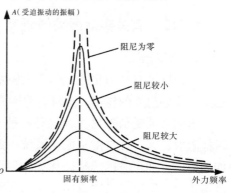

图 6 - 1 - 3

到一特定值——振动物体的固有频率时，受迫振动的振幅达到最大值，系统发生共振。当阻尼趋近零时，振幅值趋于无穷大，事实上，在这种情况下，振动系统在未达到稳定振动状态以前，可能就因振动过于激烈而遭到破坏。

共振现象有利有弊。如许多声学仪表就是应用共振原理设计制造的；但共振现象也会引起损害，如当火车通过桥梁时，车轮在铁轨连接处的撞击力对桥梁来说就是周期性的外力，若其周期性力的频率接近桥梁的固有频率，就可能由于振动过于激烈而使桥梁遭到破坏，再如各种机器的运转过程中都存在类似的问题，因此工程技术人员在设计过程中都会考虑到这些。

§6.2　波　动

振动的传播称为波动，简称波。波动是物质的一种重要运动形式。通常波动分为两大类：一类是机械振动在媒质中的传播，称为机械波，如水波、声波、地震波等。另一类是变化电场和变化磁场在空间的传播，称为电磁波，如无线电波、微波、光波、X 射线等。虽然各类波的本质不同，各有其特殊的性质和规律，但是在形式上具有许多共同的特征和规律，如都具有一定的传播速度，都伴随能量的传播，都能产生反射、折射、干涉和衍射等现象。

6.2.1　机械波产生的条件

机械波是机械振动在媒质中的传播。因此它的产生首先要有做机械振动的物体作为波源，其次要有能够传播这种机械振动的媒质。只有通过媒质各

部分间的相互作用，才能把机械振动传播出去。通常将这种媒质称为弹性媒质。

根据弹性媒质中质点的振动方向和波的传播方向的关系，将机械波分为横波和纵波。质点的振动方向与波的传播方向垂直的波称为横波，质点的振动方向和传播方向相互平行的波称为纵波。

如图6-2-1所示，为一机械波在某一时刻的波形。波形图中 A、B、C、D 各质点并不随波前进，仅在各自的平衡位置附近振动。所以，波动过程具有以下特征：①波是振动的传播，或相位的传播，同一时刻媒质中各点呈现出波源超前各时刻的振动状态，也体现了能量的传播。②同一时刻沿波的传播方向，各质点的相位依次落后，这是因为离波源越远的点，开始振动得越晚。

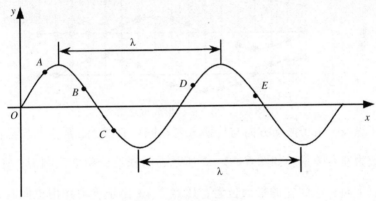

图6-2-1　波形

6.2.2　波的形成和传播

1. 波的形成

波的传播一般是在三维空间的媒质中，为易于理解横波及纵波的形成过程，现选取一直线，质点排列在上面，质点与质点之间存在弹性联系，且波均沿着直线传播。

首先分析横波的形成。对于横波，质点的振动方向与传播方向垂直，质点与质点间的弹性联系应为上下关系。如图6-2-2所示，设初始时刻（$t = 0$），质点都在各自的平衡位置，质点完成一次全振动的时间为 T，则经过1/4周期后，即 $t = \dfrac{T}{4}$ 时，质点1达到它的最大位置，质点2、3由于受力作用开始振动，但相位依次落后于质点1的振动，质点1的振动状态传播到质点4，依此类推，当经过一个周期的时间，即 $t = T$，质点1初始时刻的振动状态传播到质点13的位置，此时整个振动状态向前传播正好是一个完整波形，且1—13间的各点都在曲线上，形成了一段有峰有谷的波形曲线，波峰是指曲线上最大位移，波谷是指曲线上最小位移。当不考虑阻尼的情况下，这种传播方式将继续下去。

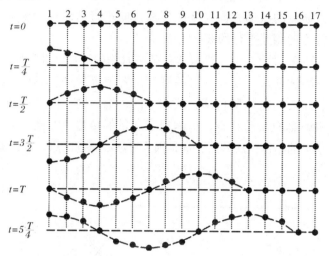

图6-2-2 横波形成示意图

对于纵波，由于振动方向与传播方向在同一直线上，质点与质点间的弹性联系应为左右关系。如图6-2-3所示，与横波分析方法相似，在 $t=\dfrac{T}{4}$ 时，质点1向右达到它的最大位置，质点2、3由于受力作用也向右开始振动，但相位依次落后于质点1的振动，质点1的振动状态传播到质点4，在1—4间形成一个密部；直到 $t=T$ 时，质点1初始时刻的振动状态向右传播到质点13的位置，在1—4、10—13间是密部，而4—10间为疏部，纵波就是这样以疏密相间的方式不断使振动状态向右传播。因此纵波通常又称为疏密波。

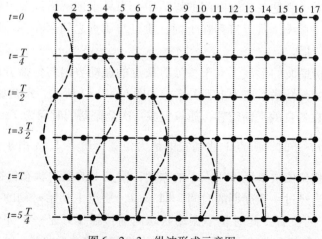

图6-2-3 纵波形成示意图

2. 描述波的物理量

（1）波的频率、周期

由波的形成过程可得，每个质点依次重复着波源的振动，当质点完成一次全振动时，波正好形成一个完整波形，可见波源振动的频率与在媒质中波形成的频率相同，单位时间内通过波线上某一点的"完整波"的个数，称为波的频率。用 ν 表示，单位是赫兹（Hz）。

在媒质中，质点振动状态向前传播时，完成一个完整波形所需时间，称为波的周期。用 T 表示，单位为秒（s），因此波的周期与质点振动周期相同，且有

$$\nu = \frac{1}{T}$$

（2）波　长

在波的传播过程中，一个周期内任一质点的振动状态向前传播的距离称为波长。用 λ 表示，单位为米（m）。

从波形图上可以看出，两个距离相隔一个波长的点之间的振动状态总是相同的，因此波长也可定义为：两个相邻的振动状态相同的两点之间的距离为一个波长。如在横波的情形下，波长 λ 等于两相邻波峰（或波谷）之间的距离，如图 6-2-1 所示，波长反映了波的空间周期性。

（3）波　速

经验告诉我们，同一种振动在不同的媒质中传播，快慢程度是不同的，我们将波在媒质中传播的速度称为波速。用 u 表示，单位为米·秒$^{-1}$（m·s^{-1}）。波速是指单位时间内一定振动状态在传播方向上所传的距离。在各向同性的均匀媒质中，波速为恒量，它的大小只取决于传播媒质，与振动质点的性质无关。

波长 λ、周期 T（或频率 ν）和波速 u 三个物理量之间的关系满足

$$u = \lambda\nu = \frac{\lambda}{T} \text{或} \lambda = uT = \frac{u}{\nu} \tag{6-2-1}$$

3. 波的几何描述

（1）波阵面

波源开始振动后，在某一时刻，振动到达的各点构成的面叫做波阵面（或波前）。波阵面上各点的相位相同，所以波阵面是同相位面。按照波阵面的形状不同，波可以分为平面波、球面波、柱面波，等等。

（2）波射线

波的传播方向称为波射线（或波线）。在各向同性的媒质中，波线总是与

波阵面垂直。波源的形状大小可被忽略时的波源称为点波源，点波源在各向同性的均匀弹性媒质中传播时，由于各个方向传播速度相同，因而各时刻的波阵面都是以点波源为中心的球面，如声音在空气中的传播；若点波源在很远的地方，即相当于球面波的半径趋向无穷大，而我们看到的波面只是球面波波阵面上的一小部分，这时可将该波阵面视为平面，如太阳光照射在地球上时。

6.2.3 平面简谐波的表示

最简单的波是平面简谐波。我们讨论这种波在理想的、不吸收所传播的振动能量的均匀无限大媒质中的传播，写出传播过程中各质点振动情况的关系式。

设一平面简谐波沿 x 轴正向传播，如图 6-2-4，要写出各点的振动规律，至少应事先知道某一点的振动规律，这一点可以是波源，也可以不是。为了简明起见，设该点为坐标原点 O。从 O 点振动位移 y 达到正向最大值开始计时，则 O 点的振动初相为零，振动表达式为

$$y_0 = A\cos\omega t \tag{6-2-2}$$

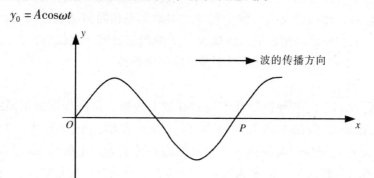

图 6-2-4 平面简谐波

在 x 轴上任取一点 P，$OP = x$。若波速为 u，则 P 点的相要落后 O 点 $\dfrac{2\pi x}{\lambda}$。因此，P 点的振动表达式为

$$y = A\cos\left(\omega t - \frac{2\pi}{\lambda}x\right) \tag{6-2-3}$$

由于 $\lambda = uT = 2\pi \cdot \dfrac{u}{\omega}$，所以

$$y = A\cos\omega\left(t - \frac{x}{u}\right) \tag{6-2-4}$$

及 $y = A\cos 2\pi\left(\dfrac{t}{T} - \dfrac{x}{\lambda}\right) \tag{6-2-5}$

式（6-2-4）可以理解为 P 点的振动落后 O 点 $\dfrac{x}{u}$ 时间，或者认为 O 点的振动状态要经过 $\dfrac{x}{u}$ 时间才能传到 P 点。

公式（6-2-3）、（6-2-4）、（6-2-5）即称作平面简谐波的波函数。从中可以看出波函数 $y = f(x, t)$，即任一质点的振动状态总与离波源（O 点）的距离和时间 t 有关。

讨论：

①当 x 一定时，即对于传播过程中某一确定的质点来说，上三式给出的是该点的振动表达式，即质点离开平衡位置的位移与时间的关系。

②当 t 一定时，即对于某一确定的时刻来说，上三式给出空间各处质点的位移 y 与 x 的关系。相当于某一时刻波形的"照相"，此时 y 与 x 的关系曲线叫做波形曲线。

③若 x、t 均变化，上三式给出的便是波动方程。

④波是振动状态的传播，也是能量的传播。由于波的能量不断向前传播，在某个固定区域内其能量是随时间变化的，与波动相同，也为周期性，且波的能量与一个质点的振动能量计算不同，一般不计算波在空间传播中的总能量，而是用波的平均能流密度来表示波的强度，即单位时间内通过单位面积的能量。可以证明，波的强度 I 与振幅 A 的平方成正比，即

$$I \propto A^2 \tag{6-2-6}$$

⑤若波的传播方向为沿 x 轴负方向，那么坐标原点 O 的振动落后于坐标为 x 质点 P 的振动，则 P 点超前于 O 点的时间为 $\dfrac{x}{u}$，公式（6-2-3）、（6-2-4）、（6-2-5）中的负号应改为正号，即

$$y = A\cos\left(\omega t + \frac{2\pi}{\lambda}x\right)$$

$$y = A\cos\omega\left(t + \frac{x}{u}\right)$$

$$y = A\cos 2\pi\left(\frac{t}{T} + \frac{x}{\lambda}\right)$$

6.2.4　波的干涉

1. 相干波源

观察和实验表明，当媒质中同时存在着几列波时，每一列波的传播特性将不受其他波的影响，各个波动过程都是独立地进行。例如，在音乐会上几

种乐器演奏时，我们仍能分辨出各种乐器的音调和演奏。这便是波的传播过程的独立性。

实验发现，当两列（或几列）波在某一区域同时传播时，空间任一点的振动是各列波在该点产生的振动的矢量和。在此区域中，波经叠加后，强度可能会在空间形成一种稳定分布的现象，即可能形成有的地方强度始终加强，有的地方始终减弱，这种现象称为波的干涉。能产生干涉现象的波称为相干波。相干波必须满足频率相同、相差恒定、振动方向相同的条件，相应的波源称为相干波源。

2. 波的相干叠加

设有两个相干波源 S_1 和 S_2 的振动方程分别为

$$y_1 = A_1 \cos(\omega t + \alpha_1), \quad y_2 = A_2 \cos(\omega t + \alpha_2)$$

式中 ω 为圆频率，A_1、A_2 为波源的振幅，α_1、α_2 为波源的初相位，根据相干波源的条件可知，两波源的相位差 $\Delta\psi = \alpha_1 - \alpha_2$ 是恒定的。

当两个振动在空间传播时，若在不考虑能量损失的情况下，形成两列波分别为

$$y_1 = A_1 \cos\left[\omega\left(t - \frac{r_1}{v}\right) + \alpha_1\right] = A_1 \cos\left(\omega - \frac{2\pi \cdot r_1}{\lambda} + \alpha_1\right)$$

$$y_1 = A_2 \cos\left[\omega\left(t - \frac{r_2}{v}\right) + \alpha_2\right] = A_2 \cos\left(\omega - \frac{2\pi \cdot r_2}{\lambda} + \alpha_2\right)$$

式中 r_1、r_2 分别为两振动在空间传播的距离，λ 为波长。设两个波源发出的波在空间的 P 点相遇如图 6-2-5 所示。则 P 点处的振动为

$$y = y_1 + y_2 = A_1 \cos\left(\omega t - \frac{2\pi \cdot r_1}{\lambda} + \alpha_1\right) + A_2 \cos\left(\omega t - \frac{2\pi \cdot r_2}{\lambda} + \alpha_2\right)$$

由于两频率相同的简谐振动的合振动仍为简谐振动，设 P 点处的合振动方程为

$$y = y_1 + y_2 = A \cos(\omega t + \alpha)$$

式中的 A 为合振动的振幅，α 为合振动的初相位。则各物理量的结果为

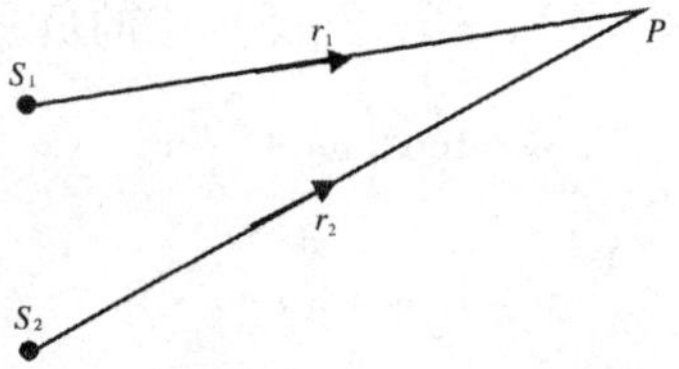

图 6-2-5

$$A = \sqrt{A_1^2 + A_2^2 + 2A_1 A_2 \cos\left(\alpha_2 - \alpha_1 + 2\pi\frac{r_1 - r_2}{\lambda}\right)} \tag{6-2-7}$$

$$\tan\alpha = \frac{A_1 \sin\left(\alpha_1 - \frac{2\pi \cdot r_1}{\lambda}\right) + A_2 \sin\left(\alpha_2 - \frac{2\pi \cdot r_2}{\lambda}\right)}{A_1 \cos\left(\alpha_1 - \frac{2\pi \cdot r_1}{\lambda}\right) + A_2 \cos\left(\alpha_2 - \frac{2\pi \cdot r_2}{\lambda}\right)} \tag{6-2-8}$$

因为两个相干波在空间任一相遇点的相位差为

$$\Delta \psi = \alpha_2 - \alpha_1 + 2\pi \frac{r_1 - r_2}{\lambda}$$

上式为两列波叠加的一般情况。由于式中各量与时间无关，为一恒量，因此可知空间每一点的合振幅 A 也是恒量。

下面，对相位差 $\Delta \psi$ 进行讨论，当 $\Delta \psi$ 满足下列条件

$$①\Delta \psi = \alpha_2 - \alpha_1 + 2\pi \frac{r_1 - r_2}{\lambda} = \pm 2\pi k \quad k = 0,\ 1,\ 2\cdots \qquad (6-2-9)$$

的空间各点，合振幅最大，这时 $A_{\max} = A_1 + A_2$。

$$②\Delta \psi = \alpha_2 - \alpha_1 + 2\pi \frac{r_1 - r_2}{\lambda} = \pm 2\pi \left(k + \frac{1}{2}\right) \quad k = 0,\ 1,\ 2,\ \cdots \quad (6-2-10)$$

当适合上述条件的空间各点，合振幅最小，这时 $A_{\min} = |A_1 - A_2|$。

③当 $\alpha_1 = \alpha_2$ 时，即两相干波源的初相位相同，若用波程差 $\delta = r_1 - r_2$ 表示，则上述公式表示为

$$\delta = r_1 - r_2 = \begin{cases} \pm k\lambda & k = 0,\ 1,\ 2\cdots \ (最大) \\ \pm \left(k + \frac{1}{2}\right)\lambda & k = 0,\ 1,\ 2\cdots \ (最小) \end{cases} \qquad (6-2-11)$$

式（6-2-11）说明，当两个相干波源为同初相位时，在两个波的叠加区域内，波程差等于零或等于波长的整数倍的各点，振幅最大；在波程差等于半波长的奇数倍的各点，振幅最小。

应该明确的是，干涉现象是波动形式所具有的重要特征之一。因为只有波动的合成才能产生干涉现象。干涉现象不但对于光学、声学等都非常重要，而且对于近代物理的发展也有重大作用。

3. 驻　波

驻波是波的干涉的典型例子，如图 6-2-6 所示。即在同一媒质中两列振幅相同的相干波，在同一直线上沿相反方向传播时叠加形成的波称为驻波。驻波是一种波形不向前传播的波，而波形向前传播的波我们通常称为行波。图 6-2-6 中，A 为音叉，作为波源，弦线 AB 经 P 用一重物拉紧。由 A 产生一振动，振动状态便经弦线传到 B 点，B 点固定，当波传播到 B 点后波反射回来沿 BA 方向传播，在 AB 弦上会形成一个稳定的波动状态，这就是驻波。值得注意的是，固定点 B 处形成的是波节，这意味着反射波在 B 点处的相位发生了突变，正好与入射波（$A \rightarrow B$ 的传播方向）的相位相反。由于两波在同一点处相位相反，即入射波入射时有 π 的相位突变，π 的相位突变相当于波程差半个波长，因此称这种现象为半波损失。

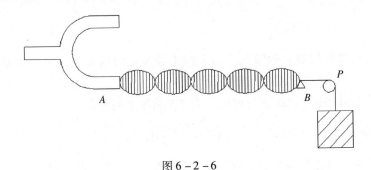

图 6 - 2 - 6

§6.3 声 波

6.3.1 声 波

一支流行歌曲的优美歌声和风镐打在水泥地上发出的达达噪声，都有一个共同的特性。两种声音都能产生使空气运动的振动，接着空气又引起我们的耳鼓振动，随后我们的大脑接收此振动，我们把这种振动称为声音。

在弹性媒质中，如果波源（如音叉）所激起的纵波的频率在 20Hz ~ 20000Hz 之间，就能引起人的听觉。在这一频率范围内的振动称为声振动，由声振动所激起的纵波称为声波。频率高于 20000Hz 的机械波叫超声波；频率低于 20Hz 的机械波叫做次声波。

6.3.2 声的强度

如果你问一个人，某种声音有多强，他会回答说，这要根据发音有多响来定。似乎很响的声一定很强，但这只是听者的主观判断，实际情况并非如此。为了能提供一个测定声强的更精确的尺度，我们使用分贝这个单位，即两个声波的相对强度来度量，它表示两个声强 I 与 I_0 的比值，这里的基准强度为 I_0，要测量的声源强度为 I。人们选择一个特定强度代表零分贝作为基准水平，现在一般用 1000Hz、10^{-12} W/m² 的声强作基准，这是人耳可听到的最低声音。因此，声音是用所谓"对数尺度"来衡量：强度水平的定义是 $10\lg\dfrac{I}{I_0}$，这个数值称为分贝，可见分贝是一个没有量纲的数值，它描述的是相对强度。对于分贝这个尺度来说，每升高 10 分贝就意味着声音的强度增加 10 倍。比如，50 分贝的声音比 40 分贝的声音要强 10 倍。表 6 - 1 列出一些有代表性的声音的强度水平。

研究表明，生活在过去的那些平均年龄为 70 岁的人的听力，大体上和我们这个时代生活在大城市的普通大学生的听力相同。经常听很响的音乐的人，他的听觉往往会受到影响。可悲的是听觉一旦失去就再也不能恢复了。整天听喧闹声，除了丧失听觉外还会引起心理上和生理上的其他问题。噪音污染已成为现代化社会的一个重要问题。

表 6-3-1　一些有代表性的声音的强度

声音	强度水平（分贝）
听阈	0
树叶的沙沙声	10
近距离轻声耳语	20
图书馆	30
蚊声	40
普通谈话	50
嘈杂商店	60
街道交通	70
交易所　柴油卡车	80
摩托车　交响乐	90
地铁　喷气飞机掠过	100
摇滚乐队	110
建筑工地噪音　巨雷	120
喷气飞机起飞	140
登月火箭	200

6.3.3　声的传播

声波是有一段频率范围的纵波，它在媒质中或媒质间传播时同样会产生折射、反射、叠加等现象。因此，在设计大型音乐厅时，需要充分考虑到声波传播的特点，包括声波传播过程中遇到不同材料时可能会产生的效果和影响。比如，在没有家具和其他吸音材料的大厅内，会产生明显的回声。

声源体发生振动会引起四周空气振荡，那种振荡方式就是声波。声波借助空气向四面八方传播。在开阔空间的空气中那种传播方式像逐渐吹大的肥皂泡，是一种球形的波阵面。声音是指可听声波的特殊情形，例如对于人耳的可听声波，当那种波阵面达到人耳位置的时候，人的听觉器官会有相应的声音感觉。除了空气，水、金属、木头等也都能够传递声波。正弦波是最简单的波动形式，优质的音叉振动发出声音的时候产生的是正弦声波，正弦声波属于纯音。任何复杂的声波都是多种正弦波叠加而成的复合波，它们是有别于纯音的复合音，正弦波是各种复杂声波的基本单元。扬声器、各种乐器以及人和动物的发音器官等都是声源体。地震震中、闪电源、雨滴、刮风、随风飘动的树叶、昆虫的翅膀等各种可以活动的物体都可能是声源体。它们引起的声波都比正弦波复杂，属于复合波。地震产生多种复杂的波动，其中包括声波，实际上那种声波本身是人耳听不到的，它的频率太低了（例如1Hz）。

我们人是怎样听到声音的呢？

声波是大气压力之外的一种超压变化。空气粒子振动的方式跟声源体振动的方式一致，当声波到达人的耳鼓的时候就引起耳鼓同样方式的振动。驱动耳鼓振动的能量来自声源体，它就是普通的机械能。不同的声音就是不同的振动方式，它们能够起区别不同信息的作用。人耳能够分辨风声、雨声和不同人的声音，也能分辨各种言语声，它们都是来自声源体的不同信息波。言语声是按人类群体约定的方式使用的，它包含语言学信息。人们以同样方式来使用言语声才能够达到互相理解的目的。反复不断的交际活动和交际过程中的趋同作用使那种约定能够不断持续下去。幼儿是通过交际学会使用那种约定好的言语声的，那种约定也会在几代人长期过程中逐渐改变，语言也就有了演变。声波前进的过程是相邻空气粒子之间的接力赛，它们把波动形式向前传递，它们自己仍旧在原地振荡，也就是说空气粒子并不跟着声波前进！同样，在语音研究中要区分气流与声波，它们是两回事。在发音器官里，声带、舌尖或小舌的颤动，以及辅音噪声的形成等，都离不开气流的作用，但是气流不是声波的代名词。所谓"浊音气流""清音气流"的说法似乎包含了极其含混的意思。

另外，即使没有其他声源体的作用，空气粒子总是在做无规则的震荡，或者说它们总是在骚动，它们激发起微弱的"白噪声"，绝对静寂的大气空间是不存在的。所谓背景噪声还包括自然界或人类生活环境里许多声源体杂乱的声音，对于言语交际来说它们没有信息价值。居室四壁或陡峭的山坡还有回声效应，噪声被放大、增强了。言语声和它的滞后的回声叠加在一起，变成复杂的回响声。电声仪器设备里也都有白噪声。那种没有通信价值的噪声很强烈的时候人们会心烦意乱。有意思的是，在噪声极小的消声室待久了，人会感到不安宁，音乐中恰当使用沙锤之类的噪声带来的是艺术欣赏价值，人类语言里的许多辅音都包含噪声，它们很重要，能够起区分辅音的作用。

6.3.4 声波的描述

前面我们介绍了驻波现象。很多乐器就是靠振动弦线来产生一定音调的声音的。由于一根振动的弦不可能使大量的空气振动起来，所以要将弦跨在一块称为共鸣板的宽板上的琴马上，它所发出的声音就可以放大。

我们可以用弦振动的频率来描述弦产生的声音。使用音乐术语时，通常称之为音调。我们听到的音调主要是由声波的频率决定的，高频率产生高音调。弦振动产生的频率或声音的音调取决于弦的长度。弦乐（如小提琴、吉他、二胡等）演奏者都是通过手指改变了弦振动的部分，而竖琴和钢琴的高低调分别由相应的短弦和长弦产生。

弦的振动能够形成驻波，驻波的波长是弦长的两倍时，对应的频率称为基频（ν_0），这是弦振动的基本形式。改变驻波的波长与弦长的关系，相应地可以得到 $2\nu_0$，即第一泛音；$3\nu_0$，即第二泛音……所有这些频率的声音根据叠加原理的规定就会产生相当复杂的声信号。由于每一样乐器泛音不同，即使音调（基频）相同，发出的合成波仍就差别较大，所以即使演奏同一音调，我们仍能辨别出钢琴和吉他。

研究音乐时，我们把任何一种乐器产生的独特的泛音组合称为该乐器的音色。泛音数及其相对强度赋予各种乐器具有自己特有的音色，假如不是这样，音乐会也就没有味道了。音叉的声音几乎完全由基频产生，所以没有音乐情趣。声音中有泛音存在，就变得优美活泼。

6.3.5 多普勒效应

人们稍加留意就会注意到这样一种奇怪的现象：如果有一辆汽笛长鸣的火车迎面开来，汽笛将会发出"越来越高"的声调从你身旁呼啸而过；然后随着火车飞快的远离，汽笛的声调又逐渐"变低"。如果火车的速度达到每小时 50 公里的话，那么人们听到汽笛声的音调高低的差别，几乎可以达到一个全音程。

人和声源发生相对运动时，人听到的声源的音调将会发出变化。相向靠近，音调升高；相背降低。这种由于声源和观察者的相对运动而感觉声源频率变化的现象是奥地利物理学家多普勒（C. J. Doppler，1803—1853）在 1842 年发现的，为纪念他，故称为"多普勒效应（现象）"。

该效应可借助于图 6-3-1 来说明，从声源 S 向外沿径向以同心圆的形式辐射周期波，其固有频率为 ν_0。任意两个同心圆间的距离表示以速度 u 传播的声波的波长 λ，这种频率的声波作用于人耳就决定了所听到的音调。

让我们首先讨论声源向右面静止的观察者 A 运动的情况（图 $6-3-2$），这时，运动的声源所辐射的声波有赶上声源沿相同方向发出的波的趋势。从声源连续发射的各个波都和前者逐次靠近观察者，故两个连续波之间的距离（或波长）要比原来静止时短。

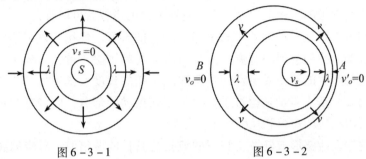

图 $6-3-1$ 　　　　　　　图 $6-3-2$

有效波长的减小，则其表观频率增高，观察者 A 所听到的声音的音调升高，与此相类似的原因，到达观察者 B 的有效波长增加或听到声音的表观频率降低。

下面对这种效应进行定量的分析。一个不动的声源发生一次全振动（时间等于周期 $T_0 = \dfrac{1}{\nu_0}$），波传播的距离即为波长 λ，如图 $6-3-3$（a）所示。若规定声源接近观测者的速度 v_s 为正，背离观测者的速度为负。对静止的声源，则有

$$\lambda = uT_0 = \frac{u}{\nu_0} \tag{$6-3-1$}$$

式中 u 是声速，ν_0 为声波的固有频率。如果声源以速度 v_s 向右运动，如图$6-3-3$（b）。在声源前面新的波长 λ' 应为

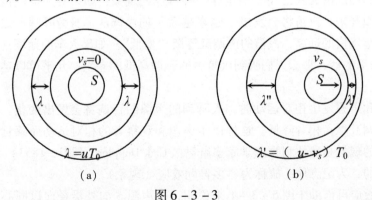

（a）　　　　　　　　　　（b）

图 $6-3-3$

$$\lambda' = (u - v_s)\,T_0 = \frac{u - v_s}{\nu_0} \tag{$6-3-2$}$$

上式表示运动声源右边波长。比较（6-3-1）式和（6-3-2）式，由于 $u - v_s < u$，则 $\lambda' < \lambda$。

同样，运动声源左边的波长以 λ'' 示之，由于 $v_s < 0$，则

$$\lambda'' = (u + v_s) \, T_0 = \frac{(u + v_s)}{\nu_0} \qquad (6-3-3)$$

比较（6-3-1）式和（6-3-3）式，由于 $u + v_s > u$，故 $\lambda'' > \lambda$。

媒质中的声速 v，只与媒质的特性有关，并不取决于声源运动的速度，所以静止的观察者从以速度 v_s，频率为 ν_0 运动的声源所听到的表观频率 f 为

$$f = \frac{u}{\lambda'} = \frac{u\nu_0}{u - v_s} \qquad (6-3-4)$$

当声源接近观察者运动时，由于 $v_s > 0$，所以 $f > \nu_0$ 即听觉为音调升高。

注意，这里频率变化的原因是，声源在媒质中的运动使声波的有效波长缩短或增长。这个问题我们还可以从另一角度来讨论，即当声源相对于媒质为静止而观察者在媒质中以速度 v_0 运动时，观察者所听到的频率与声源的频率的一般关系式为

$$f = \nu_0 \left(\frac{u \pm v_0}{u} \right) \qquad (6-3-5)$$

式中正号表示观察者向着声源运动，而负号表示离开声源运动。注意，这里频率的变化是由于观察者在媒质中的运动，因而每秒接收到较多或较少的波数。

当然，把上述结论再推广到最一般的情况，即当声源和观察者都在传播波的媒质中运动时，我们可以证明，观察者的表观频率则是

$$f = \nu_0 \left(\frac{u \pm v_0}{u \mp v_s} \right) \qquad (6-3-6)$$

式中上面的符号（分子中的正号，分母中的负号）对应于声源与观察者沿其连线的相向运动；而下面的符号（分子中的负号，分母中的正号）则对应于声源与观察者沿其连线的反向运动。

由此可见，当声源和观察者发生相对运动时，人耳接收的声源频率在变化，从而引起相应的音调发生变化也就一目了然。

和火车的鸣笛发生的多普勒效应相似，当鸣笛的消防车、警车、救护车以及快艇从人们身旁飞驰而过时，人们听到的音调也要发生类似的变化。

再如在战场上，有经验的将士能根据敌方射来的炮弹所发出的声音及其音调的变化来判断有无危险性也是利用了多普勒效应。所听到的炮弹声音的表观频率 f 和声源发出的固有频率 ν_0 之差称为多普勒频移：炮弹临近的音调

是频率升高的多普勒频移；远离的音调是频率降低的多普勒频移。

蝙蝠能利用回声定位是众所周知的事，但欲窥其全过程则是比较复杂的。据探测，在它们发出的高频声波中，有一种时间很短的恒频信号。该信号返回时，一方面能发现目标的方位，另一方面由于蝙蝠和其他物体间的相对运动，它能检测出多普勒频移，从返回信号的频率分辨出目标的速度。

在影视片中也常根据声音的物理特征来改变音调，从而达到艺术效果。如用动得很慢的录音带来记录正常的讲话，或用动得很快的录音带来记录正常的说话声。在放映时却用普通的放带速度，放映时听到的结果由于前者比正常的声音振动次数多，音调升高；后者比正常的声音振动次数少，音调势必变低。这种利用"时间放大镜"来处理声音的方法，在放留声机的时候，如果利用的速度比录音的速度（每分钟 78 转或 33 转）大或小，也常常发生这种现象，这也是一种多普勒频移。

多普勒效应，在光学领域中也广泛存在。多普勒首先注意到这样一个事实：发光体的颜色就像发声体的音调一样，必定由于该发光体和观察者的相对运动而发生变化。

在激光物理和激光应用中经常涉及光的多普勒效应。例如，在实验室里我们可用迈克耳逊干涉仪测多普勒频移。当光源和观察者之间有相对运动时，可以从探测器中检测出交变光电流，并发现该光电流的频率与它们之间的相对速度有关，其公式为

$$f_v = f_0 \left(1 + \frac{\boldsymbol{v} \cdot \boldsymbol{n}}{c}\right) \qquad\qquad (6-3-7)$$

式中 v 是光源相对观察者的运动速度，n 表示光传播方向的单位矢量，f_0 是 v 为零时的光频率，而利用激光产生的多普勒效应测定液体的流速即是实际应用的一例。

光的多普勒效应在天文学上同样有重要的应用。天文学家就是通过对遥远星体传来的光波频率的微小变化，以判断这个星体的运动方向。并且从频率的变化量可以计算出这个星体的运动速率。但这样的多普勒频移所量度出来的只是相对速度沿径向的或沿视线的分量。凡曾经进行过这类测量的所有星系都表现为远离地球而去，星系愈远，远离速度愈大，观测到的光频率愈低，光的波长变长，此乃光波的"红向移动"。这些观察事实是宇宙在不断膨胀的佐证。例如，天文学家发现天狼星的光谱暗线向一侧移动，根据暗线的移动量（波长变化多少），就能计算出它是以 75 公里/秒的速度远离我们而去。因为这个星亮度很大，即使远离我们几十万公里也不会显著地改变它的视亮度。所以，如果我们不借助于多普勒现象，便很难观测到这个星体的运

动情况。

综上所述，可以看出光和声的多普勒效应在定量描述方面有区别，但是它们在定性上的阐述却是相同的。

§6.4　光

光学是一门具有悠久历史的学科，它的发展史可追溯到 2000 多年前，人类对光的研究，最初主要是试图回答"人怎么能看见周围的物体?"等问题。公元前 300 多年，我国的《墨经》中记录了世界上最早的光学知识。这些知识主要叙述了影的定义和形成，光的直线传播性和小孔成像，以及平面镜、凹球面镜和凸球面镜中物和像的关系。

公元 11 世纪阿拉伯人发明透镜。1590 年到 17 世纪初詹森和李普希同时独立地发明显微镜。到 17 世纪上半叶，斯涅耳和笛卡儿在对光的反射和折射的观察研究中，总结出大家熟悉的光的反射定律和折射定律。

1665 年牛顿进行太阳光的实验，他利用棱镜将太阳光分解成简单的组成部分，这些成分形成一个颜色按一定顺序排列的光分布——光谱。它使人们第一次接触到光的客观的和定量的特征，各单色光在空间上的分离是由光的本性决定的。牛顿还发现了把曲率半径很大的凸透镜放在平玻璃板上，当用白光照射时，则见透镜表层下面接触处出现一组彩色的同心环状条纹；当用某一单色光照射时，则出现一组明暗相间的同心环条纹，后人把这种现象称为牛顿环。牛顿则根据光的直线传播性，认为光是一种微粒流，并据此对折射和反射现象作了解释。

惠更斯不同意牛顿的观点，他认为光是波动的。"光同声一样，是以球面波的形式传播的。"并且指出光振动所达到的每一点都可以看作次波的振动中心，次波的包络面为传播着的波的波阵面（波前）。整个 18 世纪中，光的微粒说和光的波动说各执一词，都很不完整。

19 世纪初，波动光学初步形成，其中以杨和菲涅耳于 1818 年以杨氏干涉原理补充了惠更斯原理，从而形成了惠更斯 - 菲涅耳原理，很好地解释了光的干涉和衍射现象，解释了光的直线传播。在进一步研究中，观察到了光的偏振和偏振光的干涉，为此，菲涅耳假定光是一种在连续媒质（以太）中传播的横波。以太弥漫着空中，无处不在，密度很小，但很"结实"（弹性很大，否则不能以很大的速度传播），以太的上述性质难以想象。

1836 年，法拉第发现了光的振动面在磁场中发生偏转，1856 年韦伯发现光在真空中的速度等于电流强度的电磁单位和静电单位的比值。这些均表明光学现象与磁学、电学现象间有一定的内在联系。

麦克斯韦的电磁学理论揭示了光就是一种电磁现象，并于 1888 年为赫兹的实验证实。按麦克斯韦的理论，若以 c 代表光在真空中的速度，v 代表光在介电常数为 ε 和磁导率为 μ 的媒质中的速度，则媒质的折射率 $n = \dfrac{c}{v} = \sqrt{\varepsilon_r \mu_r}$。

1887 年，迈克耳逊用干涉仪测"以太风"，得到零实验结果，应当考虑放弃光的传播需要借助"以太"这种媒质的观点了。1900 年，普朗克从物质的分子结构理念中借用不连续性的概念，提出了辐射的量子论。他认为各种频率的电磁波，包括光，只能以各自确定分量的能量从振子射出，这种能量微粒称为量子，光的量子称为光子。量子论不仅很自然地解释了黑体辐射能量按波长分布的规律，而且以全新的方式提出了光与物质相互作用的整个问题。量子论不仅给光学，也给整个物理学提供了新的概念，通常把量子论的诞生看成近代物理学的起点。

爱因斯坦运用量子论于光电效应中，明确了光子的性质，并在讨论物体运动接近光速时，得到其运动规律，即狭义相对论基本原理。20 世纪初，一方面从光的干涉、衍射、偏振以及运动物体的光学现象确证了光是电磁波，另一方面又从热辐射、光电效应、光压以及光的化学作用等无可质疑地证明了光的微粒性。当然，光的波动性和微粒性（波粒二象性）的讨论和研究要借助量子力学和量子电动力学的理论，才能统一起来。

6.4.1　几何光学

几何光学是以光线为基础研究光的传播和成像规律的一个重要的实用性学科分支。在几何光学中，把组成物体的物点看作是几何点，把它所发出的光束看作是无数几何光线的集合，光线的方向代表光能的传播方向。在此假设下，根据光线的传播规律，研究物体被透镜或其他光学元件成像的过程，以及设计整个光学仪器的光学系统都显得十分方便和实用。

1. 光的传播遵循的基本定律

（1）光的直线传播定律

光在均匀媒质中沿直线方向传播。影、食和小孔成像等现象都证明这一事实，大地测量等很多光学测量工作也均以此为根据。

（2）光的独立传播定律

两束光在传播途中相遇时互不干扰，仍按各自的途径继续传播；而当两束光会聚于同一点时，该点上的光能量是简单相加的。

（3）光的反射定律和折射定律

设有透明而均匀的各向同性媒质 1 和 2，当光线从媒质 1 入射到两媒质的分界面时，一般光将分成为反射光和折射光，如图 6-4-1 所示。入射光线与分界面的法线构成的平面称为入射面。图中 α、β、γ 分别称为入射角、反射角和折射角。

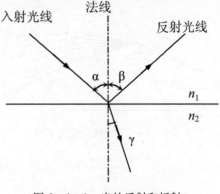

图 6-4-1　光的反射和折射

实验证明：

①反射光线和入射光线都在入射面内；

②反射角等于入射角 $\beta = \alpha$；

③入射角与折射角正弦之比与入射角无关，是一个与媒质和光的波长有关的常数，即

$$\frac{\sin\alpha}{\sin\gamma} = \frac{n_2}{n_1}$$

式中 n_1、n_2 分别为 1、2 两媒质的绝对折射率 $\left(n = \frac{c}{v}\right)$。

在此，我们补充全反射现象。若光线从光密媒质向光疏媒质（例如从玻璃向空气）传播，由于 $n_1 > n_2$，$\alpha < \gamma$，如图 6-4-2（图中反射线未画出）。改变入射角 α 的大小，发现折射角的大小也在改变。当 α 为一特殊角度 α_0 时，折射角为 90°，即光线沿界面折射，此时光线按反射定律全部反射回 n_1 中，这种现象称为全反射。如果此时再增大入射角，折射定律就不再适用。使折射角为 90°时的入射角 α_0，称为临界角。

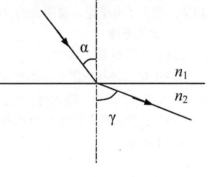

图 6-4-2　全反射现象

近年来迅速发展起来的光导纤维，就是利用全反射来传导光，从而传输图像等信息。

2. 光的色散

1666 年，牛顿在研究光通过各种形状玻璃的特征时，发现让一束阳光入射到棱镜上，使光折射到墙上，在墙上产生排列规则的色光，即光谱。证明白光（自然光）是由各种色光复合而成的，如图 6-4-3 所示。

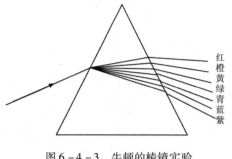

红橙黄绿青蓝紫

图 6 - 4 - 3　牛顿的棱镜实验

为什么太阳光透过棱镜会生成七色彩带呢？这是由于光在不同媒质中折射且折射率 n 与光的波长有关。而由棱镜分光这一原理，可以获得各种不同用途的光学仪器，如摄谱仪、单色仪等，它们在研究物质结构及光谱分析中有着重要的作用。

6.4.2　波动光学

　　光的波动学说的发展是惠更斯在 1678 年提出来的，他设想光的传播类似水波、声波。光振动所达到的每一点都可以看作次波的中心，次波的包络面为传播着的波阵面，波阵面上每一点又产生新的次波，依次继续传播。这就是惠更斯原理，它能说明光的反射和折射。1801 年，杨（Thomas Young，1773—1829）用惠更斯原理做了双孔干涉实验，说明了光波的干涉。1815 年，菲涅耳（Augustin Jean Fresnel，1788—1827）补充了惠更斯原理，即各次波到达某一点的作用，要考虑到次波间的位相关系，这个补充称为惠更斯 - 菲涅耳原理。直到 1860 年，麦克斯韦提出电磁波理论以后，才能完全地说明光的干涉、衍射、偏振及光在晶体中传播的现象。大约在 1896 年，洛伦兹（Hendrik Antoon Lorentz，1853—1928）创立了电子论，说明光的吸收、色散、散射、磁光、电光等现象。

1. 光的干涉

（1）干涉现象

　　1801 年，杨提出了干涉原理并首先做出了双缝干涉实验，实验示意图为 6 - 4 - 4 所示。S 为一缝光源，S_1、S_2 为狭缝，由 S 发出的单色光，经 S_1、S_2 后成相干光源，两光源在空间相遇产生干涉现象，则在光屏上可观察到明暗相间的干涉条纹。

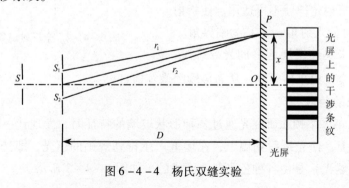

图 6 - 4 - 4　杨氏双缝实验

已知 $S_1S_2 = d$，双缝到屏的距离为 D，单色光的波长为 λ，屏上有任一点 P，设 $OP = x$，则根据几何关系可知，两束光到达 P 点处的光程差为

$$r_1^2 = D^2 + \left(x - \frac{d}{2}\right)^2, \quad r_2^2 = D^2 + \left(x + \frac{d}{2}\right)^2$$

则 $\quad r_2^2 - r_1^2 = 2dx$

由于 $D \gg x$，$D \gg d$，则有 $r_2 + r_1 \approx 2D$，

可得 $\quad r_2 - r_1 = \dfrac{d}{D}x = \begin{cases} \pm k\lambda & \text{明条纹} \\ \pm \dfrac{2k+1}{2}\lambda & \text{暗条纹} \end{cases}$

则 P 点为明条纹时，满足

$$x_{\text{明}} = \pm k \frac{D}{d}\lambda \quad (k = 0,\ 1,\ 2,\ \cdots) \tag{6-4-1}$$

P 点为暗条纹时，满足

$$x_{\text{暗}} = \pm (2k+1) \frac{D}{2d}\lambda \quad (k = 0,\ 1,\ 2,\ 3,\ \cdots) \tag{6-4-2}$$

由（6-4-1）和（6-4-2）式可得，相邻明条纹或暗条纹的距离均为

$$\Delta x = \frac{D}{d}\lambda \tag{6-4-3}$$

当然，要注意上述实验及装置要求。第一，S_1、S_2 为相干光源，满足相干条件，即在机械波讨论中的振动频率相同、振动方向相同、相位相等或相位差恒定。其次，在上式的讨论中，明条纹的形成是干涉加强的结果，暗条纹的形成则是干涉减弱的结果。另外，在光学中，我们将光波在某一媒质中所经历的几何路程与媒质的折射率的乘积，定义为光程。这个概念在波动光学中非常重要（另一重要概念则是在驻波中讨论的半波损失）。

（2）产生相干光波的方法

①普通光源与机械波源的区别。光是由光源中多个原子、分子等微观客体发射的。微观客体的发光过程是一种量子过程，很难用一个简单的图像描绘清楚。一般来说，原子或分子每次发射的光波波列都是有限长的，波列的长度与它们所处的环境有关，如果发射光波的原子或分子受到其他原子或分子的作用愈强，发射过程受到的干扰愈大，波列就愈短。

普通光源（即非激光光源）的发射过程以自发辐射为主，这是一种随机过程，每个原子或分子先后发射的同波列，以及不同原子或分子发射的各个波列，彼此之间在振动方向和相位上没有什么联系，即为许多断续的波列，持续时间 t_0 比通常探测仪器响应时间 Δt 短得多（即 $t_0 \ll \Delta t$），其振动方向和相位是无规则的。

而机械波却只要能保持其波源质点的振动状态，传播的弹性媒质不间断，波源的振动状态就将会持续不断地传播下去。因此振动方向保持不变，相位的变化是有规律的。

②获得相干光源的方法。由于光源的发光特征，一般情况下，日常生活中不易看到在空间相遇的光波发生干涉现象。要想获得相干光源必须采用一些特别的办法，即在同一光源上分出两个"相干光源"。

ⅰ) 分波面法。即从同一源波面上分出若干面域，使它们继续传播，在相遇空间叠加而产生干涉。如上述的杨氏干涉实验便属于这一类。另外还有一些典型的实验，如菲涅耳双面镜、洛埃镜、双棱镜等都是利用分波面法获得相干光源的。

ⅱ) 分振幅法。利用一块光学媒质使入射波在其表面上发生反射和折射，当来自同一入射波光线经界面多次反射、折射后的反射波和折射波在继续传播中相遇而产生干涉，如图6-4-5。

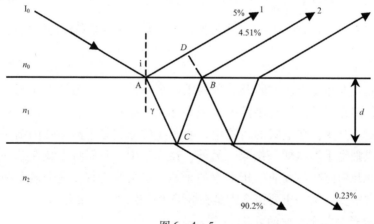

图6-4-5

一般情况下，当不考虑能量损失及媒质的吸收时，光波的反射率约为入射波的5%，折射率约为95%。对于来自同一入射光线的反射光线1、2，它们由于经过媒质反射、折射，存在相位差，在相遇时发生干涉可能为加强也可能为减弱，这一结果与媒质的关系如何呢？

在光的传播过程中，当光经过不同的媒质时，光的传播速度不同，如图6-4-5中光从A点分成1、2两束光，即经C到达B及直接到达D点，这两束光间的几何路程差为（AC + CB - AD），经过这两段距离的时间差为

$$\Delta t = \frac{AC + CB}{\dfrac{c}{n_1}} - \frac{AD}{\dfrac{c}{n_0}} = \frac{n_1\ (AC + CB)\ - n_0 AD}{c}$$

上式分子中折射率与几何路程的乘积我们将其定义为光程，它表示光在折射率为 n_1 的介质中经 AC 距离的时间内在真空中光行进的距离。按照这种方法，将所有的光经过的几何路程表示成光程，波长则不必再考虑在不同介质中的差异，只需取成真空中的波长即可。通过计算可得光束 1、2 由于几何路程引起的光程差与入射角的关系为

$$\Delta' = 2n_1 d\cos\gamma = 2d\sqrt{n_1^2 - n_0^2\sin^2 i}$$

考虑到"半波损失"的问题，光束 1、2 间的光程差应为

$$\Delta = \Delta' + \left(\frac{\lambda}{2}\right) = 2n_1 d\cos\gamma + \left(\frac{\lambda}{2}\right) = 2d\sqrt{n_1^2 - n_0^2\sin^2 i} + \left(\frac{\lambda}{2}\right) \qquad (6-4-4)$$

当光垂直入射界面时，公式（6-4-4）为

$$\Delta = 2n_1 d + \left(\frac{\lambda}{2}\right) \qquad (6-4-5)$$

括号表示半波损失是否存在取决于介质折射率的相对大小。在光学中仅当光线从光疏媒质（折射率较小）入射光密媒质（折射率较大）时，反射光出现半波损失，光线从光密媒质入射光疏媒质时，反射光无半波损失，折射光均不存在半波损失。

（3）牛顿环

牛顿环是经典的分振幅干涉。其实验装置是由一块平玻璃及之上一曲率半径很大的平凸透镜组成，二者之间形成厚度不均匀的空气层，用波长为 λ 的单色光垂直入射，如图 6-4-6 所示，在这空气层上形成的与厚度对应的一组内疏外密的同心圆环，称为牛顿环。

牛顿环是由透镜下表面反射的光和平玻璃上表面反射的光发生干涉而形成的，这两束相干光的光程差为

$$\Delta = 2h + \frac{\lambda}{2}$$

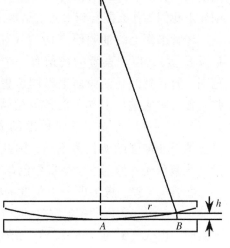

图 6-4-6　牛顿环

式中 h 是空气薄层的厚度，$\frac{\lambda}{2}$ 是空气层的下表面与平玻璃的分界面上反射时产生的半波损失。

形成明环的条件为

$$2h + \frac{\lambda}{2} = k\lambda \qquad (k = 1, 2, \cdots) \qquad (6-4-6)$$

形成暗环的条件为

$$2h + \frac{\lambda}{2} = (2k+1)\frac{\lambda}{2} \quad (k = 0,\ 1,\ 2,\ \cdots) \quad\quad\quad (6-4-7)$$

由图 6-4-6 的几何关系，可求出 r 与 R 的关系：

$$r^2 = R^2 - (R-h)^2 = 2Rh - h^2$$

因为 $R \gg h$，所以

$$r^2 \approx 2Rh$$

代入式（6-4-7），可得暗环半径为

$$r = \sqrt{kR\lambda} \quad (k = 0,\ 1,\ 2,\ \cdots) \quad\quad\quad (6-4-8)$$

（4）薄膜干涉及应用

薄膜干涉是日常生活中常能看到的光的干涉现象。如在太阳光照射下，吹大的肥皂泡上的彩色条纹或图样，雨后路面的油膜呈现的彩色花纹等，上述牛顿环装置为薄膜干涉的典型实验装置。

①薄膜干涉。当薄膜的厚度保持不变时，由式（6-4-4）知，相同方向入射光线对应的光程差相等，当光线垂直入射时，光程差为式（6-4-5），则薄膜上各处干涉结果相同，因此不会出现干涉条纹或彩色条纹。那么，在阳光下我们为什么能看到水面上呈现出的彩色条纹呢？

尽管水面上的油膜厚度均匀（如图 6-4-7 所示），但观察者的视角有一个角度的范围，所看到的是油膜面上不同位置，而这些位置所对应的出射光角度各不相同，根据式（6-4-4）可知，不同角度的光入射，对应的干涉加强的波长值不同，因此在太阳光（为复色光）照射下会呈现彩色花纹。

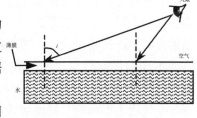

图 6-4-7

②劈尖干涉。劈尖即一小角度的楔形物。常见的是空气劈尖，由两块平玻璃夹成一极小角度的楔形空气隙，如图 6-4-8（a）所示。当单色光垂直入射时，由式（6-4-5）可知，光程差为

$$\Delta = 2d + \frac{\lambda}{2}$$

式中 d 为薄膜厚度。可见在劈尖中厚度均匀改变，根据相干条件可得

$$\Delta = 2d + \frac{\lambda}{2} = \begin{cases} k\lambda & \text{加强} \\ \dfrac{2k-1}{2}\lambda & \text{减弱} \end{cases} \quad k = 1,\ 2,\ 3,\ \cdots$$

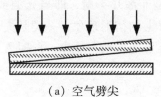
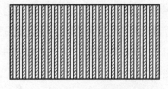

（a）空气劈尖　　　　　　　　（b）干涉条纹

图 6 - 4 - 8

干涉加强、干涉减弱的位置所对应的厚度为

$$\begin{cases} d_{加强} = \dfrac{2k-1}{4}\lambda \\ d_{减弱} = \dfrac{k-1}{2}\lambda \end{cases} \quad k = 1,\ 2,\ 3,\ \cdots$$

可见厚度相同处干涉性质相同（也称为等厚干涉），且相邻明纹或相邻暗纹对应的厚度差 Δd 均为 $\dfrac{\lambda}{2}$。因此当单色光垂直入射劈尖时，干涉结果为等间距明暗相间的条纹；由于在空气劈的端线处，厚度为零，对应的光程差为波长的半整数倍，因此在端线处为暗纹，如图 6 - 4 - 8（b）所示。若用复色光入射，则会出现彩色条纹。

③薄膜干涉的应用。薄膜干涉的应用非常广泛，如镀膜可增加薄膜的反射率或透射率，用来制作眼镜、照相机镜头等光学材料。利用等厚干涉条纹分布的直观特点，制作出精密检测仪器，如测量细丝直径，图 6 - 4 - 9（a）、检验机械零件表面的光洁度图 6 - 4 - 9（b）、测量物体的线胀系数图 6 - 4 - 9（c）等。

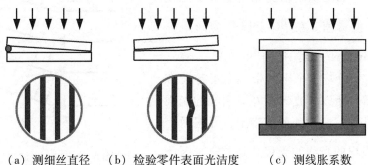

（a）测细丝直径　（b）检验零件表面光洁度　（c）测线胀系数

图 6 - 4 - 9

2. 光的衍射

除干涉现象外，衍射也是波的重要特征。波的衍射是指波在其传播路径上遇到障碍物而偏离直线传播的现象。当障碍物的大小比光的波长大得不多时，光的衍射现象较明显。

　　光学中常把衍射现象分为两类。一类是菲涅耳衍射，即当光源或光屏，或这两者离衍射孔的距离有限远时，观察屏上的衍射现象；一类是夫琅和费衍射，即当光源和光屏都在无限远时，观察屏上的衍射现象，此时入射光和衍射光都是平行光。

　　（1）单缝衍射

　　如图 6 - 4 - 10 所示。S 为一单色缝光源，放在 L_1 的焦点上，从 L_1 形成的平行光束垂直照射在宽度为 a 的单缝上。在单缝所在处的波阵面 AB 上各点发出的子波向各个方向传播，同一方向的衍射光通过 L_2 汇聚于焦平面上同一点，于是在屏上就出现衍射花样，这是一些平行于单缝的明暗相间的直条纹，中央条纹最宽最亮。

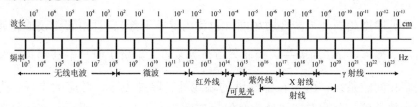

图 6 - 4 - 10　单缝衍射

　　我们用半波带法来讨论屏上单缝衍射的光强分布，因为用惠更斯 - 菲涅耳原理求解很复杂。如图 6 - 4 - 11，考虑衍射角为 θ 的一束平行光，经透镜后会聚于屏上 P 点。由于光通过透镜不产生附加的相差，所以这束光线的两条边缘光线之间的光程差为

　　$\Delta L = BC = a\sin\theta$

　　P 点条纹的明暗情况完全取决于光程

差 $a\sin\theta$ 的量值。在 BC 上以 $\dfrac{\lambda}{2}$ 为间距等

分，作 AC 的平行线 AB 于 A_1、A_2、……，
即将 AB 分成若干个半波带。由于各波带
面积相等，所以各波带在 P 点引起的光振
幅接近相等。两相邻的波带上，任意两个
对应点发出的光线的光程总是差 $\dfrac{\lambda}{2}$，因此

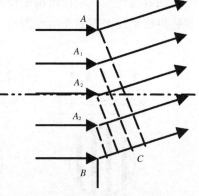

图 6 - 4 - 11　半波带

任何两个相邻波带所发出的光线在 P 点合成时将相互抵消。这样，如果单缝处波阵面被分成偶数个半波带，则所有波带的作用成对相互抵消，P 点将出现暗条纹。如果分成奇数的话，两两抵消还剩一个，所以 P 点将出现明条纹，且 θ 越大，半波带面积越小，明条纹的光强（亮度）越小。$\theta = 0$ 时，形成中央明条纹，光强最大。对于任意的衍射角 θ，AB 一般不能恰好分成整数个半

波带。此时，衍射光束形成介于最明和最暗之间的中间区域。

明暗条纹的位置如下：

暗条纹中心　$a\sin\theta = \pm k\lambda$　　$(k = 1, 2, 3, \cdots)$　　　　(6-4-9)

明条纹中心　$a\sin\theta = \pm(2k-1)\dfrac{\lambda}{2}$　　$(k = 1, 2, 3, \cdots)$　(6-4-10)

考虑到一般情况下 θ 角较小，所以中央明条纹的半角宽度为

$$\theta = \sin\theta = \frac{\lambda}{a} \tag{6-4-11}$$

则在屏上中央明条纹的线宽度为

$$\Delta x = 2f\tan\theta \approx 2f \cdot \theta \approx 2f \cdot \frac{\lambda}{a}$$

（2）光栅衍射

①光栅衍射实验装置。如图 6-4-12 为光栅衍射装置，透光部分宽度为 b，不透光部分宽度为 a，则光栅常数定义为

$$d = a + b$$

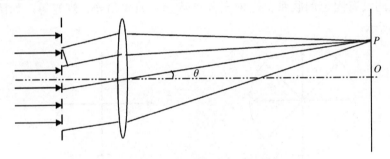

图 6-4-12　光栅衍射实验装置

②光栅方程。由图 6-4-12 知，相邻两缝之间的光程差为

$\Delta = d\sin\theta$，其中 θ 称为衍射角。则光栅方程为

$$d\sin\theta = m\lambda \quad (m = 0, \pm 1, \pm 2, \pm 3, \cdots) \tag{6-4-12}$$

即满足上述方程的波长在屏上为明纹，m 为衍射级次。

③光栅衍射的特点。光栅是一种分光元件，通过光栅衍射所形成的各级明纹细而亮，因此，当用白色光源（即各种不同波长光组成的复色光）照射时，在第一级（$m = \pm 1$），不同的光对应不同的衍射角衍射加强，这样就会形成按波长排列的光波，称为光谱。而在光栅衍射的中心 O 处（如图 6-4-12），由于是所有不同波长光的会聚，因此仍为白色光。当用复色光入射时，除可以得到完整的光谱线外，第二级以后将出现重叠现象。

3. 光的偏振

光的干涉、衍射现象表明光的波动本性，光的偏振现象则进一步揭示了光的横波性质，这和光的电磁理论完全一致。

（1）光波的种类

光波是电磁波。电磁波中电场和磁场同时存在，但是根据目前研究所了解到的物质对于光所产生的效应，包括人眼所产生的视觉效应，主要是电场矢量，所以电场矢量又叫光矢量。由于电磁波是横波，所以光波中光矢量的振动方向总是垂直于光的传播方向。在垂直于光传播方向的平面内，光矢量可能有各种不同的振动状态，这种振动状态通常称为光的偏振态。最常见的光的偏振态大体可分为 5 种：自然光、线偏振光、部分偏振光、椭圆偏振光和圆偏振光。

①自然光。光是由光源中大量原子或分子发出的。普通光源中各个原子发出的光的波列彼此不相关。所以，对于自然光而言，光矢量具有轴对称性而且均匀分布，光振动方向也彼此不相关。各方向光振动的振幅相同，各个振动之间没有固定的联系，这种光称自然光，如太阳光、灯光等。如图 6 - 4 - 13 所示。

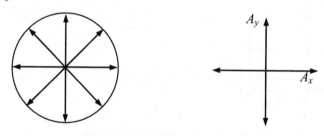

图 6 - 4 - 13

我们设想把每个波列的光矢量都沿任意取定的 x 轴和 y 轴分解，即将自然光分解为两束等幅的、振动方向互相垂直的、不相干的线偏振光。这样 x、y 方向的两束光的强度相等，即 $I_x = I_y$。

因此，自然光的强度

$$I = I_x + I_y = A_x^2 + A_y^2 \qquad\qquad (6-4-13)$$

$$I_x = I_y = \frac{I}{2} \qquad\qquad (6-4-14)$$

②线偏振光。只有一个振动方向的光，如图 6 - 4 - 14（a）所示。

③部分偏振光。介于线偏振光与自然光之间的一种偏振光，即在垂直于这种光的传播方向的平面内，各方向的光振动都有，但振幅不相等，也就是说光强不等，如图 6 - 4 - 14（b）所示。

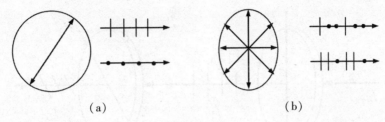

（a）　　　　　　　　　　　（b）

图 6 - 4 - 14

④圆偏振光和椭圆偏振光。这两种光的特点是在垂直于光的传播方向的平面内，光矢量按一定频率旋转（左旋或右旋）。如果光矢量的端点轨迹是一个圆，这种光叫圆偏振光；如果轨迹是一个椭圆，就叫椭圆偏振光。

（2）偏振光的获得

实验室中常用偏振片从自然光获得线偏振光。另外，在日常生活中，我们所看到的光入射两种各向同性媒质的界面，如水面，若是自然光照射在两种分界面上发生反射和折射时，反射光和折射光不再是自然光，一般是部分偏振光。而当入射角等于某个特定值时，反射光为线偏振光。而此时反射光线与折射光线正好相互垂直，如图 6 - 4 - 15 所示。

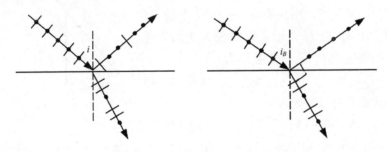

图 6 - 4 - 15

这时的入射角称为布儒斯特角 i_B，则有

$i_B + \gamma = 90°$（γ 为折射角）

由折射定理可得

$$\frac{\sin i_B}{\sin \gamma} = \frac{\sin i_B}{\sin (90° - _B)} = \tan i_B = \frac{n_2}{n_1} = n_r$$

$$i_B = \arctan \frac{n_2}{n_1} = \arctan n_r \qquad\qquad (6 - 4 - 14)$$

上式称为布儒斯特定律。

（3）马吕斯定理

下面我们简单讨论光的偏振化方向发生变化时，光强的变化规律。如图 6 - 4 - 16 所示。

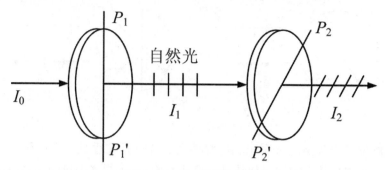

图 6 - 4 - 16　起偏和检偏

P_1P_1'、P_2P_2' 分别为两偏振片的偏振化方向，即只允许与此方向一致的光振动方向的光通过。自然光入射 P_1P_1' 时，透过的偏振光的振动方向与 P_1P_1' 方向一致，且强度为自然光的一半。此线偏振光入射 P_2P_2' 时，原偏振化方向将会变化，只能让与 P_2P_2' 一致的振动方向的光通过。以 A_1 表示入射线偏振光的光矢量的振幅，若 A_1 与 P_2P_2' 的偏振化方向夹角为 θ，如图 6 - 4 - 17。则只有 A_1 在 P_2P_2' 上的投影能通过 P_2P_2'。以 I_1 表示入射线偏振光的光强，因为，则透过 P_2P_2' 后的光强 I_2 为

$$I_2 = I_1\cos^2\theta \qquad (6 - 4 - 15)$$

这个公式称为马吕斯定理。

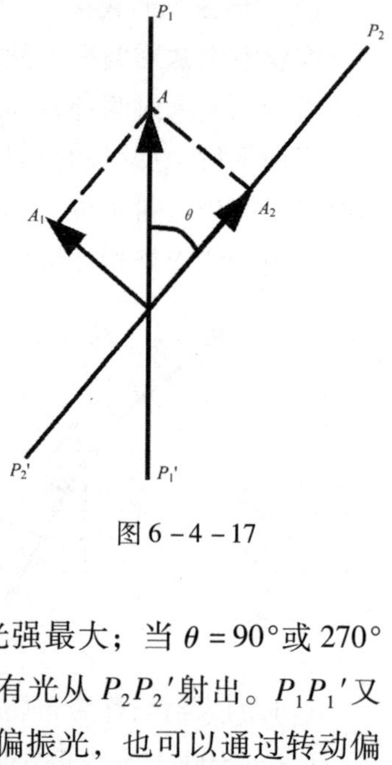

图 6 - 4 - 17

由式 (6 - 4 - 15) 可知，$\theta = 0$ 或 180°时，即 P_1P_1' 和 P_2P_2' 的偏振化方向平行时，$I_2 = I_1$，光强最大；当 $\theta = 90°$ 或 270°时，P_1P_1' 和 P_2P_2' 的偏振化方向垂直，$I_2 = 0$，没有光从 P_2P_2' 射出。P_1P_1' 又称起偏器，P_2P_2' 为检偏器，使用偏振片可以得到偏振光，也可以通过转动偏振片判断入射偏振片的光是否为偏振光。

思考题

6 - 1　什么是简谐振动？举例说明共振现象。

6 - 2　机械波产生的条件是什么？试写出机械波沿 x 轴负方向传播的波动表达式。

6 - 3　举例说明噪音污染的事例。

6 - 4　光传播遵循哪些基本定律？

6 - 5　什么是相干光？如何产生相干光波？

6-6　何谓惠更斯-菲涅耳原理？

6-7　举例说明几何光学、波动光学的应用。

6-8　（1）波的衍射现象的本质是什么？（2）在日常生活中，为什么声波的衍射现象比光波的明显？

6-9　自然光与偏振光、部分偏振光有何区别？

阅读材料：声波雷达——声呐

声波是人类最早用来传递信息、交流思想的工具。随着科学技术的发展，电磁波已被广泛用来进行远距离信息传输与遥感、遥测。然而，占地球表面积70%以上的海洋却是电磁波的强吸收介质，最强的电磁波与激光束也很难穿透几百米深的海水。幸运的是，海洋却是声波良好的传导媒介，于是声呐也就应运而生。

声呐是利用水下声波对水中目标进行探测和定位识别或在水中进行通讯的技术和设备，声呐是由英语 Sound navigation and ranging（声波导航和测距）的字头缩写 Sonar 的音译。声呐属于水中的声遥感技术，由于其原理与雷达相似，所以又称声波雷达。

这里人们自然要问：为什么不用电磁能而用声能在水中进行传输？原因之一是我们前面谈到的：海水是电的良好导体，它使电磁能很快以热的方式耗散掉。因而，在同样的频率下，电磁波的衰减比声波快得多。从而传播距离就近得多。原因之二是声能和电磁能的传输在几个重要方面有区别：声波是纵波，电磁波是横波；电磁波可以被极化，而声波则不能。此外，这两类波以不同速度传播，在水中声速大约是 1500 米/秒，电磁波在空气中的传播速度是 3.0×10^8 米/秒（水中稍慢），比声速几乎快 100 万倍。

声呐分为有源声呐和无源声呐两大类。有源声呐由发射机、声阵（包括发射声阵和接收声阵）、接收机（信号处理）、显示控制台组成。无源声呐由接收声阵、接收机、显示控制台组成，其中声阵是由换能器组成。将电信号转换成声信号的叫发射声阵，它把来自发射机的电信号转换成声信号向水中发射，将声信号转换成电信号的叫接收声阵，声阵一般由许多个换能器元件组成，以提高声波的方向性，对接收声阵来说可以更有效地抑制无关声波的干扰，提高检测增益。

有源声呐工作时，先由发射机发出一定频率的电信号，经发射声阵转换成声信号在水中进行传输，碰到目标返回又由接收声阵把声信号转换成电信号输给接收机放大、分析处理，然后经显示控制台显示探测结果。无源声呐的工作过程与之大致相同，只是因为没有发射机发射信号，所以它的接收声阵转换的是目标自发辐射的声信号。

最初的"探照灯式声呐"由于波束的移动是通过换能器基阵的机械转动而实现的，操作不方便、数据率低、不能保证军舰有多目标的检测和跟踪能力。接着发展的"扫描声呐"可以连续地同时提供目标在 360°方位内的距离和方位角信息，具有多目标检测和跟踪能力。随着数字信号处理技术的发展，在 20 世纪 60 年代初又出现了单比特量化的数字多波束（DIMUS）系统，这种系统对输入的多路信号进行限幅，在 360°范围内同时形成波束，实现全景观察。20 世纪 60 年代末期，先后有人推出自适应噪声抵消技术和数字式干扰消除自适应零点网络设备（DICANNE），它们的共同点是能够根据不同方向噪声，干扰的强弱，自动地改变本身波束的形状，使其在强噪声或干扰的方向上特别不灵敏，以便检测出某个方向上的信号。近年来数字信号处理技术飞速发展，出现了各种专用数字信号处理芯片，使声呐系统不断地朝着数字化、智能化及高可靠性方向发展。

声波是目前已知的唯一能在水中远距离传播的波动，故声呐已成为目前较有效的水下探测技术而得到广泛应用。在国防上广泛应用于海军各兵种的导航、探雷、航道测量、水中通讯联络，以及舰艇、潜艇探测周围环境的主要耳目。在民用方面，用于船舰导航，探测鱼类资源。在海洋资源开发研究中，用于绘海底地图，海底地质勘测，海底石油等资源的勘探等方面。

第七章　相对论和量子论

§7.1　爱因斯坦与相对论

7.1.1　狭义相对论

1905—1916 年，人类历史上最伟大的科学家之一爱因斯坦冲破了机械论的束缚，摒弃了绝对空间和绝对时间概念，代之以唯物主义自然观，明确了空间与时间的相对性，揭示了空间与时间、质量和能量的内在联系，开创了物理学发展的新篇章。

1. 爱因斯坦假设

爱因斯坦于 1905 年发表论文《论动体的电动力学》，提出两个基本假设：

①相对性原理：物理学定律在所有的惯性系中都是相同的，也就是说，物理学定律与惯性系的选择无关，所有的惯性系都是等价的。

②光速不变原理：在所有惯性系中，自由空间（真空）中的光速具有相同的量值 c。也就是说，不管光源与观察者之间的相对运动如何，在任一惯性系中的观察者所观测的真空中光速都是相等的。

第一个假设肯定了一切物理定律（包括力、电、光等）都应遵从同样的相对性原理。可以看出，它是力学相对性原理的推广。也间接说明，不论用什么物理实验方法都不能找到绝对参照系。也就是说绝对静止的参照系是不存在的。第二个假设与实验结果一致，但显然与伽利略变换不相容，看来伽利略变换应当修正。

2. 洛仑兹变换

设有两个惯性参照系 S 和 S'，S' 以速度 v 相对于 S 系沿 x 轴正方向运动，则同一事件在两个参照系的坐标分别为 (x, y, z, t) 和 (x', y', z', t')，它们之间的关系是

$$\begin{cases} x' = \dfrac{x - vt}{\sqrt{1 - v^2/c^2}} \\[3mm] y' = y \\[2mm] z' = z \\[2mm] t' = \dfrac{t - xv/c^2}{\sqrt{1 - v^2/c^2}} \end{cases} \qquad (7-1-1)$$

上式说明，时间和空间的测量与物体的运动速度有关，时间和空间的测量中二者相关，称上式为洛仑兹变换。从爱因斯坦的两个假设出发，可以推导出洛仑兹变换，在洛仑兹变换下各种物理规律的不变性就具体表达了爱因斯坦的相对性原理。同时，上式确认了时空相对论效应：长度收缩效应、时间延缓效应和同时性的相对性。

（1）长度收缩

设有两个观察者，从各自的惯性系 S 和 S' 对一刚性棒的长度进行测量。已知此棒沿 X、X' 轴放置，并相对于 S' 系静止不动，如图 $7-1-1$ 所示。

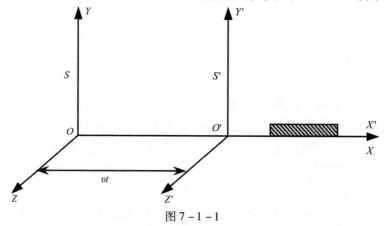

图 $7-1-1$

设 S' 系中的观察者测得棒两端点的坐标为 x'_1 和 x'_2，棒长 $L_0 = x'_2 - x'_1$。对 S 系中的观察者，则必须在同一时刻 $t = \tau$ 测得该棒两端点的坐标，设分别为 x_1 和 x_2，那么棒的长度即为 $L = x_2 - x_1$。由（$7-1-1$）式可得

$$x'_1 = \frac{x_1 - v\tau}{\sqrt{1 - v^2/c^2}}$$

$$x'_2 = \frac{x_2 - v\tau}{\sqrt{1 - v^2/c^2}}$$

所以 $L_0 = x'_2 - x'_1$

$$L_0 = \frac{L}{\sqrt{1 - v^2/c^2}} \qquad (7-1-2)$$

这就是说，与棒有相对运动的观察者测得棒的长度 L，要比与棒相对静止的观察者测得棒的长度 L_0 短一些，即物体沿运动方向缩短了。

（2）时间延缓

设在上述 S 和 S' 两个惯性系中，观察两个事件的时间间隔为 Δt 和 $\Delta t'$，由洛仑兹变换，两时间间隔之间有

$$\Delta t = \frac{\Delta t'}{\sqrt{1 - v^2/c^2}}$$

与相对静止的惯性系所测得的时间称为固有时间，记为 τ_0。在 S 系中的 Δt 是在不同地点测得的两事件之间的时间间隔，用 τ 表示。则有

$$\tau = \frac{\tau_0}{\sqrt{1 - v^2/c^2}} \qquad\qquad (7-1-3)$$

即一时钟由一个与它做相对运动的观察者来观察时，就比与它相对静止的观察者观察时走得慢些，称之为时间延缓。

例题 7-1 μ 子是一种不稳定的粒子，在其静止的参照系中观察，它的平均寿命为 $\Delta t' = 2 \times 10^{-6}$ s，过后就衰变为电子和中微子。宇宙线在大气层上产生的 μ 子的速率为 $v = 0.998c$，μ 子可穿透 9000m 厚的大气层到达地面实验室。理论计算与这些实验观测结果是否一致？

解：如果用平均寿命 $\Delta t' = 2 \times 10^{-6}$ s 和速率 v 相乘，得

$0.998 \times 3 \times 10^8 \times 2 \times 10^{-6} \approx 600$（m）

这和实验观测结果明显不符。若考虑相对论时间延缓效应，且 $\Delta t'$ 是原时，它等于静止 μ 子的平均寿命，那么以地面为参照系时 μ 子的"运动寿命"为

$$\Delta t = \frac{\Delta t'}{\sqrt{1 - v^2/c^2}} = \frac{2 \times 10^{-6}}{\sqrt{1 - 0.988^2}} = 3.16 \times 10^{-5}（s）$$

μ 子在这段时间通过的平均距离应该是

$v \cdot \Delta t = 0.998 \times 3 \times 10^8 \times 3.16 \times 10^{-5} \approx 9500$（m）

这就与实验观测很好地符合。

（3）同时性的相对性

在 S 系中不同地点的两个事件 A 和 B 同时发生，而在 S' 系中观测，A 和 B 并不是同时发生的。如果在 S 系中，A 和 B 是既不同时，也不同地发生的两个事件，在 S' 系观测，倒可看到是同时发生的，这就说明了同时性的相对性。

在相对论力学中，爱因斯坦经过严密的数学推导后得出结论：两个小于光速 c 的速度相加，合速度总是小于 c，即超光速作用是不存在的。

3. 相对论质量　动能和能量

（1）质量与速度的关系

在相对论动力学中，质点的动量 $\boldsymbol{p}$ 仍定义为

$$\boldsymbol{p} = m\boldsymbol{v}$$

为了使动量守恒定律、质量守恒定律得以保持，在洛仑兹变换的基础上，必须认为物体的质量 m 与它的速率 v 有关，即

$$m = \frac{m_0}{\sqrt{1 - v^2/c^2}} \qquad\qquad (7-1-4)$$

式中 m_0 为静止质量。物体运动速度越大，它的质量就越大。

（2）相对论动能

在相对论力学中仍保持牛顿力学中的功能关系，力 $\boldsymbol{F}$ 对质点经过一小段位移 $\mathrm{d}\boldsymbol{r}$ 所做的元功，仍定义为质点动能的增量 $\mathrm{d}E_K$，即

$$\mathrm{d}E_K = \boldsymbol{F} \cdot \mathrm{d}\boldsymbol{r} = \boldsymbol{v} \cdot \mathrm{d}(m\boldsymbol{v}) = m\boldsymbol{v} \cdot \mathrm{d}\boldsymbol{v} + \boldsymbol{v} \cdot \boldsymbol{v}\,\mathrm{d}m = mv\,\mathrm{d}v + v^2\mathrm{d}m$$

由（7-1-4）式，可得

$$m^2c^2 - m^2v^2 = m_0^2c^2$$

两边求微分，有

$$2mc^2\mathrm{d}m - 2mv^2\mathrm{d}m - 2m^2v\mathrm{d}v = 0$$

即

$$c^2\mathrm{d}m = v^2\mathrm{d}m + mv\mathrm{d}v$$

因为

$$\mathrm{d}E_K = c^2\mathrm{d}m$$

等式两边求积分，有

$$E_K = \int_{m_0}^{m} c^2\mathrm{d}m = mc^2 - m_0c^2 \qquad\qquad (7-1-5)$$

这就是相对论动能公式，其动能等于因运动而引起质量的增量 $\Delta m = m - m_0$ 乘以光速的平方。当 $v \ll c$ 时，

$$\frac{1}{\sqrt{1 - v^2/c^2}} = 1 + \frac{1}{2}\frac{v^2}{c^2} + \cdots \approx 1 + \frac{1}{2}\frac{v^2}{c^2}$$

$$E_K = \frac{m_0c^2}{\sqrt{1 - v^2/c^2}} - m_0c^2 \approx m_0c^2\left(1 + \frac{1}{2}\frac{v^2}{c^2}\right) - m_0c^2 = \frac{1}{2}m_0v^2$$

这又回到了牛顿力学的动能公式。

（3）质能关系

在相对论动能公式中 $E_K = mc^2 - m_0c^2$，等号右端两项都具有能量的量纲，可以认为 m_0c^2 表示粒子静止时具有的能量，叫静质能，用 E_0 表示，有

$$E_0 = m_0 c^2 \qquad\qquad (7-1-6)$$

对于一个以速率 v 运动的粒子，其总能量 E 为动能与静质能之和

$$E = E_K + m_0 c^2$$

即

$$E = mc^2 \qquad\qquad (7-1-7)$$

这公式称为质能关系式。

在原子核反应中，反应所释放的能量，通常以 ΔE 表示，Δm 表示经过反应后粒子的总的静止质量的减小，叫做质量亏损。这样，（7-1-7）式可以表示成

$$\Delta E = \Delta m c^2$$

这是关于原子能的一个基本公式。

（4）能量和动量的关系

将相对论能量公式 $E = mc^2$ 和动量公式 $p = mv$ 相比，可得

$$E^2 = \frac{c^4}{v^2} \cdot p^2$$

即

$$p^2 c^2 = E^2 \frac{v^2}{c^2} = \frac{m_0^2 c^4}{1 - \dfrac{v^2}{c^2}} \cdot \frac{v^2}{c^2} = m^2 c^4 - m_0^2 = c^4 E^2 - m_0^2 c^4$$

所以

$$E^2 = p^2 c^2 + m_0^2 c^4 \qquad\qquad (7-1-8)$$

这就是相对论的动量能量关系式。

7.1.2　广义相对论

前面讨论的都是限定在一种特殊参照系即惯性系中。1907 年爱因斯坦应邀写了一篇狭义相对论的文章，他开始意识到，除了引力定律以外的所有自然定律都可以在狭义相对论范围内进行讨论，他还考虑了惯性质量和引力质量之间的关系在狭义相对论范围内无法讨论，这正是狭义相对论的局限。他认为"物理学的定律必须具有这样的性质，它们对于无论以哪种方式运动着的参照系都是成立的"，那么，是否能建立起一种在所有的坐标系中都有效的、名副其实的相对论物理学呢？他开始着手研究，在解决了一系列数学问题后，于 1916 年建立了广义相对论。

广义相对论的建立使相对论物理学能应用于一切参照系，包括惯性参照系和非惯性参照系，而惯性参照系只是非惯性参照系的一个特例，即在相互

之间有相对加速度的参照系之间，物理学的定律依然成立。

广义相对论的基本问题是引力问题，引力的基本性质是"惯性质量和引力质量在本质上是相等的，即等效原理"。广义相对论的新的引力定律解决了牛顿万有引力定律和狭义相对论所不能解释的问题。例如，光束在通过引力场时其轨迹出现弯曲的现象；水星运动轨道不完全是椭圆形的，而在其近日点有进动现象；当光线在引力场中传播时，频率（或波长）发生变动，使光束颜色向光谱红色端偏移的引力红移现象，等等。

由于广义相对论涉及大量数学问题，有兴趣的读者可以进一步学习和研究。

7.1.3　爱因斯坦的科学思想方法

爱因斯坦（Albert Einstein，1879—1955）出生于德国乌尔姆城。从小爱好音乐，有很强的自学能力，读了不少哲学和自然科学方面的书。据史学家的记载，他从小就不是顺从世俗要求的人，在学校里他学习成绩一般，却勤于思考，对自然界充满好奇，富于独立思考的精神，而不蹈常人循续的规矩。17 岁前自学了解析几何、微积分和一些理论物理，并从学习中得知人类世界外还有一个巨大而神秘的世界，决心献身于神秘世界的探索。

爱因斯坦

1905 年，在德国《物理学杂志》连续发表三篇具有历史性的论文。第一篇论光的量子理论，包括对光电效应的解释；第二篇根据原子理论讨论了布朗运动；第三篇就是《论动体的电动力学》。在第三篇论文中，爱因斯坦提出了著名的狭义相对论。基于"以太"的奇异特性和"以太漂移的零结果"（迈克耳逊－莫雷实验），爱因斯坦认为"光以太的引用将被证明是多余的"。"以太"不存在，绝对空间不存在。"凡是对力学方程适用的一切坐标系，对于上述电动力学和光学的定律也一样适用"。狭义相对论建立后，否定了"以太"的存在，扫除了经典物理学上空的一朵"乌云"，极大地推动了科学的发展。

爱因斯坦具有永不休止的进取精神，在科学上从不满足已经取得的成就。他在建立光量子理论和狭义相对论之后，继续思考着一种更广泛、更深入、更普遍的物理学理论。1916 年，他建立了广义相对论。

爱因斯坦在青年时代之所以能够在科学上做出划时代的贡献，是与他的科学思想、科学方法分不开的，也是与他的科学精神分不开的。爱因斯坦的科学思想与科学方法有以下基本特点：

第一，他坚持了自然科学的唯物主义传统。表现在他的认识论和自然观上，他相信我们之外有一个独立于我们的客观世界。他在整个科学探索过程中，始终坚持着这个信念，这是他的科学探索方法的一个前提。

他在科学研究中坚持以实验事实为出发点，反对以先验的概念为出发点。当迈克耳逊－莫雷实验的零结果使物理学家大为震惊、失望，纷纷起来修补经典理论基础这个旧船的漏洞时，爱因斯坦大声疾呼："让我们仅仅把它当作一个既成的实验事实接受下来，并由此着手去做出他应得到的结论。"他在1921年谈到他的相对论时说："这理论并不是起源于思辨；它的创建完全由于想要使物理理论尽可能适应于观察到的事实。"他不仅把实验事实作为认识的出发点，而且也把它作为定义基本物理量的方法。他指出牛顿的绝对时间概念之所以错误，就在于它不是以实验事实来定义，不能被观察到。他借助于量尺、时钟和假想的物理实验，得到了"同时"或"同步"以及时间的操作定义。这一思想方法对后来量子力学的建立产生了很大的影响。

第二，爱因斯坦的科学思想体现了物质世界统一性的思想。自19世纪能量守恒定律发现后，许多物理学家都相信物质世界的统一性。爱因斯坦则把探索和理解自然界的这种统一性作为他的最高目的，并贯穿于整个探索过程中。正是因为他对自然界的统一性具有强烈的深挚的信念，所以他在1905年发表的几篇文章，都具有同一风格，在文章的起始都提出了不对称性问题，即统一性遭到破坏的问题。这里说的"不对称"，是指牛顿力学中普遍成立的伽利略变换在电动力学中不成立。他认为这种不对称性并不是自然界所固有的，问题出在这一变换所赖以建立的基础——牛顿的绝对时间、绝对空间的概念。经过时空观念上的初步变革，确立了时空的内在联系，运用洛仑兹变换，这种不对称性就消失了。狭义相对论的建立进一步暴露了惯性系和非惯性系在物理理论中的不对称地位，经过时空观念上的彻底变革，确立了时空与运动着的物质之间的不可分割的联系，这种不对称又消失了。

第三，爱因斯坦具有追求真理的探索精神。他善于运用思维的洞察力，深入揭露事物的本质。他往往在别人习以为常的现象中看出了不平凡，在别人认为没有问题的地方看出了问题。晚年在普林斯顿时，德国物理学家弗朗克问他是怎样创立相对论的，他回答道："空间、时间是什么，别人很小的时候早就已搞清楚了；但我智力发育迟，长大了还没有搞清楚，于是一直在揣摩这个问题，结果也就比别人钻研得深一些。"他并不早慧，但想得很深。他从小富有探索精神，"追光"这个问题就使他沉思了10多年。他常用德国剧作家莱辛的一名言来勉励自己："对真理的追求要比对真理的占有更为重要。"

第四，爱因斯坦注意发展创造性思维能力和独立思考能力。他曾说："提出一个问题往往比解决一个问题更重要，因为解决一个问题也许仅是一个数学上或实验上的技能而已。而提出新的问题，新的可能性，从新的角度去看问题，都需要有创造性的想象力，而且标志着科学的真正进步。"他还说："发展独立思考和独立判断的一般能力，应当始终放在首位。如果一个人掌握了他的学科的基础理论，并且学会了独立思考和工作，他必定会找到自己的道路，而且比起那种主要以获得细节知识为其培训内容的人来，他一定会更好地适应进步和变化。"这段话一方面说明了知识与能力的密切关系，同时更强调了能力的重要性。他说："科学的现状不可能具有终极的意义。"因此，对于前人的科学文化遗产就应当批判地加以继承。当旧的理论、旧的概念与新的现象和事实相矛盾的时候，就应当独立思考，独立分析，独立判断，冲破传统观念的束缚，开辟科学的新天地。爱因斯坦创立狭义相对论的过程就是突出的一例。

爱因斯坦的逻辑思维能力和创造能力是惊人的。他本人对天才的解释是 $A = x + y + z$，A 表示成功，x 表示艰苦劳动，y 表示正确的方法，而 z 则表示少说空话。这个公式概括了爱因斯坦的科学生涯。

§7.2 量子论

7.2.1 19 世纪末物理学的三大发现

X 射线、天然放射性和电子是 19 世纪末物理学的三大发现。三大发现是导致经典物理学危机的重要因素。它们与物理学晴朗的天空中的"两条令人不安的乌云"——"以太漂移的零结果"和"紫外灾难"的解决，打开了通往微观世界的大门，引发了物理学中的深刻变革，诞生了现代物理学。

1. X 射线的发现

德国物理学家伦琴（W. K. Röntgen，1845—1923）于 1895 年发现 X 射线。由于当时不了解此射线，故取名 X 射线。现在已清楚，当一个电子从原子内层跃迁而使原子处于受激态时，某外层的一个电子跃迁返到该内层又使原子回复到正常态，并以 X 射线形式发射出能量。X 射线是一种波长较短的电磁波，其波长在十分之几埃到几埃（$1Å = 10^{-10}$m），它能透过一般光线透不过的物体。同年 12 月 22 日，伦琴把他的妻子带到实验室并对她的手指骨骼拍摄了 X 光像。

伦琴的研究成果很快被译成英文、法文、俄文等，许多国家的物理学家都重复伦琴的实验，几乎到处都在谈论 X 射线。X 射线很快应用于医学、工业以及科学技术等方面。X 射线的发现，推动了晶体结构的研究和创立原子壳层学说，直接促进了放射性现象的研究。

由于伦琴的贡献，1901 年荣获首届诺贝尔物理学奖。X 射线的发现，为物质结构的研究开辟了一个新的时代。1911 年，英国物理学家巴克拉（C. G. Barkla）发现，当 X 射线被金属散射时，散射后的 X 射线的穿透本领随金属的不同而异，即每种元素产生它自己的"标识 X 射线"。因此，巴克拉获得 1917 年的诺贝尔物理学奖。

德国物理学家劳厄（M. Von. Laue）在 1912 年提出 X 射线通过晶体会出现干涉现象的设想，并得到实验证实。劳厄的这一发现，证明 X 射线是一种波长很短的电磁波，同时也证明了晶体的原子点阵结构。他因此获得 1914 年度的诺贝尔物理学奖。

1913 年，英国物理学家布喇格（W. L. Bragg）和他的父亲（W. H. Bragg）研究出根据特定类型的衍射图，用 X 射线晶体分光仪测定 X 射线衍射角，建立了布喇格公式计算晶格常数的方法。为此，他们父子共同获得 1915 年度的诺贝尔物理学奖。

1914 年，英国青年物理学家莫塞莱（H. H. Moseley）发现原子序数与元素的"标识 X 射线"波长的关系，从而奠定了 X 射线光谱学的基础。瑞典物理学家西格班（K. M. G. Siegbahn）扩展了莫塞莱的工作，精确地测定了各种元素的 X 射线谱，荣获 1924 年度的诺贝尔物理学奖。

2. 放射性现象的发现

法国物理学家贝克勒耳（H. A. Becquerel，1852—1908）自 1895 年起，开始研究由硫化物和铀的化合物产生的荧光现象。伦琴发现 X 射线后，贝克勒耳提出设想，是否铀盐这种荧光物质发射的荧光中包含有 X 射线。在以后的精心实验中，他发现只要有铀元素，就会有这种辐射现象，并非 X 射线。

与此同时，居里夫妇（P. Curie，1859—1906；M. S. Curie，1867—1934）共同研究放射性现象。在得知贝克勒耳的发现后，居里夫人带着极大的兴趣投入这一新的领域。她首先用静电计测出铀的放射线具有电离空气的能力，并使用"放射性"这个术语来描述铀的辐射能力，并发现了第二种放射性物质——钍（Th）。

1898 年 7 月，居里夫妇从几吨沥青铀矿中分离出放射性极强的新元素，并命名为钋。1898 年 12 月，他们宣布发现具有更强放射性的元素镭，到 1902 年，历经千辛万苦得到 0.12 克的氯化镭。居里夫人于 1903 年完成了博士论文。同年，居里夫妇和贝克勒耳一起获得了诺贝尔物理学奖。1911 年，居里夫人又因发现了钋（Po）和镭（Ra），而单独获得诺贝尔化学奖。后来，人们陆续地发现了许多放射性元素。

3. 电子的发现

电子的发现主要与塞曼效应的发现和阴极射线的研究有关。首先，荷兰物理学家塞曼在研究类氢离子在外磁场作用下光谱线会发生分裂的现象，即塞曼效应，并根据洛仑兹的电磁理论确定了"离子"（后来称作电子）的荷质比。

英国物理学家汤姆生（Joseph John Thomson，1856—1940）经过多年的阴极射线实验研究，于 1897 年证实阴极射线是带负电的微粒流。他利用阴极射线在磁场中的偏转，测出了组成此微粒流的粒子的荷质比，并根据这个数值较氢离子的荷质比大 1836 倍，断言此微粒流的粒子是一种比最轻元素还要小得多的带电粒子。汤姆生称它为"微粒子"，同时又认为它所带的电荷可能是最小单位，因此又称为"电子"。最后测出电子电荷的任务是 12 年后由美国物理学家密立根完成的。

英国物理学家卢瑟福（Ernest Rutherford，1871—1937）在他的老师 J. J. 汤姆生指导下，对放射性现象进行了深入的研究。他让从放射源铀中放出的三种射线通过磁场，根据射线被磁场偏折程度，判断 α 射线带正电（氦原子核），γ 射线（法国化学家维拉德发现并命名）不带电，β 射线（汤姆生发现的电子射线）带负电，并提出原子的自发衰变理论。

1910 年，卢瑟福第一次用 α 粒子轰击原子，冲破了原子是不可分割的物质最小单元的观念。在 α 粒子散射实验中，他发现绝大多数 α 粒子能穿过金箔，有少数（1/8000 的粒子）好像后弹回来。因为根据当时汤姆生的原子结构模型，认为原子是一个球形体，直径为 10^{-8}cm，内部均匀地分布着正电荷，并夹杂着几个电子，那么 α 粒子应该很容易地穿过原子，不应该发生散射现象。经过多次实验和反复思考，1911 年卢瑟福提出了另一个模型。他认为，原子是一个很复杂的系统，它有一定的中心部分，称作原子核。原子核的体积很小；原子内的全部正电荷（卢瑟福命名为质子）以及原子质量的绝大部分都集中在原子核上。电子围绕着原子核不停地旋转；电子的总电量等于核内质子的电量；整个原子呈中性。这个模型称为原子的核式模型，或称为原子的行星模型。那么，少数 α 粒子呈大角度散射的现象说明是与原子核发生了对心碰撞的结果。

1919 年，卢瑟福接替 J. J. 汤姆生担任卡文迪许实验室主任。同年，他第一次成功地实现元素的人工转变，用 α 粒子轰击氮原子，获得氧的同位素。

1920 年，他预言中子的存在，并于 1932 年由他的学生英国物理学家查德威克（J. Chadwick，1891—1974）用实验证实。

当然，卢瑟福的原子模型是建立在经典物理学基础上的，在解释氢原子光谱方面无法与实验事实相符。

7. 2. 2 量子论和量子力学

1. 热辐射和黑体辐射

所谓热辐射是指辐射的质和量完全由温度决定的辐射。德国物理学家基尔霍夫于 1860 年提出"绝对黑体"的概念来研究热辐射问题。所谓"绝对黑体"是指任何温度下都能吸收全部落在它上面任何频率辐射的物体。

奥地利物理学家斯特藩和德国物理学家玻耳兹曼认为，黑体辐射能力正比于黑体的绝对温度的四次方。1896 年，德国物理学家维恩建立的黑体辐射定律指出，随着黑体温度的升高，对应着它所发射的光线最大亮度的波长将要变短，并向短波方向移动，上述两个定律都没有给出辐射能量随温度和频率的分布情况。1900 年，英国物理学家瑞利和金斯用经典统计力学的观点指出，热物体辐射强度正比于它的绝对温度，而反比于所发射光线波长的平方，即能量分布函数 $u(\nu, T)$ 为

$$u(\nu, T) = \frac{8\pi\nu^2}{c^3} kT \tag{7-2-1}$$

实验证明，这个定律只在低频范围与实验数据相符，高频（短波）范围明显偏差。由这个定律得出推论，频率越高，热辐射强度就应越大，且随着频率的增高，辐射强度会无止境地增大，这显然与实验结果相违背。因为，黑体辐射出的紫外线能量无限大，将导致世界上一切生物的死亡，这一理论结果被称为"紫外灾难"。这是 19 世纪末 20 世纪初物理学天空中的"第二朵乌云"，使经典物理学理论遇到了空前的"灾难"。

2. 普朗克的能量子

1896 年，德国物理学家普朗克（Max Planck，1858—1947）开始研究黑体辐射问题。1899 年，他为了推导出黑体辐射公式，把黑体看成是由带电的谐振子所组成的，并假设这些谐振子的能量变化是不连续的，而只能取一些分立值，它们是最小能量 ε_0 的整数倍，ε_0 称为能量子。普朗克假定 $\varepsilon_0 = h\nu$，h 称作普朗克常数。1900 年 12 月，他在德国物理学年会上做了"关于正常光谱中能量分布定律的理论"报告，确定了黑体辐射公式。该公式指出了黑体加热到绝对温度 T 时，黑体辐射能对辐射频率的依赖关系为

$$E\left(\nu,\ T\right)=\frac{8\pi h\nu^3}{c^3}\cdot\frac{1}{\mathrm{e}^{h\nu/kT}-1} \tag{7-2-2}$$

上式在低频时，转变为瑞利－金斯公式

$$E\left(\nu,\ T\right)=\frac{2\pi}{c^2}\nu^2 kT$$

高频时，转变为维恩公式

$$E\left(\nu,\ T\right)=a\nu^3\mathrm{e}^{-b\nu/T}$$

其中，a、b 为常数，$a=\dfrac{2\pi h}{c^2}$，$b=\dfrac{h}{k}$。

能量子的问世标志着量子论的诞生，消除了笼罩在人们心头的"乌云"。

3. 爱因斯坦的光量子

1905 年，爱因斯坦发表的《关于光的产生和转化的一个启发性观点》论文，是量子物理学发展史上继普朗克能量子之后的又一次巨大的跃进。爱因斯坦提出了有关光量子——光子的假说，描述了光子吸收和释放的基本过程。在此基础上，他解释了光电效应现象。他认为光能并不像经典电磁理论所想象的那样，均匀分布在波阵面上，而是集中在微粒上。这样，光不仅像普朗克指出的，在发射时具有粒子性，而且在空间传播时也具有粒子性，即一束光是以光速 c 运动的粒子流，这些粒子称为光子，每一光子的能量都是 $\varepsilon=h\nu$，不同频率的光子具有不同的能量。

按照光子理论，光电效应可作如下的解释：当光子照射到金属表面上时，金属中的电子要么吸收一个光子，要么完全不吸收，无需时间来积累能量。电子把这能量的一部分用来克服金属表面对它的吸引，余下的变为电子离开金属表面后的动能。按照能量守恒和转化定律，可写为

$$h\nu=\frac{1}{2}mv^2+A \tag{7-2-3}$$

式中，A 是电子克服吸引脱出金属表面所做的功，称为逸出功。此式即为爱因斯坦光电效应方程。它说明：

①光子能量 $h\nu$ 小于 A 时，电子不能逸出金属，因而不能产生光电效应，这就说明了光电效应实验中为什么存在红限。

②光电子的能量决定于光子的频率 ν，光子的频率越高，光电子的能量就越大。而光的强度只能影响光子的数目，从而成功地解释了经典理论所不能解释的光电效应。

4. 玻尔的量子理论

尼尔斯·玻尔（Niels Bohr，1885—1962）是丹麦著名物理学家，量子力

学中哥本哈根学派的领袖。1911—1912 年，玻尔作为访问学者在 J. J. 汤姆生和卢瑟福的实验室工作和学习过，熟悉他们的研究工作，也了解普朗克和爱因斯坦的量子概念，这给玻尔摆脱经典物理学的某些信条，建立新的学说，创造了必要的条件。

从 1912 年起，玻尔的主要研究工作是发展原子、分子和原子构造的量子理论。在深入研究了卢瑟福的原子模型之后，认为原子的稳定性只牵涉到核外电子的运动状况。他发现卢瑟福的行星模型中电子绕原子核运行这种方式存在两个问题。其一是原子坍塌，电子绕核运动是一种加速运动，按照经典电动力学理念电子在运动过程中必然辐射能量，电子能量逐渐减少，以致在很短的时间内（10^{-8}s），电子就会落到核上发生坍塌；其二是在坍塌前原子连续辐射，应得连续的原子光谱。实际上原子没有坍塌，实验上原子光谱是分立的线状光谱。

玻尔的研究思想是，应当从原子稳定性出发，探索原子结构的模型。在 1913 年，玻尔提出：

①存在一系列原子定态，处在定态中的电子虽做相应的轨道运动（遵从牛顿定律），但不发射电磁波；

②做定态运动的电子的角动量量子化，其值只能是 $\dfrac{h}{2\pi}$ 的整数倍；

③原子中的电子从一个定态跃迁到另一个定态时，发射或吸收一个相应的光子，光子的能量 $h\nu = E_2 - E_1$，E_1、E_2 分别代表初态和末态的能量。

早在氢原子光谱研究中，1885 年巴耳末就得出了可见光区域中氢原子光谱的经验公式，即

$$\nu = Rc\left(\frac{1}{2^2} - \frac{1}{n^2}\right) \quad n = 3,\ 4,\ 5,\ \cdots$$

式中，R 为里德堡常数。

玻尔受到上式的启发，将原子光谱线的普遍公式表示为

$$\nu = Rc\left(\frac{1}{m^2} - \frac{1}{n^2}\right) \tag{7-2-4}$$

式中，$m = 1,\ 2,\ 3,\ \cdots,\ n = m+1,\ m+2,\ \cdots$ 等式两边同乘 h，则有

$$E = h\nu = Rhc\left(\frac{1}{m^2} - \frac{1}{n^2}\right) = E_2 - E_1 \tag{7-2-5}$$

式中，E_1、E_2 代表不同的定态能量，其差值对应于不同定态的能量差，这个能量差以光的形式释放出来。

玻尔理论在解释氢原子光谱方面取得了极大的成功。但也存在一些问题，

比如，它不能解释氦原子光谱，不能解释反常塞曼效应，不能解释光谱线的亮度。这中间反映出玻尔的理论带有经典物理的烙印。尽管它说明了光子的起源，却无法说明光子的产生过程。

5. 物质波

法国著名的物理学家德布罗意（Louis Victor de Broglie，1892—1987）在1924年对比经典物理中力学和光学的对应关系时，认为既然光波具有粒子性，那么实物粒子也可能具有波动性，由此，提出物质粒子具有波粒二象性。

对于光子而言，它的质量为 $\dfrac{h\nu}{c^2}$，动量为 $\dfrac{h\nu}{c}$，用波长表示为

$$\lambda = \frac{h}{p} \tag{7-2-6}$$

如果是一个实物粒子，质量为 m、速度为 v 的物体的动量为

$$p = mv \tag{7-2-7}$$

$$\lambda = \frac{h}{mv} \tag{7-2-8}$$

式中，$m = \dfrac{m_0}{\sqrt{1-v^2/c^2}}$，$\lambda$ 为物质波的波长。

当爱因斯坦看到公式（7-2-6）时，就向玻恩推荐说："您一定要读它，虽然看起来有点荒唐，但很可能有道理的"。德布罗意开始时将（7-2-8）式中的波称为"假想波"，后来定名为"物质波"。这个"假想波"的预言于1927年被美国物理学家戴维孙和革末用电子轰击金属镍的实验所证实。同年，英国物理学家汤姆生（G. P. Thomsom，J. J. 汤姆生之子）用高能电子穿透金属膜，得到电子衍射花纹。德布罗意于1929年获诺贝尔物理学奖，而戴维孙和 G. P. 汤姆生因通过实验发现电子的波动性而分享了1937年的诺贝尔物理学奖。汤姆生家庭的两代人用实验证明了电子具有粒子性和波动性，而且两人都因其主要发现获奖，在物理学史上传为美谈。

至此，关于光的波粒二象性的讨论也要告一段落了。前面我们讨论了光的波动性、光的粒子性以及爱因斯坦的光子等，那么究竟什么是光？光的本性又是什么？我们这里只能说，光具有波粒二象性，光是物质，光就是光！

6. 量子力学初步

德布罗意关于波与物体运动相关联的思想，以及对物质波的实验验证很快引起了许多物理学家的注意。

1925年，德国物理学家海森堡（W. K. Heisenberg，1901—1976）、玻恩和约尔丹共同建立了矩阵力学，奠定了量子力学的基础。同时，海森堡提出，

在量子力学中，一个电子以一定的不确定性，处于给定的位置；而同时又以一定的不确定性，具有一个给定的速度。经过严密的数学推导得出：测量一个微观粒子的位置，如果不确定范围为 Δq，同时测量其动量也有不确定范围 Δp，则存在关系式

$$\Delta p \cdot \Delta q \geq h \qquad\qquad (7-2-9)$$

即所谓不确定关系。

这个关系式的意义在于：如果我们要根据经典力学的概念来描述微观粒子，则测量粒子在某一方向位置的不确定量和该方向动量的不确定量的乘积，必须大于或等于 h，也就是说，当我们决定粒子的坐标愈精确的同时，决定其相应的动量的分量的准确度也就愈差，反之亦然。不确定关系表示了微观粒子运动时的一种规律。应当指出这"不确定"不是由于测量仪器或方法的缺陷，而完全是由于微观粒子运动的波动性引起的，无论怎样改善仪器和方法，测量精确度都不可能超过不确定关系给出的限度。

与此同时，奥地利物理学家薛定谔（E. Schrödinger，1887—1961）则基于德布罗意物质波概念，建立了波动力学，推广了德布罗意关于电子自由运动的波动假说，解释了电子在原子核势场中的运动，推导出著名的薛定谔方程。其定态薛定谔方程为

$$\nabla^2 \Psi + \frac{2m}{\hbar^2}\left(E + \frac{e^2}{r}\right)\Psi = 0 \qquad\qquad (7-2-10)$$

薛定谔找到了上述方程的解。给出了正确的能级公式，并得出了"量子化是本征值问题"的结论。式中 Ψ 为波函数，$\hbar = \dfrac{h}{2\pi}$。

波函数 Ψ 本身没有物理意义，但其平方与粒子出现的几率成正比，这就是玻恩提出的波函数几率诠释。它告诉我们不可能完全准确测定粒子在特定时刻的准确位置，但可以确定粒子出现的几率。

薛定谔方程在原子过程中所起的作用，与牛顿定律在经典力学中所起的作用相同，它形式简单明了，易于掌握，受到了人们的普遍欢迎。1926 年，薛定谔和泡利（W. Pauli）独立地从数学上证明了波动力学与海森堡的矩阵力学是等价的。泡利先后又与约尔丹、海森堡发展了量子电动力学。

英国物理学家狄拉克（P. A. M. Dirac，1902—1984）于 1925 年以分析力学哈密顿方程的泊松符号为基础，建立了所谓"q 数"力学。随后发展了普遍的变换理论，使"q 数"适合于薛定谔方程，以极为简洁、完美的数学方式表示出量子力学，使矩阵力学和波动力学得到和谐的统一，在相对论量子力学的发展上做出了重要的贡献。此外，狄拉克从理论上预言了正电子的存

在，并于 1932 年得到证实。1933 年，预言了"反物质"的存在，也被以后的发现所证实。狄拉克在 20 世纪 30 年代提出的磁单极理论和大数假设，引起了物理学家的极大兴趣。他与薛定谔一起分享了 1933 年度的诺贝尔物理学奖。

量子论和量子力学的出现，为人类探索微观世界的秘密开拓了广阔的道路，在原子、分子领域和生命科学领域等方面都取得了辉煌的成果。例如，薛定谔还是生物物理学的奠基人。1944 年，他写了《生命是什么？——活细胞的物理面貌》一书，开创了用物理方法研究生命本性的新纪元，提出了"遗传密码""量子突变"等重要概念，为生命科学的发展指明了新的方向。20 世纪 50 年代后，量子力学已经扩展到基本粒子领域和物质存在的第二种基本形式——场的研究方面，形成了量子场论。

量子力学建立以后取得了巨大的成功，但是对于量子力学的物理解释和哲学意义，却一直存在着严重的分歧和激烈的争论。许多著名的物理学家、哲学家、实验物理学家、数学家等都卷入了这场争论，也出现了百家争鸣的局面。争论之深刻、广泛，在科学史上是罕见的。这其中，最突出的便是以玻尔为代表的哥本哈根学派与爱因斯坦等人之间的争论，这是一场没有结尾的争论。感兴趣的同学和读者可以进一步了解和研究这一涉及哲学范畴的伟大争论。

思考题

7 – 1　狭义相对论的基本原理有哪几条？

7 – 2　光速不变原理与相对性原理是否矛盾？为什么？

7 – 3　广义相对论的基本原理是什么？

7 – 4　什么是量子概念？为什么说普朗克提出此概念就拉开了量子物理的序幕？

7 – 5　何谓波粒二象性？如何理解光的本质？

7 – 5　何谓不确定关系？试说明它的物理涵义。

阅读材料：爱因斯坦和广义相对论

1916 年，爱因斯坦创立了他的广义相对论，这时候他就扩大了考察的范围。银河系的大小约是一万光年，以每秒上百公里这样的速度来考察我们的银河系，或者来考察我们的宇宙，如果我们的时间范围扩大到了上亿年，如果我们的空间范围扩大至上亿光年，如果天体的运动速度，我们考察对象的运动速度要接近光速，那又会怎么样呢？这是爱因斯坦创造的相对论来考察宇宙，结果他就发现了宇宙是不稳定的，不稳定的宇宙已经被广大科学界、广大公众所接受了，而我们原先认为我们的宇宙是个静态的，无始无终的，无边无垠的。那么，爱因斯坦已经发现了宇宙另外一个面貌，在发现跟传统观念是不一样的时候，他没有继续再走下去，同时代精通相对论的天文学家也是走到了这步。这就是说，对我们提出了一个挑战，当你用广义相对论来考察宇宙的时候，得到的结论可能要跟我们传统的宇宙观有冲突，这就是在20 世纪头 20 年的情况。

爱因斯坦提出这样一个问题，如果有一束光穿过正在加速的小屋会出现什么样情况呢？这束光从小屋一边到达另一边，肯定需要一定的时间，因为是在加速，这束光穿过小屋的时候，小屋就马上飞走了。所以从这方面看，这束光好像是在向下弯曲，但是爱因斯坦认为，这是不可能的。因为光的速度是恒定不变的，而且是以直线运动的。光是不会弯曲的，于是对于这种自相矛盾问题，他得出令人难以置信的答案。

真正弯曲的不是光，而是光所穿过的空间，请注意，这是一种非常奇特的想法，我还想再重复一遍，如果你是在加速运动，那么空间就被弯曲。这一切与万有引力又有什么样的关系呢，请别着急。假设小屋在降落之前，先是放慢了速度，爱因斯坦意识到，我们并不是只有在空间进行加速运动情况下，才会产生被拉向地板的感觉，万有引力也是以同样的方式，将我们的双脚粘在地面上，事实上，当我的加速度降到令人更舒服的 $9.8 m/s^2$ 的时候，我感到小屋仿佛就在地面上一样，所以在一个加速的空间小屋里，我们所感受到的拉力同万有引力的拉力是一样的。爱因斯坦把这种现象称为等效原理。爱因斯坦将这两种观点，合到一起，便得到了一种不同寻常的结论，加速运动弯曲了空间，万有引力和加速运动是等效的。所以万有引力弯曲了空间。

1916 年，爱因斯坦发表了他的广义相对论，当时，一小部分能够理解他的人感到非常震惊，但是这只是一种推测，爱因斯坦需要证据，为此他需要一次完整的日食。只要把下次日全食拍摄下来，如果星光弯曲了，便有了实物的证据。

爱因斯坦的广义相对论认为，万有引力弯曲了空间，为了展示弯曲的空间是如何影响光的，天体物理学家比德可斯，拿了一张蹦床，这种两维的坐标网，代表了牛顿定义的宇宙，在这样的宇宙里，时间和空间始终都是规则的。而爱因斯坦的理论一出现，一切都被搅乱了。广义相对论彻底改变了我们过去对空间和时间的认识，帮助我们理解了诸如黑洞和大爆炸等宇宙现象。在牛顿经典理论统治了 250 多年后，爱因斯坦为人类创造出一个崭新的宇宙模型。

爱因斯坦是 20 世纪伟大的科学天才，他的思想非常深邃，他是第一个跳出牛顿经典力学的框架来观察世界，来认识世界的人。他认为时间和空间是相对的，随着物质运动的变化而变化，而不是认为时间和空间都是固定不变的，是什么无边无际，无始无终。这样一个动态的宇宙观，在 1916 年爱因斯坦提出来以后，好像使 20 世纪的科学家对待新的宇宙理论的形成和对宇宙的看法有了一个飞速的发展。那么这以后，会有一些什么事情发生呢？

在 19 世纪 20 世纪之交，有少数天文学家就拍摄了当时还不知道它的本源的那些星云的光谱，希望通过它们的光谱分析，来探讨它们的本源。结果就发现了无论是椭圆星云，还是漩涡星云，它们都有一个共同的特征，就是它们的谱线都跟静止光源的谱线有很大的不同，也就是说谱线有位移。

第八章 探索微观世界

微观世界是我们这个世界的重要组成部分。微观世界物质的性质和规律实际上决定着宏观世界物质的性质和规律。长期以来，人类对物质世界的认识经历了从猜测和思辨到朴素的原子论猜想，再到道尔顿的科学的原子说。19 世纪末物理学的"三大发现"，揭开了微观世界神秘的面纱，人们开始了对原子结构和基本粒子的研究。

§8.1 原子结构

8.1.1 原子结构

1. 汤姆生的原子模型

1897 年，汤姆生（J. J. Thomson）发现电子后，对原子中正、负电荷如何分布的问题，出现了许多见解，其中比较引人注意的是汤姆生本人于 1904 年提出的一种模型。他认为原子中的正电荷均匀分布在整体球体中，而电子则嵌在其中，这种模型又被形象地称为"葡萄干 – 面包模型"。同时，汤姆生解释到，原子内的电子呈多环分布，电子则在自己的轨道上运动。虽然在以后的实验和研究中否定了汤姆生的原子模型，但它所包含的"同心环"以及"环上只能安置有限个电子"的概念具有积极意义。

2. 卢瑟福的原子模型

前面我们曾介绍了，卢瑟福于 1910 年底开始把著名的 α 粒子散射实验事实与新原子模型联系起来。他认为原子中有一个体积很小，直径约为 10^{-12} ~ 10^{-13} cm，约为原子直径的 $1/10^4$ 到 $1/10^5$，但却几乎集中了原子的全部质量，带负电的轻得多的电子倒在很大的空间里绕核运动，它看起来就像行星绕太阳的运动，而且一定元素的原子核上的正电荷数目等于核外电子数。这一模型称为卢瑟福核式模型，有时又称为"行星模型"。不过，此模型与经典电磁理论有矛盾，因此，如何说明实在原子的稳定性就成为人们必须解决的问题。

3. 玻尔的氢原子理论

玻尔在接受卢瑟福原子核式模型时，针对氢原子光谱的实验研究，提出了"定态""辐射条件"及"角动量量子化条件"的基本假设，较好地解释了氢原子光谱现象。当然，玻尔的原子力学模型还是一个经典力学加上量子条件的一个简单结合体，以至于无法解释氦原子光谱。1922 年，玻尔在获得诺贝尔物理学奖时说："这一理论还是十分初步的，许多基本问题还有待解决。"

原子结构理论的发展与量子力学的建立紧密结合在一起。同时，量子力学对微观世界粒子的运动规律的研究成为一个强有力的、有效的武器。由量子力学理论得到的量子化条件、量子数的概念都是人们可以自然接受的和可以理解的。

8.1.2　电子自旋

1921 年，史特恩（O. Stern）和盖拉赫（W. Gerlach）在非均匀磁场中观察一些处于 s 态的原子射线束，发现一束分为两束的现象。1925 年，泡利（W. Pauli）发表了不相容原理，指出原子中每个电子要用四个量子数来表征。同年，乌仑贝尔（G. E. Uhlenbeck）和高德斯密特（S. A. Goudsmit）提出电子自旋的假说，认为不能把电子看成一个简单的点电荷，除绕核运动磁矩外，还有一个与绕核无关的固定磁矩，形象地与地球自转相比，称作电子自旋。

§8.2　原子核

自 1911 年卢瑟福提出原子的核式模型以来，原子就被分成两部分处理：对核外电子的分布和运动变化情况的研究构成了原子物理学的主要内容，而原子核则成了原子核物理学的主要研究对象。从物质结构的角度来看，原子核是比原子更深入的一个层次，有关原子核的研究更有意义。

8.2.1　中子的发现

1913 年，荷兰的一位业余科学家布罗克（Broek，1870—1926）在《自然》杂志上发表的文章中提出，核电荷数不应当是原子量的一半，而是作为元素在周期表中的序号（原子序数）。根据放射性原子核会发出 α 和 β 射线这一事实，他提出原子核是由 α 粒子和电子构成的。

1919 年，卢瑟福用强 α 射线源去照射氮，结果发现产生出射程较长而质量较小的微粒，并被证明为氢原子核，同时还发现氮原子衰变成了氧原子，这是第一次实现的人工原子衰变。根据这一事实,卢瑟福把原子核模型从原先的由 α 粒子组成的修改为是由氢原子衰核(1920 年称为质子)和电子组成的,这种看法已得到当时物理学家的公认。当时认为,核内有 A 个质子和 A − Z 个电子,这里 A 是元素的原子量,Z 是原子序数。由于电子质量很小,所以原子核的质量是由质子提供的,而电子则起到抵消一部分质子电荷的作用。

早在 1920 年,卢瑟福就设想过,挤在核内的一对质子和电子,也会形成一种比氢原子结合得更紧的状态,亦即形成作为原子核成分的一种中性的复合粒子,以此说明 α 粒子的质量是质子质量的 4 倍,而所带电量却是质子电量的 2 倍。在整个 20 年代,卢瑟福曾让查德威克(J. Chadwick,1891—1974)等助手,通过不同的实验方法探测这种中性粒子的产生,但都未获成功。这样,核内存在着电子的可能性受到怀疑。

1930 年,德国人玻特(Bothe,1891—1957)在用 α 射线轰击铍靶时,观察到一种穿透本领比最硬的 γ 射线还大的射线,当时把它称为铍射线。1931 年,法国的约里奥 – 居里夫妇(Joliot,1900—1958;Curie,1897—1956)用这种铍辐射轰击石蜡及其他含氢物质时,发现石蜡及其他含氢物质会放射出强的质子流。这种贯穿能力特别强的铍辐射显然不带电,当时普遍认为它是一种 γ 射线。约里奥 – 居里夫妇的实验结果出来后,查德威克马上敏锐地意识到,铍辐射绝不是 γ 辐射,而是卢瑟福与他寻找了多年的那种中性粒子。正是在这种思想指导下,查德威克通过一系列的实验研究,证明当 α 粒子打在铍核上时,产生了一种质量与质子差不多的、中性的新粒子。1932 年 10 月,查德威克宣布发现中子。中子是人们发现的一种重要的基本粒子,是原子核的组成成分。它的发现澄清了原子核的基本结构,标志着原子核研究进入新的时代。

8.2.2 原子核的组成

中子发现后,它是否是基本粒子? 苏联物理学家伊万宁柯(Iwanehko)曾于 1932 年 4 月向《自然》杂志提交了一份极短的评论,指出"电子不可能以独立的粒子存在于核中,核仅仅由质子和中子组成。"以后,海森堡也提出原子核是由质子和中子组成的假说。这样经过实验,普遍承认它是一种"基本粒子"。当然,现在知道,中子、质子并不是物质结构的终结,它们之下还有物质结构更深入的层次。

质子(p)就是氢核,其质量 $m_p = 1.007276u$(u 是原子质量单位的符号,$1u \approx 1.6605655 \times 10^{-27}kg$),带有正电荷 $+e$。中子(n)不带电,其质量 $m_n = 1.008665u$。质子和中子都是核的组成粒子,统称核子。

不同的原子核由数目不同的原子序数表示，一般用 Z 表示。与核的质量最接近的整数称为核的质量数，用 A 表示。核的质量数实际上就是核中的质子数与中子数之和。如以 N 表示核中的中子数，则 $A = Z + N$。不同元素的原子核，质子数不同。同一种元素可以有几种不同的原子核，它们虽然有相同的质子数，但其中子数不同，因而质量数 A 也不同。这样同一元素的不同原子核称为该元素的同位素，常用符号 $_Z^A X$ 表示。X 为元素符号，A 和 Z 各为质量数和电荷数，如 $_1^1 H$、$_1^2 H$、$_1^3 H$ 表示（H）的三种同位素。在原子核物理中，对电子、中子等粒子也常用这种表示方法，例如负电子用 $_{-1}^0 e$、中子用 $_0^1 n$、质子（$_1^1 H$）用 $_1^1 p$ 表示。

8.2.3　核的大小和形状

各种不同原子核的半径，按实验测定，在 $1.5 \times 10^{-15} \text{m}$ 至 $9.0 \times 10^{-15} \text{m}$ 之间。1932 年，费米（Fermi，1901—1954）在原子核模型研究中指出随核的质量数 A 的增加，核半径近似地与质量数的立方根成正比，可用下式表示

$$R = R_0 A^{\frac{1}{3}} \tag{8-2-1}$$

式中 R_0 是常数，数值为 $1.2 \times 10^{-15} \sim 1.5 \times 10^{-15} \text{m}$。由此得到一个非常重要的结论：在一切原子核中，核物质的密度是一常数。

实验和理论说明原子核也像电子那样具有自旋，也具有磁矩。

8.2.4　结合能和质量亏损

原子核由质子和中子所组成，但观察实验指出，原子核的质量比核内所有质子和中子的质量总是小一些。这份差额称为原子核的质量亏损。一般以 Δm 表示

$$\Delta m = Z m_p + (A - Z) m_n - m_A \tag{8-2-2}$$

式中 m_p、m_n 分别表示一个质子、中子的质量，m_A 表示质量数为 A 的原子核的质量。按相对论质能关系，系统的质量改变 Δm 时，一定伴有能量改变 $\Delta E = \Delta m c^2$。

由此可知，当若干个质子和中子结合成核时，必有 ΔE 的能量放出，并且

$$\Delta E = [Z m_p + (A - Z) m_n - m_A] c^2 \tag{8-2-3}$$

这能量称为核结合能。如果要使一个原子核分裂为单个的质子和中子，就必须供给与结合能等值的能量。大多数稳定核的结合能约为几十到几百个 MeV。不同的同位素核，稳定程度不同。我们可用核中每个核子的平均结合能（比结合能）$\Delta E/A = \Delta m c^2 / A$ 来表示核的稳定程度。平均结合能越大，核就越

稳定。观察实验指出，在天然存在的原子核中，质量较小的轻核和质量数较大的重核，其平均结合能比质量数中等的核小。由此可见，使重核分裂为中等质量的核，或使轻核聚变为中等质量的核是获得核能的两种重要途径。

8.2.5　放射性衰变

不稳定的核（包括天然的和人工的）都会自发地转变成另一种核而同时放出射线。例如，有的放射 α 粒子，有的放射 β^+ 粒子或光子，都称为放射性衰变。在一定量的放射性元素中，虽然所有的核都可能发生衰变，但各个核并不同时衰变，而是有先有后，在一定时间内各有确定的几率。核衰变过程中，总是遵守某些守恒定律，如质量数、电荷数、能量、动量、动量矩……在衰变后的量值必须与衰变前的相等。根据质量数和电荷数的守恒定律，可以判定衰变产物并列出衰变方程。根据能量守恒定律结合衰变前后各粒子的质量，可以求出衰变过程所出的能量。

原子核的衰变定律为

$$N = N_0 e^{-\lambda t} \tag{8-2-4}$$

式中 N_0 是 $t=0$ 时的原子核数目，λ 称为衰变恒量。

习惯上常用半衰期来表征放射性衰变的快慢。半衰期是原有的原子核数衰变掉一半所需的时间，用 $T_{1/2}$ 表示。显然，

$$T_{1/2} = \frac{\ln 2}{\lambda} = \frac{0.693}{\lambda} \tag{8-2-5}$$

8.2.6　β 衰变和中微子

放射性原子核放出 β^- 粒子（高速电子）而转变为另一种核的过程称为 β^- 衰变。由物理学基本理论可以知道，当一个粒子衰变为两个粒子时，动量和动能守恒，末态粒子的能量应为确定值。而已有实验表明，原子核在 β^- 衰变过程中所放出电子的能量并不等于衰变前后原子核的能量差，而是从零到一个最大值有一定的分布。只有最大值的能量才恰好与衰变前后的能量差相当。1930 年泡利为了"捍卫" β^- 衰变过程中的能量守恒关系及动量守恒关系，提出在 β^- 衰变过程中除了放出一个电子外同时还放出一个不带电的质量很小的粒子，后来称这个粒子为中微子，用 ν 表示。1932 年发现中子并确认原子核的组成粒子只有质子和中子以后，1934 年费米（Fermi，1901—1954）提出 β^- 衰变理论，认为在原子核的 β^- 衰变过程中，是核内的中子转变为质子（留在核内）同时放出一个电子（β^-）和一个中微子。后经进一步分析，确认是与电子相联系的反中微子 $\bar{\nu}_e$，即

$$_0^1n \rightarrow {}_1^1p + {}_{-1}^0e + \overline{\nu}_e \qquad\qquad (8-2-6)$$

在有的原子核内，质子也有一定的几率会转变为中子（留在核内）同时放出一个正电子 e^+ 和一个中微子 ν_e，即

$$_1^1p \rightarrow {}_0^1n + {}_1^0e + \nu_e \qquad\qquad (8-2-7)$$

这就是 β^+ 衰变。

电子、中微子 ν_e 和它的反粒子 $\overline{\nu}_e$ 是直到 1957 年才在实验中首次检验到的。后来又发现 $\pi^{\pm}$ 介子衰变为 $\mu^{\pm}$ 子时也会发出正反中微子，用 ν_μ 和 $\overline{\nu}_\mu$ 表示。

$$\pi^+ \rightarrow \mu^+ + \nu_\mu; \quad \pi^- \rightarrow \mu^- + \overline{\nu}_\mu$$

8.2.7 核 力

原子核由质子和中子组成，而质子间存在着库仑斥力。究竟是什么力使这些核子能组成稳定的原子核？核子之间虽然存在万有引力，但这种力非常小，不足以说明问题，因此在核子之间一定存在着另一种引力，我们把这种引力称为核力。实验证明，核力是一种短程力。在大于 10^{-15} m 距离时，核力远比库仑力小。但在小于 10^{-15} m 距离时，核力比库仑力大得多。在相邻的核子之间，核力比库仑力强 100 多倍，通常称它为强相互作用。作用于核子间的核力与核子是否带有电荷无关。核子被认为是交换力，这是因为电磁力是通过光子的交换来实现的。日本物理学家汤川秀树（Yukawa Hideki, 1907—1981）提出，核子之间的相互作用是通过一种特殊的粒子（称为介子）的交换而实现的。后来，在宇宙射线中发现了 π 介子。π 介子的静质量约为电子质量的 270 倍，与理论的预言符合得很好。目前认为核子间的相互作用是通过带正电或带负电或中性的 π^+、π^- 和 π^0 介子的交换来实现的，交换方式略如下式所示

$$n \Leftrightarrow n + \pi^0$$
$$p \Leftrightarrow p + \pi^0$$
$$n \Leftrightarrow p + \pi^-$$
$$p \Leftrightarrow n + \pi^+ \qquad\qquad (8-2-8)$$

为了进一步描述核的结构，说明核的性质，常借助于一些核的模型。由于前面曾提出一切原子核物质的密度是一个常数，这使人们感到由核子组成的原子核和由分子组成的液滴非常类似。因此，物理学家提出了原子核的液滴模型，利用此模型，可以说明有关原子核的一些现象，例如核反应以及核反应能量问题。后来又发现原子核的许多性质都显示出周期性的变化。例如，凡质子数或中子数是下列数目之一时，这些原子核的稳定性特别好，这些数

目是 2、8、14、20、28、50、82、126，称为幻数。从而使人们想到原子核中，也与原子外的电子壳层相似，存在着壳层结构，这种原子核模型称为壳层模型。1950 年，玻尔（A. Bohr）和莫特耳孙（B. Mottelson）提出综合模型······

8.2.8 核反应和核能

一个原子核除了在自发地进行放射性衰变过程中可以发生变化外，当它被具有一定能量和粒子轰击时也能发生变化，这类过程称为核反应。作为轰击粒子的能量，可以低到小于 1eV，也可以高到几百 GeV；作为轰击粒子的种类，则是多种多样的，可以轻到质子、中子，重到铀粒子。

设有原子核 A 被 p 粒子撞击，变为 B 核和 q 粒子，用下式表示，式中列出了各粒子的静质量 M_i 和动能 E_i（$i = 1$，2，3，4）

$$A \qquad + p \quad \rightarrow \qquad B \qquad + q$$
$$M_1, \ E_1 \quad M_2, \ E_2 \quad M_3, \ E_3 \quad M_4, \ E_4 \qquad\qquad (8-2-9)$$

不管其内部反应如何，根据能量守恒，总有

$$M_1 c^2 + E_1 + M_2 c^2 + E_2 = M_3 c^2 + E_3 + M_4 c^2 + E_4 \qquad (8-2-10)$$

定义反应 Q 为

$$Q = (E_3 + E_4) - (E_1 + E_2) = \left[(M_1 + M_2) - (M_3 + M_4) \right] c^2$$
$$(8-2-11)$$

如果 $Q > 0$，表示原子核反应是放出能量的，称为放能反应；$Q < 0$，核反应是吸收能量，称为吸能反应。

1938 年 12 月德国化学家哈恩和迈特纳用慢中子做轰击铀的实验，他们惊奇地发现在得到的产物中发现了放射性同位素钡，而铀的原子序数为 92，钡的原子序数为 56，看来铀核在得到一个中子后，分裂成两大块，即

$$^{235}_{92}U + ^{1}_{0}n \rightarrow ^{236}_{92}U \rightarrow X + Y$$

这种分裂过程称为裂变。由于裂变产物不稳定会立即放出几个中子，直到变成稳定核。而每次裂变放出的中子又可能引发其他铀核裂变，并将使裂变自持地继续下去，形成链式反应。裂变现象能放出很大的能量，这样使原子核大规模利用成为可能。平均来讲每个 ^{235}U 裂变时大约放出 200MeV 的能量。如果 1 克的 ^{235}U 全部裂变，那么释放出来的全部能量，将有 8.7×10^{10} J，相当于 2.7 吨煤的燃烧值，这也是目前世界各国核能开发的一个主要方向。当然，也用于制造武器——原子弹。

以上讨论的是重核裂变，从结合能的角度考虑，当轻原子核聚合而成较重的原子核时也会放出能量。在实验室里可实现的聚变反应主要有以下几种：

$$^2H + {}^2H \rightarrow {}^3He + n + 3.25MeV$$

$$^2H + {}^2H \rightarrow {}^3H + p + 4.00MeV$$

$$^3H + {}^2H \rightarrow {}^4He + n + 17.6Mev$$

$$^3He + {}^2H \rightarrow {}^4He + p + 18.3Mev$$

这 4 个反应的总的效果是

$$6{}^2H \rightarrow 2{}^4He + 2p + 2n + 43.15Mev$$

即在氘核聚变的过程中，平均每个氘核放出 7.2MeV 的能量，每个核子放出 3.6MeV。而 ^{235}U 裂变过程中，平均每个核子放出的能量为 $200/235 = 0.85MeV$。聚变时每个核子放出的能量是裂变时每个核子放出的能量的 4 倍。在一定条件下，特别是通过受控热核反应利用这一巨大的能量。例如氢弹爆炸是氘和氚核在高温高压下发生的聚变反应，即

$$^2H + {}^3H \rightarrow {}^4He + n + 17.6MeV$$

我们可以从重水（占海水 0.03%）中获得大量氘，但是，氚在自然界中是不存在的，不过我们可以用中子轰击锂原子而产生：

$$n + {}^6Li \rightarrow {}^4He + {}^3H + 4.9MeV$$

以上两个反应的总结果是

$$^2H + {}^6Li \rightarrow 2{}^4He + 22.5MeV$$

我们也从太阳光谱中发现太阳中存在大量的氢和氦，终于弄清楚太阳的巨大能量来自氢核聚变为氦核的热核反应。太阳的质量是巨大的，约是 2×10^{27} 吨，为地球质量的 33.34 万倍。它每天燃烧 5×10^{16} kg 氢，转化为氦核，相当于 3.5×10^{14} kg 的质量亏损。而正是太阳的巨大质量而产生的引力，把处于高温（10^7 K）的等离子体约束在一起发生热核聚变反应，它所产生的能量相当可观，太阳每时每刻照到地球上的能量虽只是它所产生的一万亿分之五，但仍是地球上目前使用的所有能量的十万倍。

§8.3 基本粒子

8.3.1 人类对物质组成的探索

人类很早就在探索构成物质的基本成分问题。例如，在我国商周时代已有"五行说"，认为世界万物都是由金木水火土五种基本物质所组成。古希腊米利都学派的学者们认为物质的本原是由土、水、气、火四种元素组成的，四种元素的不同组合可以构成丰富多彩的物质世界，它们之间的比例关系决定着物质的类别。大约 2500 年前，希腊也有人对物质是否无限可分这一问题

试图作出回答，哲学家德谟克里特（Democritus）等，认为物质是由一些不可再分割的称为原子（atom）的粒子所组成。几乎在同一时代，我国古代哲学家公孙龙曾提出："一尺之棰，日取其半，万世不竭"，这包含了物质无限可分的思想。自 1808 年道耳顿（J. Dalton）提出原子理论至今近 200 年来，人们一直不断通过各种观察和实验，反复检验物质究竟是否无限可分。

"基本粒子"这一名称，在 20 世纪三四十年代初提出来时，指的是当时已知的质子、中子、电子、光子这四种粒子，当时把它们看成是组成物质世界的不可分割的基元粒子。但其后一二十年中，陆续发现的许多粒子，包括 μ 子、中微子，各种介子，超子以及所有已知粒子的反粒子共有百余种，其种类已超过了化学元素的种类，人们开始怀疑到底有没有那么多的基本粒子，并猜测基本粒子可能并不"基本"，它们仅仅是物质结构中的一个层次，即基本粒子可能还有自己的内部结构。

20 世纪 60 年代，许多科学家纷纷提出关于"基本粒子"内部结构的各种模型，其中最成功的是 1964 年盖尔曼（M. Gell-Mann）和茨威格（G. Zweig）同时独立地提出的夸克（quark）模型（茨威格称之为 aces），认为当时发现的所有强子都是由更基本的粒子——夸克组成的。1965—1966 年，我国高能物理工作者提出关于强子结构的层子模型。认为夸克基元是一种实体性的粒子，而且是微观世界某一层次的特征，称之为层子，并为此作了不少理论工作。夸克（或层子）模型认为强子是由为数不多的几种夸克以不同的结合方式组成的，用这种模型不仅能圆满地说明当时的许多实验结果，还成功地预言了当时尚未发现的基本粒子如 Ω^- 等。直到现在，尽管还没有在实验室中分离出一个个孤立的夸克，但人们深信这一模型能比较正确地反映基本粒子的内部结构，甚至有人在进一步探索夸克的下一层次的结构。

8.3.2　基本粒子的分类

到目前为止，已发现的基本粒子达 300 多种，其中只有光子、电子、中微子和质子等少数几种是比较稳定的，其余的寿命都很短，在不到 $1\mu s$，甚至更短的时间内就转化为其他粒子，寿命特短的（$10^{-23} \sim 10^{-24}s$）被认为是某些粒子的激发态，称为共振态粒子。如何对这些基本粒子进行分类？能否有一个好的方法，就像门捷列夫创建元素周期表那样预言未知元素的性质一样，能预言新粒子的存在和基本性质，同时也能反映粒子内在性质的变化规律以及粒子间的内在联系。

基本粒子可按自旋是 h 的整数倍和半整数倍进行分类。如光子，自旋为 1，π 介子等自旋为 0，统称为玻色子。而电子、中微子、质子、中子、各种超子等自旋为 1/2 或 3/2……统称为费米子。费米子服从泡利不相容原理，在一个系统中，处于同一状态下的同种粒子数不可能多于一个。玻色子没有这个限制，即在一个系统中处于同一状态下的同种粒子数可有任意多个。

基本粒子也曾按质量区分轻子、介子和重子；重子中又分为核子（质子、中子）和各种超子（质量超过质子）。但 1975 年发现轻子中有质量约为质子质量两倍的 τ 子，称为重轻子。还发现有些介子的共振态，质量也超过质子。现在更常用的是按相互作用性质，分为强子、轻子和光子三大类。

根据相互作用的特点，所有基本粒子按它们参与各种作用的性质分为三类：

1. 强 子

直接参与强相互作用的粒子统称强子。现已发现的粒子绝大多数是强子，最常见的强子是质子和中子。强子按其自旋又分为两类：自旋为半整数的强子统称为重子或反重子，如质子、中子等；自旋为整数的强子统称为介子，如 K、π 介子等。

2. 轻 子

不参与强相互作用，只参与弱相互作用、电磁相互作用、引力相互作用的自旋为半整数的粒子。轻子共有 6 种，即电子 e、电子中微子，μ 子、μ 子中微子，τ 子、τ 子中微子，连同它们的反粒子共有 12 种。

3. 光子（或称传播子）

即传递相互作用的基本粒子。大家熟悉的光子便是电磁相互作用传递的媒介，基本的电磁作用过程表现为放出和吸收光子。

8.3.3 基本粒子的相互作用

到目前为止，人们所认识的一切物质（从宇宙天体到基本粒子）之间的基本相互作用力有下面四种：①万有引力；②电磁力；③强相互作用；④弱相互作用。前两种人们认识得较早，后两种是近几十年来的原子核和基本粒子的研究中逐渐认识到的。前两种是长程力，作用范围从理念上可说是无限的，后两种是短程力，强作用只在 10^{-15} m 范围内才有显著的作用，弱作用的力程更短，最大也不超过 10^{-17} m，四者作用强度之比（比如说，一对质子在相距 10^{-15} m 时的各种作用的强度）约为

强：电磁：弱：万有引力 $\approx 1 : 10^{-2} : 10^{-14} : 10^{-40}$

强相互作用是通过介子的交换来实现的。强相互作用，只作用于介子、核子和超子之间，所以这三种粒子又统称为强子。电磁作用，则是通过光子的交换来实现的。电磁作用，只作用于带电粒子或具有磁矩的粒子之间。弱

相互作用，是在 β 衰变过程中发现的，各种轻子和强子都参与弱相互作用，如 μ 子、π 介子、K 介子和中子等的衰变过程中都有弱作用，通常只有在没有强作用参与的过程中，弱作用才显现出来。万有引力简称引力，对宏观物体，特别是宇宙天体，由于质量很大，相距较远，所以，主要起作用的是万有引力，但对基本粒子来说，万有引力比其他三种力弱得多，所以在基本粒子研究中不涉及万有引力作用。

由于按量子场论，强作用和电磁作用都是通过交换一定的粒子来实现的交换力，人们自然会想到弱作用和引力作用是不是也各有它们的交换粒子。1967 年韦因伯（S. Weibery）和萨拉姆（A. Salam）在格拉肖（S. Glashow）的一些设想的基础上，相互独立地提出弱、电统一理论，认为弱作用是通过交换静质量约为质子的 75 倍的三种中间玻色子 W^+、W^- 和 Z° 来实现的，他们的理论经过十多年的理论研究和实践检验（Z° 已在实验室中观察到）已得到公认。按现代引力场理论，认为万有引力是通过交换引力子而实现的，不过还有待于观察实验的检验。

自弱、电统一理论得到证实后，有许多人提出规范场、超对称性等概念和方法，来探索有关场的统一理论的途径，并已取得初步成效。能否成功，有待进一步的研究和检验。

8.3.4　守恒定律

在核反应和放射性衰变过程中，必须遵守一些守恒定律，如质量数守恒、电荷数守恒、能量守恒、动量守恒和动量矩定律等，观察实验和理论分析都指出，基本粒子在相互作用和转化过程中，也必须遵守一些守恒定律，如遵守重子数、轻子数和 μ 子数的守恒定律。

在关于基本粒子相互作用和转化的观察实验中，还发现四个新的量：同位旋、宇称、奇异数和超荷，它们在强相互作用过程中都守恒，但在弱相互作用过程（如 β^+、β^- 衰变）中就不守恒。

8.3.5　夸克模型

1964 年，盖尔曼在对称群理论的基础上，提出强子的夸克模型。盖尔曼认为，夸克是带有分数电荷的粒子，是构成已发现的强子的更基本的粒子。以后的实验证明，强子有一定的大小，例如质子的电荷分布在半径为 8×10^{-16} m 的空间范围内。即使是中子，也有一个电荷分布半径，也有磁矩。由实验可推断出，一个中子其外间带正电、中部带负电，在整体上呈现中性，中子内电荷分布半径也在 8×10^{-16} m 左右。后来，通过实验还进一步发现，在强子内部还有点状的荷电粒子，人们称强子内部点状的东西为"夸克"。

到 20 世纪 70 年代中期，由于实验和理论研究工作取得了一系列重大的进展，人们对强子内部结构规律的认识逐渐明朗和深入。概括起来，可以归纳为以下几点：

第一，强子是由更深层次的粒子组成的复合粒子，组成强子的粒子中，有一类统称为夸克。夸克的自旋为 1/2，其电荷以质子电荷为单位表示为 2/3 或 −1/3。夸克按电荷以及在相互作用中呈现的质量可以区分为不同的"味"。组成强子的夸克有 6 味，分别称为上夸克（u）、下夸克（d）、奇异夸克（s）、粲夸克（c）、底夸克（b）和顶夸克（t）。1984 年在欧洲核子中心（CERN）发现可能存在有第六种夸克的迹象。据 1994 年报道，实验中找到了顶夸克。

第二，每种味的夸克按其在强相互作用中的地位而区分为三种"色"，即每种味的夸克带有不同的"色荷"，分别称为"红""黄""绿"。

第三，将夸克结合成强子的是基本的强相互作用。我们已知带电粒子之间的电磁相互作用是通过光子来实现的。与此相似，夸克之间的强相互作用是通过交换胶子来实现的，理论认为胶子可能有 8 种，在实验中已发现了一些胶子存在的迹象，但胶子本身还没有在实验中被发现。

第四，介子由一个夸克和一个反夸克组成，重子由三个夸克组成，反重子由三个反夸克组成。如，$p \equiv (uud)$，$n \equiv (ddu)$，$\pi^+ \equiv (u\bar{d})$，$\pi^- \equiv (u\bar{d})$。组成强子的夸克和反夸克之间通过交换胶子而相互作用。在强子内部，总是不断地有胶子被放出和被吸收，并处于统计平衡状态。

第五，已知强子是由夸克和胶子组成，但迄今为止，实验中没有直接观察到自由的即单独存在的夸克或胶子。科学家们对此提出了色相互作用具有"禁闭"性质的假说，解释夸克和胶子不能自由地单独存在而被禁闭在强子内部。

随着粒子物理学的发展，人们对物质结构的认识不断深入。20 世纪 70 年代末 80 年代初，在粒子物理的理论探索中，有许多工作是探讨夸克和轻子的内部结构的，并提出了各种可能的"亚夸克"模型。诺贝尔物理学奖获得者、美国科学家格拉肖曾建议，把比夸克更深层次的粒子叫"毛粒子"，以纪念毛泽东倡导的"物质是无限可分的"哲学论断。但目前关于亚夸克的研究尚无新的进展。

第九章　物理文化与科学精神

§9.1　物理学的历史发展

9.1.1　物理学的发展

14—15 世纪，欧洲处于社会变革之中。14 世纪发端于意大利随后波及整个欧洲的文艺复兴运动，是一场思想解放运动。文艺复兴不仅创造了近代的古典文学和艺术，而且由于它对经院哲学的蔑视和拒斥，对现实世界和世俗生活的关注，对古典文化资源的挖掘，为近代自然科学的诞生创造了非常有利的文化氛围。民主思想、探索精神和世俗观念正是资产阶级所需要的精神食粮。他们从文化遗产中汲取了人文主义的思想，作为文艺复兴的灵魂和指导思想。在意大利和地中海沿岸城市，手工工场的出现促进了生产技术的改进、分工和协作的发展，为进一步改进技术和使用机器创造了条件，出现了所谓的资本主义萌芽。中国等东方国家的科学技术陆续传入欧洲，极大地刺激了欧洲远洋航海和探险事业的发展，为资本主义创造了丰富的原始积累。

近代自然科学正是在这种物质的和思想的历史条件下诞生和发展的。近代自然科学首先在天文学和医学生理学两大领域取得突破。1543 年，哥白尼（N. Copernicus，1473—1543）的《天体运行论》和维萨留斯（A. Vesalius，1514—1564）的《人体结构》的出版，成为近代科学革命的开端，进而导致了 17 世纪在力学领域的"科学革命"。从物理学发展的历史来看，牛顿力学体系的建立，则标志着近代物理学的诞生。

这一时期，自然科学的大部分领域还处在发展初期，大多数学科还处在搜集材料和分门别类加以整理的阶段，但力学已达到相对完善的地步。力学在说明自然现象方面的成功，必然推动人们用力学理论解释其他自然现象，用力学的机械运动模型类比其他复杂的物质运动，逐渐形成了形而上学的机械唯物主义自然观。研究一个事物就是将该事物分解为各个部分进行研究，同时把该事物看成既成的东西，当作静止的东西和不变的东西进行研究。物理学中的简单理论往往以机械模型作基础，正如开尔文勋爵（Lord Kelvin）所说，"在我未能得出事物的机械模型之前，我决不会满足。只有我能得出一个机械模型，我才能理解它。"

整个 18 世纪，物理学处于消化、积累、准备的渐进阶段，新的科学思想、方法和理论得到了传播、完善和扩展。物理学的其他分支学科（如光学、热学和静电学）完成了奠基工作，成为物理学的几门基础学科，也为经典物理学的完善奠定了基础。

18 世纪 60 年代，英国开始了产业革命，同时伴随着第一次技术革命，实现了从手工业到机器工业的转变。它开始于纺织业的机械化，以蒸汽机的广泛应用为标志，继而扩展到其他行业。社会发展的同时对自然科学提出了要求。18 世纪后期，法国资产阶级大革命爆发，显现出科学、技术、社会发展的联系。这一时期，法国不仅涌现出一大批杰出的物理学家、数学家、化学家，同时在工程技术方面也涌现出一批杰出的工程师。1772 年，化学家拉瓦锡创立的氧化燃烧理论，完成了划时代的化学革命。物理学家库仑发现了电学上的第一个定量定律——库仑定律，使电学研究从定性进入到定量阶段，完成了电学发展中的第一次飞跃。画法几何的创始人蒙日（G. Monge，1746—1818）用平面图形表示立体的画法几何思想，引发了工程技术的彻底革命。杰出的工程师卡诺（S. Carnot，1796—1832）关于热机效率和热力学的研究，也显示出法国的科学转向实用性和技术性。1791 年，法国颁发了全世界第一部专利法，规定给发明者以专利产品及其制造方法的独占权，这在保护发明创造、促进科学技术发展方面作出了极为重要的贡献。

随着社会的发展，我们看到的往往是在科学理论上还没有搞清楚的情况下，技术已经初步得到了实现。例如，蒸汽机的发明和制造比热力学理论早了半个世纪；在电磁方程发现之前，第一台电报机就已经造成了。另一方面，科学理论上已经发现了一些有规律性的东西，却没有在技术上很快实现出来。例如，麦克斯韦 1865 年就从电磁理论中预言了电磁波的存在，但直到 20 世纪初才开始用于无线广播。

以内燃机和电力技术的应用为标志的第二次产业技术革命，才是人类历史上第一次真正显示科学技术理论研究、技术发明对生产力的直接的、有意识的推动作用，科学、技术在推动社会进步和发展上才真正起到"比翼齐飞"的作用。所有这一切，得益于在科学、技术领域所取得的成就。

例如，作为第二次工业革命的核心之一的电力技术革命，它的关键技术是电能的产生与利用，而这两方面是相互促进的。早期的电动机模型使用的电源是伏打电堆，电流有限，而对产生更大电流的需求促进了发电机的研制。

而发电机的研制与改进，又为电动机的研制和使用创造了条件。

我们熟悉的电动机和发电机的实验模型都是出自近代电磁学的奠基人法拉第之手。1820年，奥斯特发现了电流的磁效应之后，法拉第对实验装置进行了改进，试制出第一台原始的直流电动机。美国物理学家亨利在电动机装置改进过程中，使用了电磁铁，使得他的电动机模型比法拉第的装置产生的能量更大，也更实用。发电机、电动机、变压器、输电线路的研究，使得电力技术应用成为可能。这其中，我们所说的物理学的基础研究发挥着巨大的作用。

物理学的发展及对技术、社会的促进作用远不止客观的、实在的东西。在人类社会发展中，物理学的思想和观念的影响一直发挥着作用。到19世纪末，经典物理学取得了前所未有的进步和成功。在物理学领域，牛顿的力学体系一度被看作是对科学根本问题的最终解答。而以此为基础，人们统一了声学、热学、光学和电磁学，描绘出了一幅小到原子、大到宇宙的似乎是最终的和一劳永逸的世界图景。这一方面说明，我们该干的活差不多干完；另一方面，好像也预示着物理学发展出现了问题，它正面临着严峻的挑战。开尔文勋爵在英国皇家学会上所说的物理学晴朗天空中的"两朵乌云"以及19世纪末物理学的三大发现——X射线、放射性物质以及电子的发现，则应验了上述的预言。物理学恰恰在自己的发展高潮中陷入危机，科学发展进入关键的转折期，人们的思想和观念陷入混乱和动摇之中，一场空前的物理学革命即将来临。

由此，物理学的发展由经典物理学阶段进入到现代物理学发展阶段，相对论和量子力学就是这场物理学革命的最主要的成果，它们构成了现代物理学的两大理论支柱。现代物理学的成果，不仅大大推动了自然科学和技术的发展，而且在哲学世界观方面具有非常重大的意义。它使得人们对客观世界的认识前进了一大步，极大地改变了人们旧的科学观念，进一步揭示了连续性与间断性、偶然性与必然性，以及决定论和因果律之间的辩证关系。

综上所述，一部物理学的发展历史，正是人们科学文化的发展历史。我们在将物理学放在人类有关自然科学知识和文化背景下，就会发现其中所蕴涵的思想、方法、文化、意识等的关系和联系。

9.1.2 物理学对社会发展的影响

科学、技术是人类文明的重要组成部分，同时又是人类文明发展的强大动力。爱因斯坦曾说，"科学对于人类事务的影响有两种方式。第一种方式是大家都熟悉的：科学直接地、并且在更大程度上间接地生产出完全改变了人类生活的工具。第二种方式是教育性质的：它作用于心灵。尽管草率看来，这种方式好像不太明显，但至少同第一种方式一样锐利。"① 科学不只是在物质方向影响着社会的发展，它为人们提供了对世界的统一看法和批判的精神框架。科学技术作为知识和技能形态的人类精神产品，表现为理性的抽象、逻辑的推理、数学的表达、系统的结构、理想的假设等，这些系统的科学知识力图从丰富的经验描述开始，最后用概念、定理、数学公式去把握客观世界的内在本质、规律和必然性。

我们从物理学发展的历史，甚至深入其中任何一个分支学科进行研究时，发现系统的科学知识体系也是人类信念的依据。信念是人安身立命的根本和行为规范的准绳。随着科学技术的进步，人们的认识方法不断发展，在观察、实验、类比、模拟、数学模型、归纳演绎、分析综合等的基础上出现了系统的思想和方法等认识世界的多种途径，而从物理学中发展起来的宇观世界和微观世界的认识方法也极大地丰富了人们认识客观世界的思维方式。由于科学方法的核心是实证方法和理性方法，它们使科学理论具有客观性并有利于打破教条的、迷信的束缚。在人类发展的历史上，一切进步阶级总是把科学作为向旧世界作斗争的精神武器，文艺复兴时期资产阶级就是用自然科学来反对封建神学权威的，这一时期科学与人文携手共同对人类社会的发展作出了很大的贡献。

§9.2 关于科学与人文的对话

伴随着科学、技术的飞速发展，人们的思想观念也在发生着巨大的变化。如何认识和理解这些变化，能否把握科学、技术与社会日益密切的关系，同样是摆在我们面前的问题。

9.2.1 斯诺的两种文化观点

英国著名学者斯诺（C. P. Snow, 1905—1980）1959 年在《两种文化及再谈两种文化》中指出，现代社会存在着相互对立的两种文化，一种是人文文化，一种是科学文化。一方是文学知识分子，另一方则是科学家，尤以物理学家最有代表性。双方之间存在着一个相互不理解的鸿沟，有时还存有敌意和反感。他们对对方都有一种荒谬的歪曲了的印象。他们处理问题的态度是如此不同，以至在情感的层面上，也难以找到很多共同的基础。

---

① 转引自胡显章，曾国屏. 科学技术概论［M］. 2 版. 北京：高等教育出版社，2006：324.

　　斯诺认为，科学是一种文化，属于这种文化的科学家彼此之间尽管也有许多互不理解的地方，但是总的来说，他们具有共同的价值标准和行为准则。科学作为一种文化，其约束力甚至比宗教、政治和阶级的模式更强。

　　美国学者 L. 本尼迪克则认为，人类文化有两种模式，即日神阿波罗文化，代表秩序和控制；酒神狄奥尼索斯文化，代表激情和本能。日神文化象征光明和理性，包括强调理解、认识世界的科学理性和强调操纵、改造世界的技术理性，与科学文化有关；酒神文化象征直觉、感情、诗性和宗教信仰的力量，与人文文化相关。①

9.2.2　科学主义和人文主义

　　科学崇尚的是认识自然的方式和途径，而从认识论的角度去研究科学的思想和方法时，自然会涉及认识论的基础主义和本体论的自然主义，也就是哲学家、物理学家、数学家笛卡儿所推崇的所谓"科学主义"。其观点主要集中在，科学是唯一的知识、永恒的真理；科学知识的确定性在于它以主体中的明白清晰的观念为基础，自然科学之所以是客观实在的正确表象，是由于科学方法的应用，它应作为一切知识的标准和范例，而只有当一切知识都成为科学知识时，便是一切人生问题得到解答之时，科学是文化中最有价值的那部分。在整个人类精神文化体系中，科学具有最重要的地位和价值，在所有知识对象的研究中，自然科学方法是唯一有效的方法，自然科学是一切知识确定性的基础和衡量标准，科学可以解决过去由各种文化形态分别面对的有认识意义的全部问题。

　　在文艺复兴时期的人文主义思想家，则倾向对古典文学、个人主义精神和反神学批判精神的复兴，认为人和人的价值具有首要意义，强调人是衡量一切事物的标准，对人和人类福利充满关心之意。当然，我们认为，从人文主义思想的观点出发，人是宇宙万物之灵，用所谓"人权"反对"神权"，原本是希望把人重新纳入自然和历史世界中，认为理性是人的本质特征，是人的尊严和价值的体现。在这一点上，科学与人文似乎又有着某些共同之处。

　　当然，科学追求的真实和理性，与人文主义追求的美与善，甚至是理性之外的情感、信仰、意志等有着很大的差别，即便是在理性问题上的认识，科学主义和人文主义也存在着不同。当代人文主义的哲学观点极力主张以人的生命为本体，认为对人的生命的体验是超出科学之外的。从某种意义上讲，人文主义并非一定是反理性的，只是在科学主义将其观点推至极致时，完全

---

①　胡显章，曾国屏．科学技术概论［M］．2 版．北京：高等教育出版社，2006：332．

将科学工具化时，两种文化之间的鸿沟才越来越深。这种人为的痕迹也随着科学、技术、社会的发展日益加剧。

以斯诺的观点，两种文化产生分裂，出现鸿沟的主要原因是我们对专业化教育的过分推崇所致，原本认识世界和改造世界的思维模式和行为方式出现了僵化和程式化。有人认为，这也是一种机械唯物主义以及唯科学主义的结局。

现代科学特别是现代物理学作为描绘客观世界和我们对真实世界认识的图景，其本身蕴涵着的东西远远超过我们的想象。科学知识作为最具"真理性""客观性"的知识体系的确为我们认识世界提供了方法论的指导，但把科学与技术同文化大同的观点联系起来时，对科学的知识以及其生长的过程给予足够的关心，并从历史发展的角度，去研究科学发展过程中的人和物或许是一件有意义的事。换句话说，并非我们所认识的只是将一切非理性的东西排除在科学之外，或把它们简单地归结到人文的范畴。因为，理性脱离了人文，便会丧失其中的人类的终极价值，如果真是这样，科学或技术真的要沦为工具了。没有理性的工具，在我们当前的世界中，真的是不存在的。

由于对科学和人文只能选择其一，这本身便是导致科学文化和人文文化分裂的观念的扭曲，它不仅人为地造成两种文化的对立，而且是造成现代社会的种种弊端的起始点。

值得欣喜的是，随着科学、技术、社会的迅猛发展和时代进步的要求，现代科学技术呈现出新的特点，即科学技术综合化和整体化的趋势日益明显。另一方面，科学内容出现许多交叉学科和综合学科，显然，上述的特点是无法用单一的科学文化或人文文化能够解释和说明的。这昭示着两种文化将以方法为结合点，开始交融，走向合作。

爱因斯坦曾说过，我们的问题不能由科学来解决，而只能由人自己来解决。因为科学技术的进步，不仅会带来物质财富的积累，同时也会通过生产结构、经济结构和社会结构的变革引发人们生活方式、行为方式、思维方式和价值观念的变化。

对一门科学的发展历史的研究，不仅要理清其演变的主线，同时还要研究其演变过程中社会背景问题，研究其对社会变革的影响。也就是说，要将科学史和技术史逐步从研究科学的基本概念、理论方法以及技术过程的历史为主的"内史论"研究转向重视科学技术的社会文化背景的"外史论"研究，最终将两条主线结合起来。这方面，科学、技术、社会这个新的研究领域，即研究科学技术与社会之间的各种关系（包括科学社会学、技术社会学等）的综合学科的发展会给我们提供新的视野。

§9.3　物理学史研究的新动向

9.3.1 HPS（History and Philosophy of Science）研究模式的含义和研究的内容

要理解科学史的含义，应当从两个方面来认识。首先是对"历史"的理解问题，"历史"的概念有很多，在英文中至少有两种解释：一种是指对过去实际发生事情的描述说明；另一种是指对这种叙述说明背后起支配作用的观念进行反思和解释。其次是对"科学"这一概念的理解。确切地说，我们很难对"科学"下一个严格的定义。但是，我们可以从几个方面来把握科学的特征，了解科学的本质，体会科学的精神实质：科学是反映客观事物和规律的知识和知识体系；科学是探索客观事物及其规律的活动；科学是一种社会建制；科学是一种知识形态的生产力。[①] 对于多数人而言，可以理解到两层含义：第一层含义是关于自然的经验和形式陈述集合；第二层含义则是有科学家的活动或者行为所构成的，是人类的一类行动。英国著名的科学史学者丹皮尔指出："拉丁语 scientia（scire，学或知）就其广泛意义来说，是学问或知识的意思。但英语词 science 却是 natural science（自然科学）的简称，虽然最接近的德语对应词 wissenschaft 仍然包括一切有系统的学问，不但包括我们所谓的 science，而且包括历史、语言学及哲学。"[②]

基于上述的认识，有关科学史（包括物理学史在内）的研究，从第一个层面上来说，主要涉及的是综合性科学史或具体科学（如物理学史）或某一门科学的分支（如17—19世纪电磁学发展史）的学科发展史，其主要的特征是按照所谓编年史的模式，阐述一门具体科学或分支发展的主要事实、人物、事件以及相关的学科研究思想和方法的发展历史。对于科学史的发展、确立科学史作为一门独立学科的地位作出最大贡献的当属杰出的科学史家 G. 萨顿（G. Sarton，1884—1956）。萨顿相信科学史研究最根本的原则是统一性原则，认为自然界是统一的，科学是统一的，人类是统一的。他的另一重大贡献则是致力于建立科学史的教学体系。我国目前高等学校开设的相关课程主要是指这一类课程，包括相对某个具体专业的必修课程和选修课程。应当指出的是，鉴于我国基础教育和课程发展的现状，在高等学校也陆续开设了面向全

---

① 转引自胡显章，曾国屏. 科学技术概论 [M]. 2 版. 北京：高等教育出版社，2006：1-3.

② 转引自胡显章，曾国屏. 科学技术概论 [M]. 2 版. 北京：高等教育出版社，2006：3.

体学生的所谓科学素养类课程或称为通识教育课程，这类课程主要是《科学技术概论》《科学技术史概论》等课程。显然，这类课程的开设目的或许是针对我国高中阶段文理分科的情况而设置的；另一类课程则主要涉及的是为大学文科学生开设的所谓"文科物理"类课程。

第二个层面的科学史研究则主要是指科学史和科学哲学层面的所谓 HPS 了。HPS 最初出现是指科学史和科学哲学，这两门学科一起在 19 世纪成长起来，虽然很多学者既是科学史家同时也是科学哲学家，但是两个学科彼此基本上是独立发展的。自从现代科学产生以来，事实上就已经树立了相应的科学观。随着科学的进步和发展，人们的科学观也随之经历了相应的变化。从科学哲学的发展来看，我们可以粗略地把科学观分为传统科学观和当代科学观两大部分。传统科学观主要有归纳主义的科学观和实证主义的科学观（今天所谓常识的科学观主要就是指它们），当代科学观则主要包括证伪主义的科学观和历史主义的科学观。近年来，西方国家正在兴起和流行一种建立在当代科学哲学基础上的新的科学观——建构主义科学观。当前国际科学教育界之所以非常关注科学观问题，主要是因为不同的科学观必然会反映在科学课程和教学中，影响着科学教育和教学实践。

第三个层面的科学史研究起因不只是涉及斯诺的两种文化的说法，而是二战后，西方科学哲学也发生了深刻的变化，即波普尔、库恩、拉卡托斯、费耶阿本德、劳丹、普特南等科学哲学家提出了新的科学观。把科学史引入科学哲学并使这两个学科相互渗透、联为一体的学者，首推美国著名科学史家和科学哲学家库恩（T. S. Kuhn，1922—1996）。在库恩之后，科学史和科学哲学研究融为一体，你中有我，我中有你。正如拉卡托斯（I. Lakatos，1922—1974）所说："没有哲学的科学史是盲目的，没有历史的科学哲学则是空洞的。"

另一方面，20 世纪 60 年代科学技术的突飞猛进和社会经济的调整发展，使环境问题日益突出。1962 年，美国学者卡逊（R. Carson）撰写的《寂静的春天》一书，使世人对任意使用化学制品所产生的有害影响高度警惕起来，人们也开始真正关心环境保护问题，关心科学、技术和社会发展问题。所有这一切，也使我们意识到科学史的研究应当重新审视有关社会学方面的介入，使人们开始在各级各类正规教育中重视有关科学本质的教育。学习历史的科学不仅是对科学思想本身的学习，也是使学生了解科学本质的一个重要途径。

美国科学社会学家默顿（R. K. Merton，1910—2003）从社会学角度对科学家的社会行为提出所谓的科学的精神气质，即科学的行为规范应当包括普遍性、公有性、无私利性和有条理的怀疑性。对于我们理解科学的本质提供了新的视野，科学素养应该包括科学知识、科学思想、科学态度、科学精神和科学方法。

1990年之后，科学社会学也被一些科学教育学者引入到科学教育当中，英国科学家蒙克和奥斯本借鉴建构主义学习观，同时以对历史经验和教训进行总结为基础，率先提出将科学社会学引入到科学教育的体系当中，这种新模式就是新的HPS教育模式。HPS的含义就变成了"科学史、科学哲学和科学社会学"[①]。刘兵等人在《新编科学技术史教程》中例举了关于"基础教育与教学史：三个近期进展的实例"[②] 内容，一则说明科学史学习的重要性，另外就是解释或许可以以此实现两种文化的沟通和融合。

9.3.2　科学元勘（Science studies）研究

刘华杰博士把科学论诸学科统称为"科学元勘"，它主要包括科学哲学、科学史和科学社会学等学科。[③] 刘兵等人在讨论有关科学史与科学传播时，把科学元勘理解为科学史、科学哲学、科学社会学、科学知识社会学等以科学技术为研究的对象。这与我们前面介绍的西方科学教育界提出的HPS不谋而合。把科学史、科学哲学和科学社会学的有关内容纳入中小学科学课程中，通过科学教学使学生能够获得对科学本质的理解，从而不仅学到科学知识和基本技能，而且具有科学精神和创新能力。

在西方，科学精神（scientific spirit）蕴涵于科学本质（nature of science）之中。70年前，英国一位名叫维斯特威的皇家督学写了一本论述科学方法教学的书。在他看来，一个成功的理科教师应当是这样的人：

> 他知道自己的本门学科……读了大量其他科学方面的书籍……知道如何教学……能够流畅地表达……擅长操作……精于逻辑……具有哲学家的气质……熟悉科学史，能够与一群孩子一起坐下来给他们讲解关于天才科学家——伽利略、牛顿、法拉第和达尔文等——的观察和判断误差、他们的生活和工作。不仅如此，他还是一个热情洋溢的人，对自己独特的工作满怀信心。[④]

上述这些为我们进一步深入研究科学文化（Science culture）和科学教育

①　丁邦平. HPS教育与科学课程改革 [T]. 比较教育研究，2000，40（6）：6.
②　刘兵. 新编科学技术史教程 [M]. 北京：清华大学出版社，2011：454－456.
③　刘华杰. 科学元勘中SSK学派的历史与方法论述评 [J]. 哲学研究，2000（1）.
④　丁邦平. 国际科学教育导论 [M]. 太原：山西教育出版社，2002：345.

（Science education）问题打开了思路。

物理学的发展历史告诉我们，科学发现与科学家所处的时代背景有着必然的联系。我们有理由相信，人类社会在经历古典人文教育发展、近现代科学教育发展之后，必将进入一个人文教育和科学教育并重的时代。

人文教育所秉承的人文素养的培养，其内涵也随着时代的发展在发生着变化。学校教育中提倡的学生或大众的科学素养的提升同样反映了现代人类从物质追求到重视精神追求的时代趋势，反映了教育从人文化到科学化再走上科学与人文兼容互补的发展道路。

科学知识和人文知识都是人类创造的文化遗产，从当代知识观和教育观出发，它们之中都含有真、善、美的成分。从人类文化的角度来看，人文素养和科学素养都包含一种正确的价值和意义体系，正确的导向和文化品位、情调，其最终的目的是为人们确立正确的人生观和价值观，追求的是人的全面发展。

物理学是人类追求理解和认识客观世界的精神财富。对于物理学科发展的历史的研究，是一门涉及自然科学、人文科学、社会科学、思维科学的彼此紧密相关、相互渗透的综合学科，反映了人类认识自然、改造自然和利用自然的历史，是人类文化遗产的一个重要组成部分。因此，在科学教育中（当然包括物理学的教学），应当把这种科学的认识发展的脉络、动因、历史背景和发展规律揭示出来，让学生了解重要的物理概念、规律和理论产生和发展的过程，认识科学观念和研究思想、方法的演化和变革，理解重大科学突破对人类社会产生的影响，把学习和研究过程当作与杰出科学家对话的过程。

科学既是一种知识体系，更是人类认识世界的一种方式和探索活动，是人与自然之间的一种交流，是客观实在与人类智力所创造的各种概念体系之间的契合，是众多科学家和普通大众为之奋斗的事业。

思考题

9-1 著名法国的科学家彭加莱说过："换句话说，科学乃是各种关系的体系。我们只应该在关系中才可试图去发现客观性。若不去研究事物之间的关系而去研究它们本身，那是无用的。那种认为科学仅能提供关系的知识，因而没有客观价值的断言是错误的，因为恰恰是这些关系才能被认为是客观的。"谈谈你对这句话的认识和理解。

9-2 爱因斯坦曾说过，"Science without religion is lame, religion without science is blind."对此你的看法是什么？

9-3 萨顿在《科学的生命》一书中谈到向人文科学工作者说明科学发现的内在意义和（学校）课程的目的时，认为"那么课程的目的是什么呢？直接的目的是说明科学思想在空间和时间上的发展，说明科学的理论和新的分支的逐渐完善，也就是整个科学大树的生长发育，它日见增加的复杂与华美"。谈谈你对此的认识。

9-4 库恩在《科学革命的结构》一书中，对科学概念的历史形成过程进行了解释和说明。他认为"科学概念在一本教科书或者其他有系统的描述范围内，只有当它们所指的同其他科学概念，同操作程序以及同规范应用相联系时，才获得充分的意义"。你是如何理解这句话的？

9-5 任何一个人只要是接受了正规的学校教育，都会或多或少地带有所学专业的烙印，专业教育对人的思想观念的形成和行为习惯的养成真的有如此大的影响吗？

9-6 曾有报道说，在评选20世纪最伟大的科学家时，爱因斯坦名列第一。理由当然是多种多样的，你认为爱因斯坦当选的理由是什么？

主要参考书目

［1］程守洙，江之永．普通物理学［M］.5 版．北京：高等教育出版社，2006.

［2］G. Holton. 物理科学的概念和理论导论（上册）［M］. 北京：人民教育出版社，1983.

［3］J. S. 福恩，K. F. 库恩．启蒙物理学［M］. 夏树忱，译．北京：科学技术文献出版社，1982.

［4］何圣静，李文河．物理定律的形成与发展［M］. 北京：测绘出版社，1988.

［5］F. 因曼，C. 米勒．今天的物理学［M］. 叶悦，译．北京：科学出版社，1981.

［6］A. 贝塞尔．物理学的基本概念［M］. 上海：上海教育出版社，1983.

［7］M. 默根．物理科学及其现代化应用［M］. 北京：科学出版社，1983.

［8］L. 库珀．物理世界（上、下）［M］. 北京：海洋出版社，1984.

［9］向义和．大学物理导论：物理学的理论与方法、历史与前沿［M］. 北京：清华大学出版社，1999.

［10］何国兴，张铮杨．文科物理［M］. 上海：东华大学出版社，2003.

［11］P. 布朗德威恩．能量［M］. 北京：文化教育出版社，1980.

［12］申先甲．基础物理学的辩证法［M］. 北京：科学出版社，1983.

［13］胡显章，曾国屏．科学技术概论［M］.2 版．北京：高等教育出版社，2006.

［14］李椿，章立源，钱尚武．热学［M］. 北京：高等教育出版社，2005.

［15］刘兵，鲍鸥，游战洪，等．新编科学技术史教程［M］. 北京：清华大学出版社，2011.

［16］李艳平，申先甲．物理学史教程［M］. 北京：科学出版社，2003.

［17］乔治．萨顿．科学的生命［M］．北京：商务印书馆，1987．

［18］T. S. 库恩．科学革命的结构［M］．上海：上海科学技术出版社，1980．

［19］T. S. 库恩．必要的张力——科学的传统和变革论文选［M］．福州：福建人民出版社，1981．

附录：国际单位制（SI）基本单位简介

1960 年 11 届国际计量大会确定了国际通用的国际单位制（SI）

物理量名称	单位名称		单位符号	定义
	全称	简称		
长度	米	米	m	1983 年 10 月的第 17 届国际计量大会通过：1 米是 1/299792458 秒的时间间隔内光在真空中行程的长度
质量	千克	千克	kg	1889 年第 1 届、1901 年第 3 届国际计量大会确定：千克是质量单位，等于国际千克原器的质量
时间	秒	秒	s	1967 年的第 13 届国际度量衡会议上通过：1 秒为铯—133 原子基态两个超精细能级间跃迁辐射 9，192，631，770 周所持续的时间
电流	安培	安	A	1948 年第 9 届国际计量大会上批准：当保持在处于真空中相距 1 米的两无限长，而圆截面可忽略的平行直导线内通过一恒定电流时，两导线之间产生的力在每米长度上等于 2×10^{-7} 牛顿，导体内通过的电流为 1 安培
热力学温度	开尔文	开	K	1967 年第 13 届国际计量大会确定，为了纪念英国物理学家 Lord Kelvin 开尔文而命名的。以绝对零度（0K）为最低温度，规定水的三相点的温度为 273.16K，1K 等于水三相点温度的 1/273.16
物质的量	摩尔	摩	mol	1971 年第 14 届国际计量大会确定：（1）摩尔是一系统的物质的量，该系统中所包含的基本单元数与 0.012kg 碳—12 的原子数目相等；（2）在使用摩尔时，基本单元应予指明，可以是原子、分子、离子、电子及其他粒子，或是这些粒子的特定组合
发光强度	坎德拉	坎	cd	1979 年第 16 届国际计量大会确定，坎德拉是一光源在给定方向上的发光强度，该光源发出频率为 540×10^{12} 赫兹的单色辐射，而且在此方向上的辐射强度为 1/683 瓦特每球面度。定义中的 540×10^{12} 赫兹辐射波长约为 555nm，它是人眼感觉最灵敏的波长